TURING 图灵程序设计丛书

Meteor in Action
Meteor 实战

[德] Stephan Hochhaus　著
Manuel Schoebel

杨学辉 译

人民邮电出版社

北　京

图书在版编目（CIP）数据

Meteor实战 / （德）霍赫豪斯（Stephan Hochhaus），
（德）施厄贝尔（Manuel Schoebel）著；杨学辉译. --
北京：人民邮电出版社，2017.4
（图灵程序设计丛书）
ISBN 978-7-115-45017-3

Ⅰ. ①M… Ⅱ. ①霍… ②施… ③杨… Ⅲ. ①JAVA语
言－程序设计 Ⅳ. ①TP312.8

中国版本图书馆CIP数据核字(2017)第042186号

内 容 提 要

本书秉承"实战"系列图书的一贯风格，以解决开发者实际问题为出发点，通过 Meteor 平台构建可扩展的高性能应用。全书共分为三部分、12 章，详细介绍了如何用 Meteor 进行全栈开发，涵盖了 Meteor 栈的所有关键部分，涉及构成 Meteor 栈的各种组件和概念、响应式应用的基本模块和应用的构建与合理部署等。作者对 MongoDB、路由、包等进行了深入探讨，通过诸多实际案例，让读者全面掌握如何充分发挥 Meteor 在服务器端和可扩展性上的优势。

本书适合 Web 开发人员阅读。

◆ 著　　　　[德] Stephan Hochhaus　Manuel Schoebel
　　译　　　　杨学辉
　　责任编辑　朱　巍
　　执行编辑　贺子娟　李　敏
　　责任印制　彭志环
◆ 人民邮电出版社出版发行　　北京市丰台区成寿寺路11号
　　邮编　100164　电子邮件　315@ptpress.com.cn
　　网址　http://www.ptpress.com.cn
　　北京昌平百善印刷厂印刷
◆ 开本：800×1000　1/16
　　印张：18.75
　　字数：449千字　　　　　　　　2017年 4 月第 1 版
　　印数：1 - 3 500册　　　　　　　2017年 4 月北京第1次印刷
　　著作权合同登记号　图字：01-2016-4631号

定价：69.00元
读者服务热线：(010)51095186转600　印装质量热线：(010)81055316
反盗版热线：(010)81055315
广告经营许可证：京东工商广字第 8052 号

序

2011年，我和Geoff Schmidt、Nick Martin一起开始开发Meteor（流星），这是一个新的JavaScript应用平台。我们的计划是使JavaScript开发者能够在清晰的概念之上有条不紊地创建优秀的Web和移动应用。

JavaScript是一种非凡的技术。它最初是作为浏览器的脚本工具，现在已经成为一种无处不在的编程语言，比如在浏览器、移动设备以及云中。它得到了专家和初学者的青睐，而这是软件行业一个不寻常的组合。但JavaScript的生态系统是高度分散的，那些选择JavaScript的团队必须从无到有地构建和维护整个应用栈，需要在一些低级的技术任务上花费大量的时间，比如设计应用特定的WebSocket消息，而这些工作和他们实际的应用根本没有什么关系。

Meteor为那些希望创建现代化应用的JavaScript开发者提供了一个简单直接的解决方案，而《Meteor实战》则包含了为开始Meteor开发所需要知道的一切。它涵盖了Meteor栈的所有关键部分：从云上发布新的信息到每个在线用户的数据同步系统，在数据发生变化时重绘屏幕的响应式模板、事件和表单，同构的用户账户系统、路由、包和应用安全。

此外，《Meteor实战》涵盖了Meteor应用体系结构的基本知识。Meteor是一个全栈的响应式平台，这意味着它的各个部分——从数据库驱动程序到客户端模板引擎再到热码推送——一起工作，对数据的变化作出实时响应。Meteor是一种同构平台，也就是说，无论在哪里，你使用的JavaScript API会尽可能相同，比如在浏览器、移动设备以及云中。两位作者在书中通过一些清晰的示例解释了这些原则，并展示了如何在Meteor的开发过程中把它们整合在一起。

从我们发布最早的版本到现在，Stephan和Manuel一直活跃在Meteor社区。他们在无数的电子邮件和论坛主题中为Meteor作出了贡献，现在他们撰写了这本有趣的、让人易于接受的Meteor图书来分享他们的知识。

编码愉快！

Matt DeBergalis
Meteor开发小组创始人

前　言

2013年，一个朋友带我去参加鲁尔的第一次Meteor聚会，在那里我遇见了Manuel。那时，在企业工作多年的我正打算基于一个用PHP构建的Web平台开始创业。而Manuel向我们介绍了Meteor早期的情况，它解决了我面临的许多问题，并且使网络编程看起来轻而易举。这激发了我强烈的兴趣，我回到家就立即收集了有关这个新平台的更多资料。我把这些资料放在我的博客上，而且因为我刚刚读过一篇关于SEO的文章，其中建议使用夸大的言辞来吸引人们的注意，所以我大胆地宣称，这里提供了"学习Meteor.js的最佳资源"。我就是这么与Meteor结缘的。

2014年3月，Manning出版社联系我，问我是否有兴趣写一本关于前景光明的Meteor平台的书。他们看到了我的博客文章，并坚信我的相关知识够丰富，足以向其他开发者介绍这个平台。当然，我同意了。但是，尽管我收集了我认为最好的学习资源，我却不知道如何实际应用它们。我仍然停留在PHP的世界里。写一本书是学习一切Meteor相关知识的绝佳机会，所以我高兴地同意了，但我还是首先征询了Manuel的意见，问他是否愿意和我一起来写这本书。幸运的是，他同意了，所以我们便一起来解释这个新的平台。

写完这本书，我觉得Manuel的博学结合我自己的无知，帮助我们避免了针对读者做太多假设的陷阱，并在实用性和理论深度上取得了良好的平衡。请告诉我们这一策略是否真的有效。

我们觉得这本书的内容足以让你了解Meteor并基于此开发出精彩的应用。虽然我们不能解释Meteor工作中的每个细节，但我们希望这些基础知识可以帮助你更好地理解现有的文档、软件包和源代码。最终，Meteor和《Meteor实战》将能够帮助你把想法变成应用。请告诉我们你所开发的应用！你可以通过Twitter联系我们，也可以利用本书的GitHub仓库，还可以在这本书的作者在线论坛发表文章。我们很想听到你的反馈！

Stephan Hochhaus

致　谢

在这本书的封面上，你只会看到两个名字——Manuel和Stephan，但有很多好心人为这本书作出了贡献，如果不提到他们将是一种遗憾。首先，也是最重要的，要感谢Manning的工作人员，尤其是Robin De Jongh，他相信写一本关于Meteor的书是个好主意，还有Ozren Harlovic，他与我进行了第一次联系。也要感谢我们的编辑Sean Dennis和Dan Maharry，他们帮助我们把晦涩的技术语言变成可理解的词汇和图表。感谢我们的文字编辑Liz Welch，他不得不帮我们修正大量用错的形近词。感谢我们的校对员Barbara Mirecki，以及其他许多和我们一起合作的Manning幕后工作人员。

Meteor社区对这本书的创作而言是非常重要的。我们要感谢所有早期（和现在）的开发者，他们使用Meteor、在网络上发表文章、开发包、拓展平台的界限。你们知道我说的是谁！

与Manning的编辑、生产和技术人员工作相当愉快，尽管他们不断地给我们施压，以使这本书做到最好。我们感激这种压力，这是值得的！

在写这本书的不同阶段，有很多人阅读了手稿，我们要感谢他们提供了宝贵的反馈信息：Carl Wolsey、Charlie Gaines、Cristian Antonioli、Daniel Anderson、Daniel Bertoi、David DiMaria、Dennis Hettema、John Griffiths、Jorge Bo、Keith Webster、Patrick Regan、Subhasis Ghosh、Tim Couger、Touko Vainio Kaila。

也要感谢我们的技术编辑Kostas Passidis，他保证了我们的技术解释是准确和可以理解的。感谢Al Krinker，他在本书付印前对最终的手稿做了彻底的技术审查。特别感谢Matt DeBergalis为本书作序。

万分感谢你们，我们的读者，特别是那些在这本书只有几章的时候就相信本书并加入本书早期预览计划的人。你们的反馈、兴趣和鼓励让我们得以持续前进！

Stephan Hochhaus

我想感谢Said Seihoub让我去参加那次Meteor聚会。没有他，我将不会写这本书。也非常感谢Manuel，当我遇到问题时，他总是能告诉我答案。写作是一项寂寞的事业，所以也要感谢Meteor的即时聊天频道，在我拖延时陪伴着我。当然了，要是没有你们，这本书可能在2014年就已经出版了！

也要感谢Anton Bruckner、Johann Sebastian Bach、Joss Whedon和Terry Pratchett创造了合适的

工作氛围。最后，我要感谢我的家人，他们对我表现出了很大的耐心，每个月我都告诉他们我写完了一章，结果下个星期又回到这一章重写，并再次"完成"它。

Manuel Schoebel

写一本书所要付出的努力比我想象的多得多，但这是一个伟大的旅程，它帮助我更深入地去挖掘Meteor的细节。谢谢Stephan邀请我共同写作这本书。一如既往地，和你一起工作非常愉快。

在这本书的写作过程中，我同时做着另一件事——创办了自己的公司，这也占据了我大量的时间。Christina，如果没有你的宽容、耐心和支持，这两件事我都不可能做好，所以感谢你，你太伟大了！

有一个家庭时刻在背后支持你是一种难得的幸福，不是每个人都有这样的福分。我深深明白这一点并万分感激——在事情变得困难时，你们总是能够带给我内心的宁静。

最后，我感谢每天都致力于让Web更加精彩的所有人。这不仅包括来自Meteor本身的伙伴，而且也包括开发新的软件包、参加聚会或是刚刚开始学习如何把自己的想法变成Web应用的每个人。网络给了我们学习、探索、工作和娱乐的自由，比我们过去所知道的自由还要多。这是一个甚至可以让你谋生的游乐场。我们邀请你来和我们一起玩！

关于本书

从一些有经验的开发人员那里，你常听到这样一句话："开发应用并不像发射火箭那么高深。"虽然开发应用不像把人类送上太空那么复杂，但对新手来说它可能让人望而生畏。要把你的应用放在Web上通常需要大量的工具和服务器组件，更不要说移动设备了。Meteor的目标是成为一个游戏规则改变者。Meteor的创建者之一Nick Martin这样说道：

> 通过Meteor，我们希望Web应用的开发能够大众化，可以让任何人在任何地方创建应用。[①]

我们已经看到，一些稍有HTML和CSS基础的人就可以通过Meteor在一天之内把他们的想法变成代码。因此，我们相信它会使开发变得更容易，甚至会让那些从来不认为自己是开发者的人开始开发应用。

除非有一个好老师，否则你可能需要大半天的时间来了解Meteor平台。这就是《Meteor实战》的用武之地。它是你的私人教师，将引导你学习创建应用的各个主要方面，不管你想开发Web应用还是移动应用。最终，你将能够把自己的想法转化为代码。如果你在了解Meteor平台之前做过这件事，就会惊讶于Meteor快速地解决了一些最常见的问题。

《Meteor实战》的主要读者有两类：一类是想把技能扩展到服务器端的前端开发者，另一类是具有服务器开发背景的、想转变为JavaScript全栈开发者的Java、Ruby或PHP开发者。这本书不是为初学者撰写的，我们希望你以前已经开发过（或至少尝试开发过）一些Web应用。

和所有仍在使用中的工具一样，Meteor一直在不断变化和发展。我们很小心地在书中教授这个平台的基本原理，以帮助你奠定良好的基础。我们已确认，后面章节中描述的所有功能都可以在版本1.1上很好地工作。

路线图

本书分为三个部分。

第一部分概述了Meteor平台，介绍了构成Meteor栈的各种组件和概念。第1章概要介绍了Node.js、MongoDB、同构性及响应性，然后你将在第2章中创建你的第一个Meteor应用。

第二部分介绍了响应式应用的基本模块。每一章侧重于应用开发的一个方面。第3章介绍了模板，第4章介绍了如何使用数据和执行CRUD操作，第5章结合这两个方面强调了构建响应式界

---

① http://blog.heavybit.com/blog/2014/04/01/meteor。

面时一些需要着重考虑的因素，第6章介绍了一种通过引入用户相关的功能来保护应用的方法。第7章介绍了如何取代Meteor默认使用的自动数据发布机制，涵盖了Meteor发布和订阅的概念，以及如何使用方法来实现另一个层次的安全。客户端和服务器上的路由操作都使用了流行的Iron.Router库，这将在第8章中讨论。第9章教你如何使用包来扩展Meteor的核心功能，你可以使用现有的Isopack、npm包或编写自己的包。第10章是这一部分的最后一章，包含了用于异步操作的服务器端方法、外部API访问和文件上传等内容。

第三部分则更进一步，讨论了应用的构建和合理部署。第11章解释了Meteor的构建系统、代码调试，以及如何将你的代码转变为Web和移动应用。最后的第12章则涉及把Meteor应用到生产环境的各个方面。

本书后面有三个附录。附录A涵盖了所有支持平台上Meteor的安装过程。附录B揭示了MongoDB的架构以及用来实现高可用性的相关组件，还介绍了如何设置最新操作日志（oplog tailing），这是Meteor实现应用可伸缩性背后的重要技术。附录C教你如何设置反向代理以实现多个Meteor服务器之间的负载平衡，提供静态内容服务并启用SSL。

先决条件

要想从这本书中获得最大收益，你需要在系统上安装Meteor。安装Meteor的方法可以在附录A中找到，也可以在Meteor的官方网站（http://meteor.com）上找到。

在本书中，我们假定你至少对HTML、CSS和JavaScript有基本的了解。你应该知道如何使用对象，并使用过回调函数。对数据库的工作方式有基本的了解是有帮助的，但不是必需的。阅读本书时，你不需要有任何使用服务器端JavaScript甚至是Node.js的经验。

代码

本书中的所有代码都可从Manning网站下载：http://www.manning.com/books/meteor-in-action。你也可以在GitHub上找到它：http://www.github.com/meteorinaction。

为了便于学习，每一章都建了一个单独的Git仓库。因为不是所有的代码都印在书中，所以我们为每个仓库添加了标签，方便你在迷茫的时候找到方向。例如，当你开始第2章时，可以参考标签为begin的代码来查看起始代码。如果你想跳过前面的部分，直接查看服务器启动时添加的夹具代码，可以查看标签为listing-2.9的代码。

作者在线

购买英文版的读者可免费访问Manning出版社的专有论坛[①]，并可以在那里发表关于本书的评论，咨询技术问题，获得作者和其他用户的帮助。要访问和订阅论坛，可在浏览器中键入这个地

---

① 中文版意见和勘误请提交到图灵社区：www.ituring.com.cn/book/1837。

址：http://www.manning.com/books/meteor-in-action。这个页面提供了一些基本信息，包括注册之后如何进入论坛、它可以提供什么样的帮助以及论坛上的行为准则等。

Manning承诺为读者之间以及读者和作者之间的有效交流提供一个平台。但这并不意味着作者会有任何特定程度的参与，他们对本书论坛的贡献是自愿的（无报酬的）。我们建议你试着问他们一些具有挑战性的问题，以免他们的兴趣转移到别的地方！

只要本书还在销售，作者在线论坛和以前所讨论内容的归档文件就都可以在出版社的网站上访问到。

关于作者

Stephan Hochhaus偶然在Perl语言中找到了自己的定位，然后开始了他的开发职业生涯。他为大型企业开发可扩展的Web解决方案，学习钻研PHP、C#甚至Java。工作多年以后，他于2013年开始创业，为中小企业开发Web应用。自从遇见了Meteor，他觉得自己今后就应该使用JavaScript。Stephan也为引入Scrum①或进行持续交付开发的团队提供咨询服务。他拥有波鸿鲁尔大学的语言学和社会心理学硕士学位，能够熟练地使用正则表达式。

Manuel Schoebel拥有杜伊斯堡—埃森大学（埃森校区）商业信息学文凭，专注于Web创业。Manuel花费了大量时间辅导创始人、开发MVP，甚至创立了多家公司。他从2012年开始接触Meteor，当时这个平台还处于起步阶段。他写了一些有价值的博客文章，很快就成为了Meteor社区中著名的专家。自2013年以来，Manuel在他的项目中就只使用Meteor。

Manuel和Stephan一起组织了德国科隆和鲁尔地区的Meteor聚会，把Meteor开发者聚在一起交流思想、探讨新的发展。

关于书名

通过介绍、概述以及操作实例，"实战"系列图书的目的是帮助学习和记忆。根据认知科学的研究，人们记住的东西是他们在自我激励的探索中发现的东西。

虽然在Manning没有一个人是认知科学家，但我们相信，要想使学到的东西终生不忘，必须经过探索、把玩、复述所学这几个阶段。只有经过积极的探索，人们才能理解并记住新事物，也就是掌握新的东西。人类在实战中学习，而"实战"系列图书的一个重要特点就是实例驱动。它鼓励读者尝试新的事物、把玩新的代码、探索新的想法。

给这本书起"实战"这样的书名还有另一个更普遍的原因：我们的读者都很忙。他们用书来完成一项工作或解决一个问题。他们需要的是这样的书：可以让他们轻松地跳进跳出，只在需要的时候学习想学的。他们需要有助于行动的书。这个系列的图书就是为这样的读者准备的。

---

① Scrum是迭代式增量软件开发过程，通常用于敏捷软件开发。——译者注

关于封面图片

本书的封面图片是一个"挑夫"——一个小工、水手或码头工人，看着似乎很好斗。插图取自Sylvain Maréchal在法国出版的四卷区域服饰习俗概要的19世纪版。其中每幅插图都是手工精心绘制和着色的。Maréchal丰富的收藏生动地提醒我们，仅仅在200年前，世界上的城镇和区域文化是多么不同。各个区域彼此孤立，人们说着不同的方言和语言。在街头或在农村，仅通过衣着就很容易确定他们生活的地方、从事的行业和社会地位。

但是从那时起，服饰已经改变，地区的多样性也已经慢慢消失了。现在人们已很难分辨来自不同大陆的居民，更不用说不同城镇或区域的居民了。也许文化的多样性已经被我们多样化的个人生活——当然是更加多样化和快节奏的高科技生活——取代了。

如今，很难说出一本计算机书和另一本的区别。Manning利用图书的封面来颂扬计算机事业的创造性和原创性，这些封面都反映了两个世纪以前各地区丰富多彩的生活，它们通过Maréchal的图片重新获得生机。

目　　录

Part 1

看，一颗流星！

　　第一部分概述Meteor（流星）平台的各个组成部分以及它们是如何协作的。我们将介绍Node.js、MongoDB以及响应式编程的概念。你将在第1章中全面理解Meteor平台的整个技术栈，在第2章中构建你的第一个Meteor应用。

构建应用程序的更好方式

本章内容
- ❏ Meteor背后的故事
- ❏ Meteor栈
- ❏ 全栈式JavaScript、响应和分布式平台
- ❏ Meteor平台的核心部件
- ❏ 使用Meteor的优点和缺点
- ❏ Meteor应用解析

正如我们所知道的那样，流星（meteor）以改变生活著称。它们能使恐龙灭绝，或者迫使布鲁斯·威利斯为拯救人类而牺牲生命[1]。本书讲述的是一颗影响Web开发的流星，但它不会威胁和毁灭任何东西。相反，它将提供一种更好的方式来构建应用程序。Meteor借用几个现有的工具和库，将它们与新的思想以及新的库、标准和服务结合起来，并将它们捆绑在一起，为开发易用的Web和移动应用提供一个完整的生态系统。

Meteor是基于MEAN栈[2]的开源应用开发平台。该平台的客户端和服务器端使用一致的JavaScript API。它专注于实时的响应式应用、快速原型开发和代码重用。

作为开发者，你知道一旦打开浏览器的源码视图，所有Web应用程序都只是HTML、CSS和JavaScript的组合。像Google、Twitter和Facebook这样的巨头在网站开发上取得了令人印象深刻的成果，它们使得网站看起来更像是桌面应用。Google Maps的流畅和Facebook Messenger的直接，使得用户对于互联网上所有的网站具有更高的期望。Meteor使你能够满足这些高期望，因为它提供了所有基础设施功能，如数据订阅和用户处理，让你专注于实现业务功能。

本章将告诉你Meteor如何让开发变得更容易。我们先大致了解它的来历，然后将重点放在它由什么组成以及如何使用它来快速构建应用。

---

[1] 来自布鲁斯·威利斯主演的电影《绝世天劫》，影片中布鲁斯·威利斯为拯救人类需要阻止巨型陨石撞击地球。

——译者注

[2] MEAN栈是指所有构建于MongoDB、Node.js、Angular和Express.js之上的应用。MEAN栈有几种不同的形式，比如MEEN栈，它指的是MongoDB、Ember.js、Express和Node.js。有时这个词用于泛指那些运行于Node.js之上并使用NoSQL数据库的任何框架。

1.1　Meteor 简介

　　如果看一看最近几年Web开发的状况，你会发现两个明显的趋势。首先，应用程序变得更加强大，通常无法与桌面应用程序区分开。坦率地说，用户并不关心应用背后的技术，他们只是希望有良好的用户体验。这包括对点击的即时响应、与其他用户的实时交互以及与其他服务的集成。其次是语言、库、工具和工作流程的数量在迅速增长，以至于开发人员不可能跟上所有的趋势。因此，我们可以总结出当前的Web开发状况：

　　(1) 用户期望应用程序使用起来更加方便；

　　(2) 开发人员希望不用担心如何让不同的库一起工作，或者写基础设施代码。

1.1.1　Meteor 背后的故事

　　当Geoff Schmidt、Matt DeBergalis和Nick Martin被创业加速器Y Combinator接受以后，他们计划创建一个旅游推荐网站。但在和其他创业公司进行交流时，他们意识到这些创业公司正在努力解决他们在开发Asana时已经解决的问题，Asana是一个用于合作项目和任务管理的在线平台。因此，他们改变了计划，决定创建一个开源平台，为Web应用程序提供一个坚实的基础，使得这些应用使用起来像桌面应用程序一样流畅。

　　2011年12月1日，Meteor开发小组（Meteor Development Group，MDG）发布了Skybreak[①]的第一个预览版，这个项目很快就更名为Meteor。仅用了八个月，该项目就获得了1120万美元的资金支持，且投资者都是行业中的著名人士或公司，比如Andreessen Horowitz、Matrix Partners、Peter Levine（XenSource前任首席执行官）、Dustin Moskovitz（Facebook联合创始人）和Rod Johnson（SpringSource创始人）。Meteor GitHub库从那时起就是GitHub最受欢迎的20大库之一，并在其1.0版本发布几天以后一跃成为GitHub最受欢迎库的第11名。该项目的星星数比Linux内核、Mac OS X的包管理程序homebrew以及backbone.js都要多。

　　为什么Meteor引起了开发者如此强烈的兴趣？因为它不需要创建低级别的基础设施（如数据同步）或管道来精简和编译代码，而是让开发人员专注于业务功能。获得了超过1100万美元的资金后，投资者发现Meteor很有吸引力。类似用于服务器虚拟化的免费虚拟机管理程序Xen，或Java的应用服务器JBoss，Meteor开发团队最终将会提供针对大企业的额外工具。

　　Meteor开发团队把这个项目分成四个领域。

　　❑ 工具：比如命令行界面（command-line interface，CLI），它是介于构建工具（如make）和包管理器（如node包管理器npm）之间的一个混合工具。它用以处理整个构建流程，为把应用程序部署到Web或移动设备做准备。

　　❑ 软件库集合：一套用以提供功能的核心包。这些功能可以被自定义包或者Node.js模块扩展，其中Node.js模块可以通过npm来安装。

　　❑ 标准：如基于WebSocket的分布式数据协议（Distributed Data Protocol，DDP）。

---

① https://www.meteor.com/blog/2011/12/01/first-preview。

❑ 服务：如官方的包服务器或编译集群。

所有的Meteor项目都可以使用统一的API来访问，因此开发人员不需要知道哪些组件构成了整个Meteor栈。

1.1.2　Meteor栈

简单地说，Meteor是完全使用JavaScript创建富Web应用程序的开源平台。它在同一个框架下捆绑并提供所有必需的组件。它由以下几部分组成：Node.js、MongoDB、实际的应用程序代码，以及一个强大的CLI工具，该工具结合了npm和make的功能。因此，它不仅仅是服务器进程和库的组合。有些人喜欢把它称为完整的生态系统，而不是一个框架。但是，即使它超越了其他Web框架所能提供的功能，从本质上说它仍然依赖于一个栈来运行应用程序。

Meteor栈（参见图1-1）是MEAN家族的成员，这意味着它在服务器端使用Node.js。Node.js是一个事件驱动的、高度可扩展的JavaScript运行库，它运行于服务器上。它的功能和LAMP（Linux、Apache、MySQL、PHP）栈中的Apache Web服务器一样。

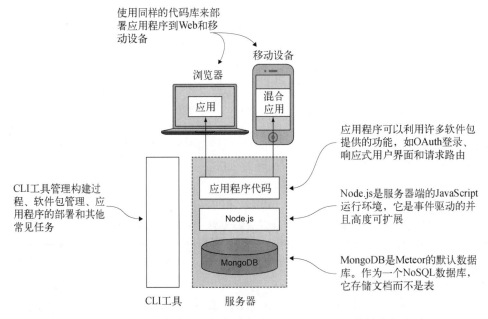

图1-1　Meteor栈的应用运行在基于Node.js和MongoDB的软件包上

所有的数据通常存储在MongoDB中，这是一个面向文档的NoSQL数据库。虽然Meteor有计划支持其他（基于SQL）的数据库系统，但目前唯一推荐的数据库是Mongo。它提供了JavaScript API，用以访问所有以文档或对象形式存储的内容。可以使用浏览器中运行的语言来访问数据，这正是Meteor用以真正实现全栈开发的优势。

从零开始创建Web应用程序所需要的所有软件和库，以包的形式被捆绑在一起。基于这些，

1

开发人员可以马上开始开发工作。这些包包括一个响应式用户界面库（Blaze，火焰）、用户账户管理（account，账户）和一个进行透明性响应式编程的库（Tracker）。

　　Meteor的CLI工具使开发者能够快速建立一个完整的开发环境。无需知道怎样安装或配置任何服务器软件；Meteor帮助处理了基础设施方面的所有工作。它既是一个可与make或grunt相媲美的构建工具，同时还是一个类似于apt或npm的包管理器。例如，它可以实时编译诸如LESS或者CoffeeScript这样的预处理语言，不需要预先设置工作流程，也可以通过一个命令来添加Facebook的OAuth认证。最后，CLI工具打包的应用程序可以运行在不同的客户端平台上，比如在Web浏览器上或者是原生的移动应用上。

　　栈的所有部分都是无缝集成的，所有的核心包都经过了测试，可以很好地协作。另一方面，在需要的时候，完全可以将栈的一部分切换为其他技术栈。你可以不使用Meteor栈的全部，比如可以只使用它的服务器端组件，而在客户端使用Angular.js，或者在使用Java后端的同时使用Meteor的前端，为所有客户端提供实时更新。

1.1.3　同构框架：全栈式 JavaScript

　　Meteor运行在Node.js上，它把应用逻辑移动到浏览器端，这就是通常所说的单页面应用（single-page application）。整个栈使用相同的语言，这使得Meteor成为一个同构平台。基于此，同样的JavaScript代码，可以用在服务器端、客户端甚至是数据库上。

　　虽然有许多框架在客户端和服务器端使用相同的语言，但大部分时间它们不能在两个实例之间共享代码，因为这些框架不是紧密集成的，例如，它们在前端使用Angular，在后端使用Express.js。Meteor是真正的全栈框架，因为它使用了一个简单统一的接口暴露出所有的核心功能，这个接口可以使用在服务器端和浏览器中，甚至可以用来访问数据库。要开始使用它，你不必学习多个框架，而且它使得代码的可重用性比只使用一种语言更好。

　　为了从浏览器访问数据库，Meteor包含了微型数据库。它们精确模拟了数据库的API。在浏览器中，Minimongo使开发人员能够使用与在MongoDB的控制台中相同的命令。

　　所有的Meteor应用程序都运行在Node.js上，Node.js服务器解释采用JavaScript编写的应用程序代码。与许多其他应用程序服务器不同的是，Node.js只使用一个线程。在多线程环境中，一个写入磁盘的线程可以阻塞所有其他的线程，这会暂停响应所有的客户端请求，直到这个写操作完成。然而，Node.js能够把所有的写请求放入队列并继续处理其他请求，有效地避免了竞争情况（即两个操作试图同时更新相同的数据）。应用程序代码从上到下顺序运行，或同步运行。

　　耗时的操作，比如磁盘或数据库I/O，会从同步序列中分离。它们将以异步方式处理。Node.js不会等到这些操作结束，但它会给这些操作附加一个回调函数，一旦操作完成就使用该回调函数重访这些操作的结果，而Node.js在此同时会处理队列中的下一个请求。为了更好地理解同步和异步事件，让我们考虑一个熟悉的编程场景：加热冷冻的比萨。

　　图1-2详细列出了准备从冰箱中取出食物的所有步骤。每一步都是一个事件，虽然这只是我们生活中一个非常小的事件。同步事件流中发生的每一个事件都需要我们的关注：我们把比萨从冰箱中取出，打开包装，预热烤箱，放入比萨，设置闹钟。此时是我们真正启动分支子进程的时

刻。本质上，用烤箱加热比萨是一个耗时的I/O进程。我们设置了闹钟，让它在完成时通知我们，所以我们可以关注更重要的事情，比如学习Meteor框架。当闹钟响起的时候，它唤起我们的注意，并把子进程处理的结果放回到同步事件流。然后我们可以把比萨取出，继续做其他事情。

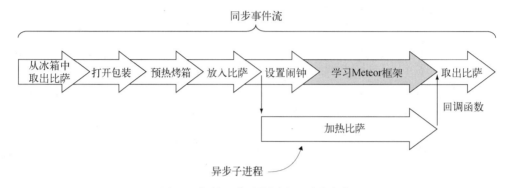

图1-2　加热比萨时的同步和异步事件

　　正如你在这个例子中看到的，加热比萨不会阻塞你的同步事件流。但是，如果你的同事也想要热比萨，可烤箱里只能放一个比萨，他的请求就需要排队，这有效地阻止了办公室里所有其他人都来热比萨。

　　在Node.js中，只要服务器在运行，同步流就会发生。这被称为事件循环（event loop）。图1-3演示了事件循环如何处理用户的请求。它每次从队列中取出一个事件，执行相关的代码，执行结束时，下一个事件被拉入循环。但有些事件可能会被转移到一个线程池，例如，写入磁盘或数据库的操作。一旦写操作完成，将执行一个回调函数，操作返回的结果再回到事件循环中。

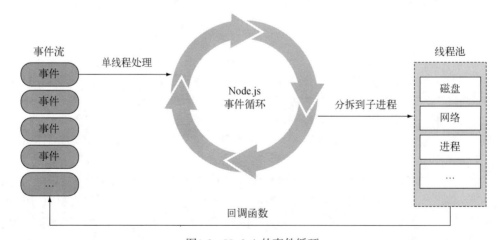

图1-3　Node.js的事件循环

　　通常，开发人员需要知道如何编写代码以充分利用事件循环，并且需要知道哪些函数是同步的，哪些是异步的。异步函数使用得越多，回调函数就越多，代码可能会因此变得相当混乱。

幸运的是，Meteor充分利用了事件循环的力量，使这件事情变得很容易，因为你不必担心写异步代码。它在背后使用了一个叫作纤维（fiber）的概念。纤维为依次执行异步功能（任务）的事件循环提供了一个抽象层。它不需要明确指定回调函数，因此可以使用你所熟悉的同步方式来执行异步任务。

1.1.4　在浏览器中处理：在分布式平台上运行

当后台运行一个Java、PHP或Rails应用程序时，处理过程在远离用户的地方发生。客户端通过调用URI来请求数据。作为回应，应用程序从数据库中获取数据，执行一些处理并创建HTML，然后将结果发送到客户端。请求相同信息的客户端越多，则服务器缓存得越多。新闻网站以这种模式可以工作得很好。

在每个用户都能够创建高度个性化视图的情况下，单一的处理实例很快就会变成一个瓶颈。以Facebook为例：任意两个人都不会看到完全相同的墙，每面墙都需要为每个用户单独计算。这给服务器端带来很大压力，而客户端在大多数时候则处在空闲状态，等待响应。

当客户端的处理能力相对有限时，这是完美的模式，但现在单个的iPhone已经拥有了比Web早期的大多数超级计算机更强的计算能力。Meteor利用了这个计算能力，把大部分处理移到了客户端。智能前端从服务器请求数据，并在浏览器或移动设备上装配文档对象模型（Document Object Model，DOM），参见图1-4。

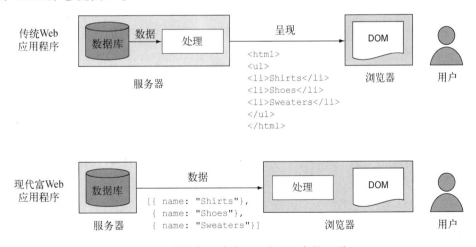

图1-4　传统与现代富Web应用程序的区别

这种以客户端为中心的方法带来了两个显著的优势。

❑ 需要在服务器和客户端之间进行传输的数据更少，这基本上意味着响应更快。
❑ 由于大多数工作是在每个独立的客户端上进行的，因此服务器的处理不太可能因为耗时的请求而被其他的用户阻塞。

传统的客户端—服务器架构基于无状态的连接。客户端请求一次数据，服务器响应，并关闭连接。其他客户端可能会更新数据，但除非用户明确发出一个服务器请求，否则他们不会看到更新，只会看到网页的历史快照。没有从服务器到客户端的反馈通道来推送更新过的内容。

想象一下，你打开本地电影院的网站，看到乔斯·韦登的新电影首映只有两个座位了。当你在讨论是否应该去的时候，别人买了这两张票。但你的浏览器一直告诉你还有两个座位，直到你再次点击时才发现票已经卖完了。真倒霉。

把处理工作从单一的服务器转移到多个客户端，这涉及分布式计算平台的方向。在这样的分布式环境中，数据需要在两个方向上传输。在Meteor框架中，浏览器是一个智能客户端。连接不再是无状态的；当订阅的内容更新时，服务器可以发送数据到客户端。图1-5显示了这两种体系结构。为允许客户端和服务器之间进行双向通信，Meteor使用了WebSocket。使用一个标准化的分布式数据协议（DDP）来交换信息。DDP简单易用，可用于许多其他编程语言，如PHP或Java等。

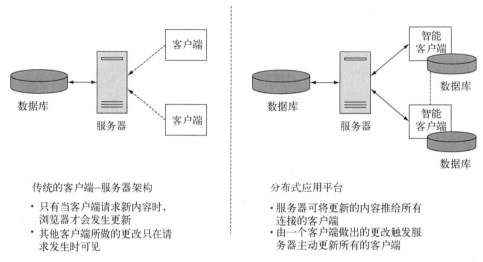

传统的客户端—服务器架构

- 只有当客户端请求新内容时，浏览器才会发生更新
- 其他客户端所做的更改只在请求发生时可见

分布式应用平台

- 服务器可将更新的内容推给所有连接的客户端
- 由一个客户端做出的更改触发服务器主动更新所有的客户端

图1-5　传统的客户端—服务器架构和分布式应用程序平台的比较

把应用移动到浏览器后，所有的客户端基本上就变成了应用程序集群的节点。这引入了新的挑战，也就是在分布式服务器集群中所见过的问题，最重要的是同步所有节点之间的数据。Meteor通过它与生俱来的响应式支持来解决这个问题。

1.1.5　响应式编程

用传统的编程范式创建的应用程序很像你计划好的一个傀儡[①]。无论发生什么，它会一直按照给定的方式运行。作为它的创造者，你必须努力定义命令的每一个步骤。例如，在应用程序中，你必须定义监听下拉元素的变化，以及该元素在选择新值时采取什么行动。此外，还需要定义应

[①] 在神话故事中，傀儡通常是由粘土制成的，它神奇地拥有了生命，并且分毫不差地执行主人的愿望。如果你是奇幻小说迷，特里·普拉切特的*Feet of Clay*算是不错的介绍。

用程序在各种情况下应该怎么做，比如一个用户删除了相关的条目，而与此同时，另一个用户却想要显示它的内容。换句话说，传统的编程很难对世界作出反应，它只是遵循编码中的命令。

现实世界的情况略有不同。特别是在Web上，有很多事件发生，使用环境越复杂，就越难预见事件的发生顺序。

桌面环境中的响应性已是规范。当你使用微软的Excel电子表格时，修改一个单元格的值，所有其他依赖于它的值会自动重新计算。图表也会因此调整，而不需要单击刷新按钮。一个事件，如改变单元格，会在表中的相关部分引发响应。所有单元格都是响应式的。

为了演示响应式编程与过程式编程的不同，让我们看一个简单的例子。我们有两个变量：a和b。我们把a和b相加的结果存储在一个叫作c的变量中，用过程式方式来做这件事。如下所示：

```
a = 2;
b = 5;
c = a + b;
```

c的值现在是7。如果我们把a的值改为5会发生什么呢？除非我们显式调用加法，否则c的值不会更改。因此，开发人员需要开发一个检查方法，以观察a或b是否改变了。在响应式的方法中，值c将自动被设置为10，因为底层引擎会观察相关的变化。没有必要定期检查a、b有无改变或明确启动重新计算。开发者重点关注的是系统应该做什么，而不是怎样去做。

在Web环境中，Excel的效果可以通过几种方式实现。通过轮询和比较，你可以每两秒检查一次数据是否有变化。在很多用户参与但变化不多的场景中，这给所有涉及的组件带来很多压力，是非常低效的。而增加轮询间隔会使用户界面响应缓慢。另一种方法是监视所有可能的事件，并为事件定义行为，编写大量的代码来模拟桌面行为。使用这种方式，当你需要更新DOM中的各种元素时，即使每个事件发生时只有少数的更新操作，项目维护也将变成一场噩梦。而响应式环境提供了第三种选择，它提供了低延迟的用户界面，而且代码简洁、可维护性好。

响应式系统需要对事件、加载、错误和用户做出反应[1]。为此，它们必须是非阻塞和异步的。还记得我们谈过的全栈式JavaScript吗？你会发现响应式和JavaScript简直是天作之合。而且，我们还讨论过Meteor应用程序的分布式运行，服务器并不是负责创建用户视图的唯一实例。负载仍然可以跨越多个服务器进行部署，但它也可以在每个客户端上进行扩展。即使这些客户端中有一个失败，它也不会影响整个应用程序。

虽然你仍然可以建立一个不是最优的系统，在其中不考虑响应式系统原则，但响应性已内建在Meteor系统的核心。你无需担心要去学习一种新的编程风格，可以继续使用你习惯的同步风格。在很多情况下，Meteor会自动使用响应式功能，而你甚至不会注意到它。

所有组件，从数据库到客户端界面，都是响应式的。这意味着所有数据变化在客户端之间是实时同步的。你不需写任何Ajax程序或代码向用户推送更新，因为这个功能直接内置在Meteor中。此外，写大部分的胶水代码以集成不同组件的需求被有效消除，从而极大缩短了开发时间。

响应式编程当然不是对每一个场景来说都最好，但是它非常适合Web应用程序的工作方式，因为在大多数情况下我们需要捕捉事件并进行操作。除了用户体验，它可以帮助提高应用的质量

———————————

[1] 响应式宣言定义了响应式系统应该如何设计以及在生产环境中应该如何表现，参见www.reactivemanifesto.org。

和透明度，缩短编程时间，减少维护。

1.2 Meteor 的工作原理

一旦部署在服务器上，就很难把Meteor应用和其他基于Node.js的项目区分开。当你仔细观察Meteor如何增强开发过程的时候，这个平台的真正力量就会展现。CLI工具和软件包集合使开发者快速实现结果，然后专注于在程序中添加功能。基础设施问题，如数据库和浏览器之间的数据交换，或整合外部网站的OAuth用户认证，都可以通过添加包来解决。

图1-6显示了Meteor应用的结构。开发者定义业务逻辑，包括代码、模板、风格和图像文件等资源。Meteor可以通过npm安装Node.js的包，从而利用Node.js生态系统的外部力量，也可以通过Cordova来开发移动应用。此外，它还定义了它自己的包格式Isopack。

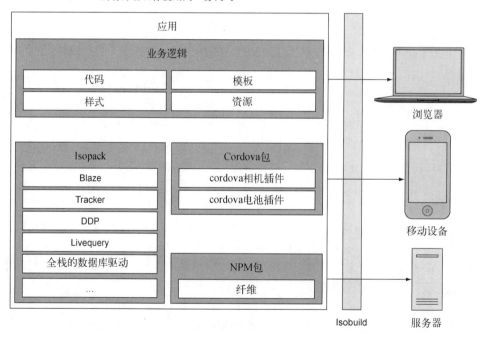

图1-6 应用程序包含业务逻辑和各种包，可使用Isobuild编译到目标平台

Isopack可以在服务器和客户端的环境中工作，可以包含模板和图像。它们甚至可以扩展Isobuild，而Isobuild的构建过程为所有目标平台输出可部署的代码。Isobuild和Isopack是Meteor的核心组成部分。

Meteor应用通过HTTP和WebSockets进行数据交流（参见图1-7）。初始页面请求和所有静态文件，如图像、字体、样式和JavaScript文件，通过HTTP传输。运行在客户端和服务器端的应用程序依靠DDP协议交换数据。SockJS提供必要的基础设施。客户端使用远程过程调用方式调用服务器上的方法。客户端通过网络调用函数。服务器返回响应,返回格式为JavaScript对象符号(JSON)对象。此外,每个客户端可以订阅某些数据。Livequery组件负责通过DDP推送订阅数据的更新。响应式Tracker库观察这些变化并通过Blaze触发UI层的DOM更新。

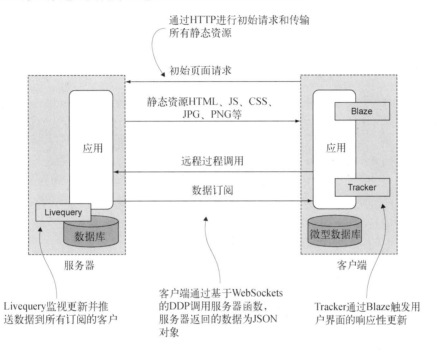

图1-7   服务器和客户端之间的通信

1.2.1   核心项目

Meteor自带的一些包提供了基于Web的应用的常用功能。CLI工具允许你创建一个新的项目,并通过单个命令添加或删除包。新建的项目中已经包含了所有的核心包。

1. Blaze

Blaze是一种响应式UI库,它的一部分是模板语言Spacebars。因为开发者通常(只)通过模板语言与前端库交互,并且Spacebars相对容易使用(和其他模板语言相比),所以Blaze比React、Angular或Ember使用起来更简单。

官方文件将Blaze描述为一个"响应式jQuery",一个强大的更新DOM的库。但它不使用jQuery的命令式风格("查找元素#user-list并添加一个新的li节点"),而采用了声明式方法("使用模板users绘制该列表中数据库里的所有用户名")。当内容发生变化时,Blaze只更新模板内的一小部分,而不是整个页面。它也能和其他的UI库很好地协作,如jQuery UI,甚至是Angular。

2. Tracker

Tracker提供函数响应式编程(functional reactive programming,FRP)的基本功能。在其核心,

Tracker是一个简单的约定，即允许响应数据源（比如来自数据库的数据）连接到数据的消费者。看1.1.5节的这个代码：

```
c = a + b
```

a和b都是响应数据源，c是消费者。改变a或b会触发c的重新计算。Tracker处理响应的方式是，建立一个响应上下文，其中记录了数据和函数之间的依赖关系，当数据变化时使该响应上下文无效，然后重新运行相关的函数。

3. DDP

访问Web应用程序通常是通过HTTP实现的，从定义上说，HTTP是一个文档交换协议。虽然它有用于文档传输的优势，但在仅传递数据时，它也有些缺点，所以Meteor采用了基于JSON的专用协议，即DDP。DDP是一种来通过WebSockets来双向传递数据的标准方式，没有封装文档的开销。该协议是所有响应式功能的基础，是Meteor的核心要素之一。

DDP是一种标准的方法，用以解决客户端JavaScript开发者面临的最大问题：查询服务器端的数据库、将结果发送到客户端以及把数据库中的任何更新推送到客户端。DDP在最主要的几大语言中都有实现，如Java、Python或者Objective-C。这意味着你可以只使用Meteor作为一个应用程序的前端组件，而使用Java作为后端，二者通过DDP进行交流。

4. Livequery

在像Meteor这样的分布式环境中，需要一种方式来将由一个客户端发起的变化推送到所有其他的客户端，而不需要刷新按钮。Livequery检测数据库中的变化，推送更新到所有正在查看受影响数据的客户。Meteor 1.0和MongoDB是紧密集成的，但其他数据库的支持已经在计划中。

5. 全栈数据库驱动

在客户端上执行的许多任务依赖于数据库的功能，如过滤和排序。Meteor利用了无缝的数据库无处不在（database everywhere）原理。这意味着作为一个开发人员，你可以在该技术栈的任何地方重用你的代码。

Meteor带有一个微型数据库，它在浏览器中模拟实际的数据库。MongoDB的微型数据库被称为Minimongo，它是一个在内存中的、非持久性实现的纯JavaScript MongoDB。它不依赖于HTML5的本地存储，因为它只存在于浏览器的内存中。

浏览器中的数据库镜像是实际服务器数据的一个子集，用来模拟如插入这样的动作。它也用作查询的缓存，因此客户端可以直接访问可用的数据，而无需任何联网动作。Minimongo和MongoDB的连接也是响应式的，它们的数据会自动保持同步。

延迟是桌面应用程序和Web应用之间的一个关键区分因素。没有人喜欢等待，所以Meteor在客户端使用预取和模型模拟方法，使你的应用程序看起来像有一个零延迟的数据库连接。本地Minimongo实例用来模拟任何数据库操作，然后再发送请求到服务器。

客户端不需要等待远程数据库完成写入，但应用程序假定它最终会成功，这使得绝大多数的用例都要快很多。在向服务器发送写入操作时出现问题的情况下，客户端需要优雅地回滚并显示一个错误信息。

图1-8中是一个典型的事件流。一旦用户发表评论，它会验证，然后立即存储在浏览器中的Minimongo数据库。除非验证失败，否则此操作将成功，用户的视图将立即更新。此时没有任何网络流量，所有的动作都发生在内存中，用户将体验没有延迟。但在后台，这一动作仍在进行中。

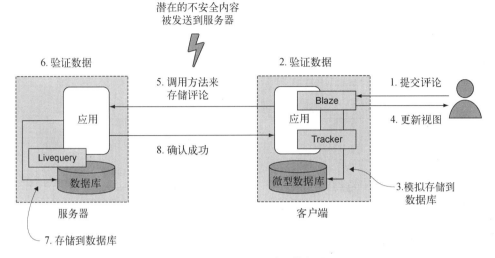

图1-8　使用延迟补偿的数据流

评论被发送到服务器端，在那里再次验证，然后被存储在数据库中。此时一个通知消息会发送到浏览器，指示存储操作是否成功。在这一点上，至少有一个完整的服务器来回与一些磁盘I/O发生，但这些都没有影响用户体验。从用户的角度来看，视图的更新没有延迟，因为第四步作为延迟补偿已经处理了所有更新。最终，这一评论也被发布到所有其他客户端。

6. 额外的包

除了核心包以外，还有更多的软件包可以作为Meteor的一部分，这些包由开发社区提供。其中包括轻松整合用户通过Twitter、GitHub和其他OAuth认证的功能。

1.2.2　Isobuild 和 CLI 工具

在电脑上安装Meteor后，在命令行中键入meteor就进入了CLI工具。这是一个可以和make或grunt相媲美的构建工具，也是一个类似apt或npm的包管理工具。它使你能够管理应用程序相关的所有任务：

❑ 创建新的应用；
❑ 以包的形式添加和删除功能；
❑ 编译和精简脚本和样式；
❑ 运行、重置和监视应用；
❑ 访问MongoDB shell；
❑ 为部署应用程序做准备；

□ 部署应用到meteor.com。

创建新项目是个单一的命令，它为一个简单的应用创建所有必要的文件和文件夹结构。第二个命令将启动一个完整的开发协议栈，包括一个Node.js服务器和一个MongoDB实例，建立一个完整的开发环境。任何文件的更改都会被监视并直接发送给客户端，文件改动以热代码的形式推送，这样你就可以完全专注于编写代码而不是启动和重启服务器。

当开始一个开发实例或准备生产时，Meteor收集所有的源文件、编译并精简代码和样式、创建源映射、处理所有软件包的依赖关系。这样，它组合了grunt和npm功能。

如果你使用LESS而不是普通的CSS，就没有必要定义处理链，只需要添加相应的Isopack。所有的*.less文件将自动被Meteor处理：

```
$ meteor add less
```

添加coffeescript包可把CoffeeScript编译成JavaScript。

1.2.3　客户端代码和服务器端代码

当开始用Meteor进行开发时，你就会发现，知道哪些代码在哪个环境中运行是开发应用程序必不可少的。理论上所有的代码都可以在栈的任何地方运行，但还是有些限制的。API密钥绝不能发送到客户端，处理鼠标单击事件的映射在服务器上是没用的。要让Meteor知道在哪里执行特定的代码，可以在专用文件夹中组织文件，或者使用检查来验证它们正在运行的上下文。

举一个例子，所有处理鼠标事件的代码都可以放在名为client的文件夹里。另外，所有的HTML和CSS文件在服务器端是不需要的，因此它们也会在client文件夹中。访问邮件服务器的密码或API密钥必须永远不会被发送给客户端，它们将被保存在服务器上（参见图1-9）。

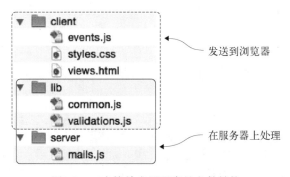

图1-9　一个简单应用程序的文件结构

server文件夹中的所有内容永远不会发送给客户端。为避免冗余，共享代码可以保存在共享文件夹，如lib，它在这两种情况下均可用。你很容易在服务器端使用jQuery这样的前端库。

当涉及输入验证时，在两个实例之间共享代码特别有用。用来验证用户是否正确输入信用卡号码的方法，可用于在浏览器中显示错误消息，也可用在服务器端，防止向服务器上的数据库插入错误的数据。如果没有Meteor，你需要用JavaScript定义一个方法在浏览器上进行验证，还需要在服务器上下文中定义另一个验证方法，因为一切来自浏览器的数据在进行处理之前都必须进行安全验证，以此来建立一定程度的安全性。如果你的后端是用Ruby、PHP或Java语言开发的，这不仅有冗余的代码，而且同样的任务需要做两次。即使在服务器端使用基于JavaScript的其他框架，也需要分别复制和粘贴验证部分的代码到服务器端的文件和客户端的文件。Meteor框架则不需要这样做，它在两端处理同一个文件。

在初始页面加载时，所有JavaScript、样式以及图像或字体等静态资源被传送到客户端[①]。如图1-10所示，所有文件对服务器而言都可以使用，但不是所有文件都会作为应用程序的一部分来执行。类似地，不是所有的文件都会被发送到客户端，所以开发人员可以更好地控制哪些代码在哪个环境中运行。文件传输通过HTTP实现，它也为那些不支持WebSockets的浏览器提供了后备方案。初始页面加载后，只有数据通过DDP进行交换。

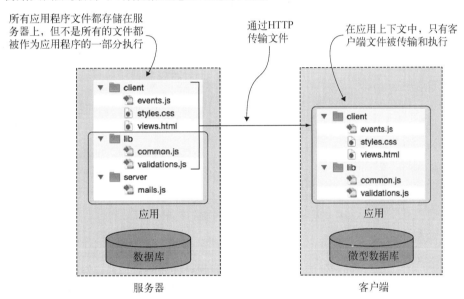

图1-10　服务器和客户端之间通过HTTP和DDP进行数据交换

1.3　优势和劣势

和所有工具一样，对于有些情形，Meteor是非常适合的框架，但总有一些场景，使用它可能是一个糟糕的选择。一般而言，任何基于分布式应用平台原则的应用都将大大受益于它，而对一个相对更静态的网站而言，你不会因使用Meteor而获得很多好处。

---

① 从技术上讲，所有的JavaScript文件会合并成一个app.js文件，但为了更好地跟踪，多个文件可说明信息的流动。

1.3.1   使用 Meteor 的好处

Meteor平台提供了所有的工具，用以构建不同平台上的应用程序，如基于Web或者移动设备的应用程序。这是一个一站式的开发平台，相比大多数的其他框架，它可以让开发人员更简单地开始。Meteor的主要优势是整个技术栈通用的单一语言、内置的响应式支持，以及用以扩展现有功能的蓬勃发展的生态系统。总之，这意味着开发速度的提升。

在整个应用栈中只有一种语言、一个专为数据交换设计的协议、简单统一的API，不需要使用额外的JavaScript框架，比如需要和复杂REST后端进行交流的AngularJS或Backbone框架。这使得Meteor非常适合需要快速构建的项目，同时它还可满足用户的高期望。

1. 容易学习

快速实现可视化的结果是学习的最好激励手段之一。Meteor充分利用了MEAN栈的力量，MEAN非常强大，但是太复杂，难于学习。为了提高开发人员的生产力，Meteor使用了一套通用的JavaScript API来暴露MEAN栈的功能。新开发人员不必对松散耦合的前端库和后端框架进行深入地研究，就可以实现一些应用。对JavaScript有些基本的了解就足够开始了。

Meteor的通用API也使得它更容易与Node.js的事件循环一起工作，它允许开发人员编写同步代码而不用担心嵌套回调结构。现有的知识可以重用，因为如jQuery或Underscore这样熟悉的库就是该栈的一部分。

2. 客户端应用

随着客户端越来越强大，大部分应用可以在客户端上运行，而不是服务器上。这给我们带来了两个主要好处，它们对Meteor而言也是有效的：

❑ 当客户端执行某些处理时，服务器的负载会较小；

❑ 在用户界面中有更好的响应性。

要把浏览器有效地升级成智能客户端，很重要的一件事情是提供一个双向通信的基础设施，使服务器可以向客户端推送更新。有了DDP，Meteor不仅提供了传输层，而且提供了一个双向沟通的完整解决方案。这些无状态的连接是该平台的一个核心功能，开发者可以利用它们而不必担心消息的格式。

3. 使用响应式编程的即时更新

一个应用程序的大部分代码是处理事件。用户单击某个元素可能会触发一个函数来更新数据库中的文档，并更新当前视图。当使用响应式编程时，你需要为处理事件写的代码会减少。由数百个事件构成的大规模合作变得更加容易管理。因为这个原因，Meteor特别适合实时聊天和网络游戏，甚至是对物联网的支持。

4. 高代码重用

Meteor提供古老的Java承诺：一次编写，到处运行。由于Meteor的同构性质，同样的代码可以在浏览器中、服务器上甚至是移动设备上运行。

例如，在REST架构中，后端必须用SQL与数据库交流，而客户端希望得到的是JSON。利用浏览器中的微型数据库，服务器可以将少量的记录发布到客户端，这反过来又使得访问该数据时就好像它们在一个真实的数据库中。这让以最小的编码要求而得到强大的延迟补偿成为可能。

5. 强大的构建工具

Meteor提供了开箱即用的CLI工具，作为一个软件包管理和构建管理工具，它覆盖了整个构建过程，从收集和编译源文件到文件精简、源映射、解决依赖关系。Isobuild工具可为Web优化应用，或者把应用封装为Android或iOS应用程序。

1.3.2 使用 Meteor 时的挑战

虽然你可以使用Meteor来构建任何类型的网站，但在某些情况下，最好采用其他的框架。鉴于Meteor相对较小的年龄和定位，使用它时你可能会遇到一些挑战。

1. 计算密集的应用

尤其是当你的应用程序依赖于密集计算，如数据分析、提取、转换和加载（ETL）工作时，Meteor将无法很好地处理这种负载。本质上，任何Node.js都是单线程的，所以很难利用快速的多处理器能力。在多层的架构中，Meteor可以用来提供用户界面，但它不能提供强大的计算能力。

要在Meteor应用中提供更多的计算能力，可采用类似其他Node.js应用采用的方式：将CPU密集的任务委托给子进程。在用多层架构把数据处理和用户界面分离的任何语言中，这也是一个适用的最佳实践。

2. 成熟性

Meteor还比较年轻，还需要证明自己在生产环境上的伸缩性或搜索引擎友好。特别地，对应用程序的伸缩性而言，需要所涉及组件及可能瓶颈的大量知识。

虽然Node.js已经证明了它在大负载时的可伸缩性，Meteor仍然需要证明它可以处理大规模的部署和高并发的请求。保守的用户可能会认为，依靠一个既定的基础是安全的。但请记住，如果应用程序在开发时没有考虑可扩展性和性能的话，任何服务器栈和框架都可能会变慢。

即使Meteor社区是友好和乐于助人的，这也没有办法和PHP或Java可提供的庞大资源相比。关于托管选项也是类似的情况，和PHP或者Python比起来，还没有多少专门的Node.js或Meteor的解决方案。如果你计划在自己的基础设施上托管自己的应用程序，有几个解决方案是可以使用的。

与所有的年轻项目一样，现在Meteor框架本身的可用工具数量是相当有限的。Velocity是一个社区驱动的项目，用以创建测试框架，它有活跃的开发者，但现在还不是Meteor核心项目的一部分。同时，调试工具也不如Java或PHP方便。

3. 没有关于结构的约定

Meteor对应用的结构和代码没有什么约定。这种自由是伟大的，单个的开发人员可以快速修改代码，但当应用程序的规模增长时，它需要团队成员之间良好的协调。使用单个文件还是数百个文件夹和文件，这取决于开发人员的偏好。有些人可能会拥抱这种自由，而另一些人会发现有必要在开始编码之前定义清晰的结构。

4. 使用SQL和相关数据库

路线图显示，总有一天，Meteor会支持SQL数据库，但目前唯一的官方支持数据库是

MongoDB。要使用MySQL或PostgreSQL等数据库，必须使用额外的社区包。虽然一些社区成员通过SQL数据库支持成功地运行了应用，但尚无全栈的支持，如没有延迟补偿和透明的客户端到服务器的更新。如果你需要坚实的关系数据库和相关技术栈的支持，那么Meteor不适合你。

5. 提供静态内容

一些网站像报纸和杂志一样，严重依赖静态内容。这些站点的利润大部分来自服务器呈现的HTML，可以使用先进的缓存机制，为所有用户加快网站访问。此外，初始的加载时间也快得多。

如果初始加载时间对你的应用很重要，或者它为大量的用户提供相同的内容，你将无法充分利用Meteor的所有优势。事实上，你需要研究它的标准行为，找到方法来优化用例，因此你可能希望使用一个更传统的框架来构建网站。

谁在使用Meteor（知情者说）

尽管还很年轻，但Meteor已经为许多成功的项目甚至整个公司提供了动力。

Adrian Lanning的share911.com是Meteor平台的早期采用者之一。在紧急情况下，应用程序使你能够同时提醒和你一起的工作人员以及公共安全人员。选择一项技术的主要标准是速度，包括实时运行时间以及开发时间。Adrian研究了几个事件驱动技术：Netty（Java）、Tornado（Python）和Node.js。在进一步评估Tower和Derby.js后，他决定使用Meteor开发一个原型，花了不到10天的时间。

> "令人高兴的是，Meteor一直是可靠的，我们还不需要做出改变。我们已经包括了其他技术，但我有信心，Meteor将在很长一段时间内是我们的核心Web层。"
>
> ——Adrian Lanning

workpop.com提供了一个工作平台，用以雇用以小时计薪的工人。只用两个人的开发团队和短短五个月的时间，首席技术官Ben Berman就作出了一个现代解释——互联网上的工作公告牌看起来应该是怎样的。超过700万美元的资金证明，他们决定使用Meteor是正确的。workpop的哲学是跳出技术的障碍，关注于他们的目标，即让人们找到工作。Spring（Java）和ASP.NET虽然很高效，但是过于技术密集。就连Rails也被否定了，因为它鼓励构建RESTful应用。

> "通过坚持使用熟悉的JavaScript，以及Web上最好的响应式UI工具包，Meteor为小型团队实现了快速迭代的承诺。"
>
> ——Ben Berman

lookback.io可以用来记录移动用户的体验，通过按钮点击来了解人们如何使用你的应用。它最初的版本使用Django开发，但开发组长Carl Littke很快就切换到Meteor平台。要实现相同的结果，使用Django、Angular和相关的REST API显得太复杂。依靠Meteor内置的响应性、数据API和登录功能会更简单。开发速度是选择Meteor最重要的考量。这也弥补了Meteor相对年轻的其他领域。

> "Meteor开发团队完成了杰出的工作，他们开发的框架解决了现代Web应用程序开发中的一些主要痛点。在下一个项目中，我会毫不犹豫地使用Meteor框架。"
>
> ——Carl Littke

Sara Hicks和Aaron Judd创建了开源购物平台reactioncommerce.com。他们认为，Meteor的事件驱动特性完美地适用于使用动态营销、实时促销和实时定价以提高销量。在Web和移动设备上使用单一的代码库是个很大的优势。Meteor并不是Reaction Commerce平台所用的唯一技术，但它构成了该平台的基础。由于可通过npm安装所有的Node.js包，额外的库可添加到项目中。

"较慢的响应速度会让零售商流失13%的销售额。由于Meteor的延迟补偿，屏幕会立刻重绘。这带来了愉快的购物体验和更漂亮的销售数字。"

——Sara Hicks

Sacha Greif创建了流行的黑客新闻克隆网站Telescope。为寻找合适的技术栈，他把自己的选择圈定在Rails和Node.js。关于Rails，他担心管理大量移动部件的问题，因为管理这些部件需要数百个文件和gem。作为一个设计师，他已经熟悉JavaScript。2012年，他就决定使用Meteor框架，尽管当时它的功能集还很有限。如今，Telescope已经开始为一些网站提供支持，比如crater.io（关于Meteor框架的新闻）和bootstrappers.io（bootstrap的创业社区）。

"真正吸引我的是它的一站式解决方案，在别的框架中需要将多个解决方案拼接在一起，而所有这些东西在Meteor框架中则是开箱即用的。"

——Sacha Greif

1.4 创建新的应用程序

我们已经讨论了很多理论，现在是时候看看代码了。在继续之前，确保你的机器上已经安装了Meteor。安装过程可参考附录A。

因为Meteor也是一个CLI工具，所以我们需要在shell环境中进行应用程序的初始设置。这使得我们能够安装框架，创建新的应用程序。本节中的所有步骤都将在终端内进行。

1.4.1 创建新项目

Meteor安装好后，用CLI工具来创建新项目。进入到你要建立应用程序的文件夹，然后在终端键入以下命令（参见图1-11）：

```
$ meteor create helloWorld
```

Meteor会自动创建一个新的项目文件夹和三个文件：

❏ helloWorld.css包含所有样式信息；

❏ helloWorld.html包含所有模板；

❏ helloWorld.js包含实际的逻辑。

图1-11　用Meteor CLI工具创建的基础应用程序

说明　每个项目都包含一个不可见的文件夹.meteor（如图1-11所示），这里存放着一些运行时文件，如开发数据库、编译过的文件、有关用到的包的元数据信息以及其他自动生成的内容。在进行开发时，我们可以忽略这个文件夹。

你现在可以通过改变现有文件的内容来创建自己的应用程序。对于这个项目，这三个文件就足够了，但是对其他更为复杂的项目来说，最好创建几个文件夹并将代码拆分成单独的文件，以保持更好的结构。我们将在下一章中进一步介绍如何组织你的项目。

1.4.2　启动应用

可以通过Meteor CLI工具用下面的命令启动应用：

```
$ meteor run
```

你也可以通过调用一个没有任何参数的meteor命令启动Meteor服务器，run是默认行为。在幕后，它在3000端口开启Node.js服务器实例，同时开启监听3001端口的MongoDB服务。

你可以通过Web浏览器访问http://localhost:3000来访问你的应用（参见图1-12）。

如果需要改变Meteor监听的端口，可指定meteor命令的--port参数。以下命令使Meteor监听端口8080：

```
$ meteor run --port 8080
```

正如你所看到的，应用程序正在运行，它有一个按钮。如果你单击Click Me按钮，下面的文本将自动更新，显示你自加载网页以来单击了它多少次。这是因为该应用程序已经包含一个事件绑定。让我们仔细看一下文件内容，看看这个绑定如何工作。

图1-12 每个新的Meteor项目都是一个含有单个按钮的简单应用

1.5 剖析默认项目

在这种状态下的helloWorld应用非常简单。因为所有的文件都在这个项目的根文件夹中，所以它们都在服务器上执行，并发送给客户端。让我们看看每个文件做了些什么。

1.5.1 helloWorld.css

默认情况下，该文件是空的。因为它是一个CSS文件，所以你可以用它来存储自定义的样式信息。如果把某个东西放在这个文件中，该样式将立即被应用到应用程序中。Meteor自动解析所有以.css结尾的文件并将其发送到客户端。例如，试着在其中增加`body { background: red; }`，保存文件，你会看到应用程序的背景变成了美丽的红色。

1.5.2 helloWorld.html

代码清单1-1中显示的文件包含我们项目中使用的模板。模板控制应用程序的整体外观和布局。虽然该文件的扩展名是.html，但它里面的代码不像你期待的那样是完全有效的HTML。

代码清单1-1 `helloWorld模板`

```
<head>
  <title>helloWorld</title>        ← HTML头
</head>

<body>                               ← 该页面的主体，打印一个标
  <h1>Welcome to Meteor!</h1>          题，并导入一个名为"hello"
  {{> hello}}                          的模板
</body>
                                     实际的"hello"模板
<template name="hello">          ←
  <button>Click Me</button>                      计数器，动态填充
  <p>You've pressed the button {{counter}} times.</p>  ←  的辅助函数
</template>
```

首先，三个不同的元素出现在了这里：一个HTML头、一个HTML主体和一个名为hello的模板。正如你所看到的，这里没有一个有效HTML文档需要的`<html>`开始标签。Meteor会自动添

加它，所以你不必担心。

这个body只有一个h1标题和一个占位符，使用了Handlebars语法。花括号说明你正在处理一些动态的内容。大于号表示另一个模板将被注入到文档中的这个位置，大于号后面是模板的名字。因此，占位符会在body中插入名为hello的模板：

```
{{> hello}}
```

服务器启动时，Meteor解析所有以.html为扩展名的文件，并收集所有的模板。它识别和管理所有的引用与包含。为使这个工作正常进行，每个模板都要有一个<template>的打开和关闭标签。需要name属性来引用模板。模板的名称是区分大小写的，必须始终唯一。

你还需要能够在JavaScript中引用模板，以在某种程度上扩展它的功能，在下一节中，你会在helloWorld.js文件中看到这一点。再次，模板的名称是用来做连接的。

最后，你需要一种方法来将数据从JavaScript代码注入模板。这是所谓的辅助函数{{ counter }}的目的。辅助函数是一个返回值在模板中可用的JavaScript方法。如果查看你的浏览器，你会发现，{{ counter }}中显示的是你点击的次数。让我们看一下相应的代码。

1.5.3　helloWorld.js

该项目的JavaScript文件包含Meteor的几个基本概念。我们要告诉你的第一个片段如下：

```
if (Meteor.isClient) {
  //...
}

if (Meteor.isServer) {
  //...
}
```

有两个if语句，都和全局的Meteor对象的一个布尔变量有关。请记住，所有的代码都可以在客户端和服务器端使用，除非你有什么限制。都可用意味着在两种环境中都可执行。但是有时候，你需要指定代码是应该仅在服务器上运行还是仅在客户端上运行。通过检查全局Meteor对象的这两个属性，你可以知道你在哪里运行。

在任何项目中，第一个if语句的代码块只在客户端上下文中运行，第二个if语句的代码块只在服务器端的上下文中运行。

你应该知道，这个文件的所有代码在服务器和客户端都可用。这意味着你一定不要把安全相关的代码（如私有接口密钥）放在一个if (Meteor.isServer)块中，因为这块代码可能会直接发送到客户端。任何人在浏览器中打开源码视图，都可以简单地读取代码和与安全相关的任何信息，而你绝对不希望发生这种情况。

当然有简单标准的方法来处理敏感代码。后面几章会讨论如何组织一个项目，到时将涉及这个主题。现在，我们只使用单个的JavaScript文件。对于简单的应用，检查当前上下文就足够了。

说明 当创建新的项目时，Meteor把开发人员的生产力放在第一位。这意味着将无法确保将最初的项目足够安全地部署到生产环境。在这本书中，我们将讨论如何为生产环境做开发以及如何开发安全的应用程序。

接下来的代码看起来像这样：

```
if (Meteor.isClient) {
  // 计数器从0开始
  Session.setDefault("counter", 0);

  Template.hello.helpers({
    counter: function () {
      return Session.get("counter");
    }
  });
//...
}
//...
```

在这里，你看到了两个全局对象的使用：Session和Template。Session允许你在内存中存储键–值对。Template对象使你能够从JavaScript文件中访问HTML文件中定义的所有模板。因为这两个对象都是在客户端上可用的，所以它们不能在服务器上调用，否则将导致引用错误，这也是为什么这个代码被包在isClient上下文中。

只要Session变量没有声明，它们会保持在undefined状态。Session.setDefault()命令在Session对象内初始化一个键值对，该键值对的键为counter，值为0。

这段代码可以访问helloWorld.html中定义的hello模板，并且用所谓的模板辅助函数扩展了它。这个模板辅助函数被命名为counter，它的返回内容是Session中键为counter的值，并且作为字符串类型返回。现在你明白为什么hello模板与你在浏览器中所看到的不同了。hello模板中的模板辅助函数{{ counter }}实际上是一个函数，它返回在浏览器中看到的字符串。

一方面，模板定义应该呈现的HTML；另一方面，模板辅助函数扩展模板，使用函数并用动态内容替换占位符。

记得当你单击按钮时会发生什么吗？这是事件绑定的地方。如果你单击按钮，一个click事件会被触发。这反过来又给页面上的计数器加1。下面的代码增加了计数器的计数，该计数器存储在Session对象中：

```
if (Meteor.isClient) {            ←── 只在客户端处理
  Template.hello.events({              鼠标点击事件
    'click button': function () {                      ←── 定义输入按钮
      // 按钮点击时，递增计数器值                              被点击时调用
      Session.set("counter", Session.get("counter") + 1);  ←── 的函数
    }                                              ←── 将Session变量
  });}                                                 的值增加1
```

每个模板都有events()函数，你可以在其中定义特定模板的事件处理。传递给events()

函数的对象称为事件映射，这基本上是个正常的键-值JavaScript对象，其中键总是定义要监听的事件，而值是一个函数，如果监听的事件发生，这个函数就会被调用。

要指定事件，总是使用字符串形式的'event target'，其中目标（target）通过标准的CSS选择器定义。你很容易修改前面的例子，通过使用CSS的class或ID来进一步指定按钮。另外请注意，这些事件只在该模板的上下文中被触发。这意味着在不同模板中的任何输入，例如在输入元素上的点击，将不会调用这里的函数。

你可以继续点几下按钮，你会注意到浏览器如何绘制新字符串。只有占位符被更新了，而不是整个页面。

注意，这里没有涉及直接更新模板的代码，你依赖于Session的响应式特征。每当Session对象内部的值发生变化，模板辅助函数counter就会重新运行。事件简单地改变数据源，而Meteor会立即更新所有用到这个值的地方。

我们要看的最后一个片段是这样的：

```
if (Meteor.isServer) {
  Meteor.startup(function () {
    // 应用启动时在服务器上运行的代码
  });
}
```

正如注释中指出的那样，你可以定义一个在应用启动时运行的函数。你也可以在应用启动时多次调用Meteor.startup函数，并传给它不同的函数来执行不同的功能。Meteor.startup也可用于客户端，在客户端应用启动时运行函数。此示例应用没有使用任何服务器端代码，因此该块和启动函数还是空的。

现在你已经看到了helloWorld示例代码，对Meteor的基本概念有了深刻的理解，接下来你将扩展这些文件，以开发自己的第一个Meteor应用。

1.6　总结

在这一章里，你学到了如下知识。

❑ Meteor是一个完整的技术栈或同构的JavaScript平台，类似于MEAN栈。

❑ 开发者可以在服务器、客户端或所有上下文中运行相同的代码。

❑ 客户是应用逻辑的活动部分，这意味着Meteor应用利用分布式计算环境的力量。

❑ 使用称为DDP的标准协议，服务器和客户端通过WebSockets而不是HTTP通信，进行双向消息交换。

❑ Meteor采用响应式编程的原则，以减少对基础设施代码的需求。

❑ 开发生产力是由可重复使用的称为Isopack的包保证的，这些包被用来提供通用的或专用的功能。

❑ 单一的代码库可提供基于浏览器的HTML应用，或基于iOS、Android移动设备或Firefox OS的混合应用。

第2章

我的冰箱：一个响应式游戏

本章内容
- ❏ 用Meteor建立一个响应式应用
- ❏ 了解Meteor项目的基本结构
- ❏ 使用jQuery UI启用拖放界面
- ❏ 使用Meteor的命令行工具部署应用到meteor.com

在本章中，你将建立你的第一个Meteor应用。你可以基于某个自带的示例应用来创建一个新项目，但从头开始创建一个小型响应式游戏可以更好地了解各组件是如何一起工作的。在本章结束时，你将使用不到60行的JavaScript代码以及更少的HTML创建了一个游戏，该游戏将数据存储到数据库并实时更新所有连接的客户端。

你会看到模板和代码如何一起工作，怎样在项目中包含jQuery UI。你还会通过一个命令将它部署到meteor.com的基础设施上，与世界分享你的应用。

2.1 应用概述

"我的冰箱"是一个小型实时应用程序，它显示了冰箱内的物品，并允许你拖动物品进出冰箱。不同于真实的冰箱，这个冰箱可以从世界上任何地方访问，并且所有变化对每个连接到服务器的客户端可见。

虽然这个应用程序只是一个模拟器，但你可以使用它来记录家里的冰箱中实际放了些什么。或者，如果你是一个硬件黑客，可以把你的冰箱连接到互联网上，使用Meteor实时显示冰箱内的物品。这样，如果你的朋友喝掉了冰箱中的最后一瓶果汁，你可以在办公室看到这些，然后在回家的路上买点橙汁。

构建该应用程序时，我们将保持事情的简单性，仅仅依靠每个新建Meteor项目中已经启用的功能，并将为这个项目添加代码、样式、模板和资产（参见图2-1）。本章不会使用任何额外的包。

首先，使用Spacebars创建视图，Spacebars是Meteor的模板语言。因为所有物品都存储在MongoDB数据库中，所以需要定义一个数据库连接。另外，你将使用静态图像来表示冰箱中的每个物品。最后，你将学习如何包括外部的JavaScript库，使用jQuery UI来拖动物品进出冰箱。

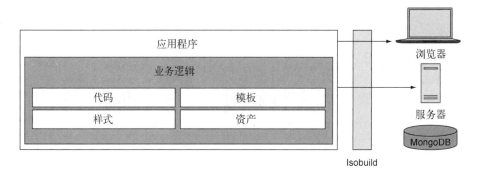

图2-1 "我的冰箱"应用只需要业务逻辑

Meteor的响应性将保持所有客户端的同步并负责更新视图。你只需要处理实际的功能，也就是用拖放来更新数据库内物品的位置属性。在这个应用中，将不允许用户轻易添加额外的物品，而且也不会采取严格的安全措施。这些主题将在后面的章节中讨论。这一章结束时，你的冰箱看起来会像图2-2显示的那样。

图2-2 "我的冰箱"应用的最后状态

2.2 初始设置

在继续学习之前，确保你已经在机器上安装了Meteor。完整的安装过程请参考附录A。记得Meteor还带有一个命令行工具吗？你将使用它在一个shell环境中进行应用程序的初始设置。它允许你创建新的应用。在下面的小节中，你将在终端中执行所有的步骤。

建立新项目

Meteor安装好后，它的CLI工具即可使用。创建Meteor项目只需在终端上使用一个命令：

```
$ meteor create myFridge
```

这个命令创建了包含三个文件的项目文件夹：一个HTML模板文件、一个JavaScript代码文件和一个CSS样式信息文件。

进入项目文件夹，使用CLI工具启动应用程序，如下所示：

```
$ cd myFridge
$ meteor run
```

将终端控制台移到后台，现在开始在你选择的编辑器中进行编码。编码时检查终端中是否显示任何错误消息，这是有用的，但在本章的其余部分，你不需要重新启动服务器。每次修改一个文件，甚至添加新的文件，Meteor都将会自动进行处理。如果密切关注一下，你会注意到，每个文件更改后，控制台都会显示服务器已重新启动，或客户端代码已被修改，并已刷新。图2-3中显示了这类输出。

图2-3　Meteor会在应用程序代码更改时自动重新启动服务器

2.3　创建布局

开发这个游戏的第一步是思考布局。对这个应用来说，我们需要一个简单的布局，左边是冰箱，右边是货架上的物品列表。物品可以从一边拖动到另一边。

要创建布局，需要创建一些模板，添加图片，并添加一个方法来遍历物品列表。

说明　因为这本书是关于Meteor而不是关于CSS的，所以我们不会详细讨论样式。你可以参考相关的代码示例来浏览所有样式。

2.3.1　设置样式

作为基本的结构，我们希望有一个冰箱和一个物品列表并排显示，如图2-4所示。

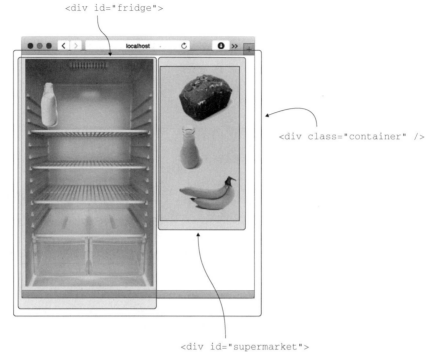

```
<div id="fridge">
```

```
<div class="container" />
```

```
<div id="supermarket">
```

图2-4   "我的冰箱"布局中三个主要的div容器

第一步是根据代码清单2-1在myFridge.css内设置样式的总体布局，这样你就可以专注于HTML模板。定义容器的width设置并确保冰箱显示在左边，物品列表（在右边）相对小一点。

代码清单2-1   总体布局风格

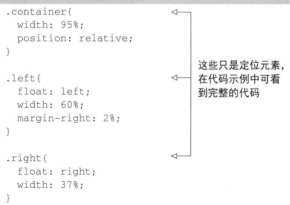

```
.container{
  width: 95%;
  position: relative;
}


.left{
  float: left;
  width: 60%;
  margin-right: 2%;
}


.right{
  float: right;
  width: 37%;
}
```

这些只是定位元素，
在代码示例中可看
到完整的代码

代码清单2-1定义了三个类来定位div容器。因为希望我们的应用可以在移动电话上工作，所以使用百分比来使布局具有适应性。

2.3.2 添加模板

对每个div元素使用一个独立的模板，即使容器也是这样。完成以后，将有一个head、一个body和四个模板。

- ❑ container——为总布局
- ❑ fridge——左边显示的冰箱
- ❑ productList——右边显示的物品列表
- ❑ productListItem——在任何一方显示的项目

让我们从前三个模板开始。请按如下代码清单所示，更新myFridge.html的内容。

代码清单2-2 骨架模板结构

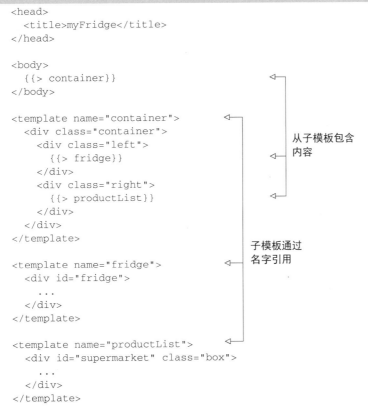

```
<head>
  <title>myFridge</title>
</head>

<body>
  {{> container}}
</body>

<template name="container">
  <div class="container">
    <div class="left">
      {{> fridge}}
    </div>
    <div class="right">
      {{> productList}}
    </div>
  </div>
</template>

<template name="fridge">
  <div id="fridge">
    ...
  </div>
</template>

<template name="productList">
  <div id="supermarket" class="box">
    ...
  </div>
</template>
```

从子模板包含内容

子模板通过名字引用

container模板是应用程序的基本布局。它把冰箱放在左边，物品列表放在右边。在技术上，我们可以对所有的HTML代码使用一个模板，但模板拆分可提供更好的结构，更好地控制在哪里显示什么。

现在，你已经创建了骨架布局，我们让左边看起来像一个实际的冰箱。冰箱应该由一个打开的冰箱图像来表示。这样，我们需要扩展该项目，使之能够添加图像文件。因为在示例应用程序中没有使用图像，所以我们在应用程序的根目录下创建一个名为public的新文件夹。这里将存放所有的图像。

说明 public文件夹按照惯例被特殊对待。放到该文件夹中的每个文件都可以在URL根路径上访问。如果把一个名叫image.jpg的文件放到public文件夹，可以通过HTTP://localhost: 3000/image.jpg来访问。

要在浏览器中包含一个空冰箱的图像，你可以使用本章源代码中的myFridge/public/ empty-fridge.jpg文件。在模板中引用它时不需要包含/public路径，可像下面这样使用：

```
<img class="image-responsive" src="/empty-fridge.jpg" />
```

我们的冰箱应该在右边包含没有排序的物品列表，也用图像表示。在某个给定的时刻，我们不知道有多少物品在冰箱里，故需要一个灵活的解决方案来遍历物品列表。因此，我们将使用一个专用的物品列表模板。

在模板里面遍历对象数组可以使用{{#each}}辅助函数。前面的#表明它不会替代占位符，只是提供某种形式的逻辑功能。你将创建一个无序列表并遍历products数组。代码清单2-3显示了它的应用方法。

代码清单2-3 在productsList模板中使用each辅助函数遍历物品

```
<template name="productList">
  <div id="supermarket" class="box">
    <ul id="products">
    {{#each products}}
        <li>{{> productListItem}}</li>
    {{/each}}
    </ul>
  </div>
</template>
```

对于数组中每个传递给这个辅助函数的对象，each标签中的内容都会被绘制一次。在这种情况下，你希望传递给辅助函数的每个物品都会被绘制成一个列表元素。而该列表元素内容为一个想在这里插入的模板{{> productListItem}}。在循环中使用模板的优点是，在应用右侧的物品列表中可再次使用相同的模板productListItem，这意味着你可以写更少的代码。

在HTML文件的底部添加新的模板，如下所示。

代码清单2-4 productListItem模板

```
<template name="productListItem">
  <img src="{{img}}"
       data-id="{{_id}}"
       class="image-responsive product-image draggable" />
</template>
```

接下来在myFridge.html文件中调整冰箱模板，使它的代码看起来如代码清单2-5所示。

代码清单2-5 在`fridge`模板中遍历每个物品

```
<template name="fridge">
  <div id="fridge">
    <img class="image-responsive" src="/empty-fridge.jpg" />
    <ul>
      {{#each products}}
        <li>{{> productListItem}}</li>
      {{/each}}
    </ul>
  </div>
</template>
```

正如你所看到的，在冰箱和超市的模板中重用了`{{> productListItem}}`模板。下一步，我们希望能够绘制一些物品，也就是物品列表，现在冰箱还是空的。

2.4 向数据库中实时添加内容

现在布局已经到位，我们可以把重点放在后端。所有的物品，无论是否在冰箱里，都应该从数据库中获得。一旦在数据库中存在，它们就应该被发送到客户端，所以我们需要添加数据库和模板之间的连接。

2.4.1 在数据库中存储物品

Meteor捆绑了MongoDB数据库作为默认的数据库。由于紧密的整合，使用MongoDB时不需要指定连接字符串或登录凭证。要与数据库进行通信，我们需要声明一个新的集合（collection）。MongoDB使用集合而不是数据库表，因为它是NoSQL数据库或者说是个面向文档的数据库。集合包含一个或多个文档形式的数据。第4章涵盖了数据库工作的相关细节，现在我们专注于把冰箱应用的功能变得更加齐全。

使用`Mongo.Collection`定义新的数据库集合，并用来插入、删除、更新和查找文档。因为集合用来存储物品，所以需要为它们命名并放在JavaScript文件中，如下所示。

代码清单2-6 在客户端和服务器端声明物品集合

```
Products = new Mongo.Collection('products');
if (Meteor.isClient) {
  //...
}
if (Meteor.isServer) {
  //...
}
```

你应该把这些代码放在文件的顶部，在任何`Meteor.isServer`或`Meteor.isClient`块以外，因为它应该在客户端和服务器端都可使用。

所有的物品都有三个属性：

❑ 名称，例如面包；

□ 一个/public文件夹下相关的图像文件，如bread.png；
□ 目前的位置，即冰箱或超市。

使用浏览器内部的JavaScript控制台

因为Meteor应用至少部分运行于浏览器上，所以你有时需要切换到JavaScript控制台来查看调试输出信息或发出指令。所有主要的浏览器都有一些开发工具，使你可使用简单的快捷键来访问控制台。

Chrome：
□ 在Mac上，按Option+Command+J；
□ 在Windows中，按Ctrl+Shift+J。

Firefox：
□ 在Mac上，按Option+Command+K；
□ 在Windows中，按Ctrl+Shift+K。

IE：
□ 在Windows中，按F12，单击Scripts（脚本）选项卡。

Opera：
□ 在Mac上，按Option+Command+I；
□ 在Windows中，按Ctrl+Shift+I。

Safari：
□ 在Mac上，按Option+Command+C。

在浏览器中打开JavaScript命令行工具，使用下面的命令添加一些数据到物品集合：

```
Products.insert({img: '/bread.png', name: 'Bread', place: 'fridge'});
```

这个函数调用的返回值是新插入物品的文档ID。有了这个ID，你就可以从数据库中像下面这样得到该文档：

```
Products.findOne({_id: 'X6Qw8v3ChcsZKaKan'});
```

因为你知道只有一个对象具有这个ID，所以使用findOne()函数。返回值是数据库中的该物品对象（参见图2-5）。

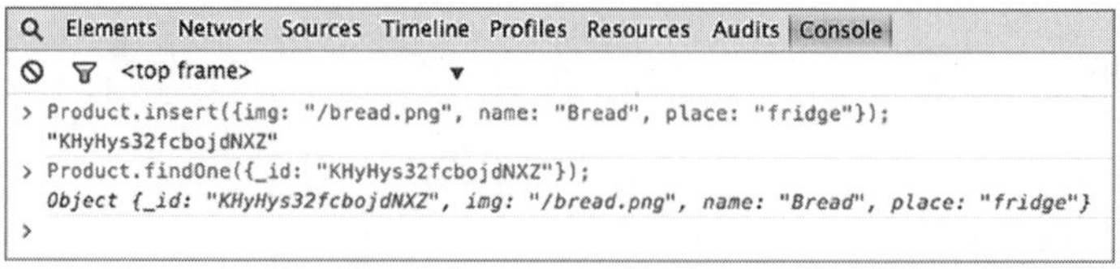

图2-5　使用浏览器的JavaScript控制台插入和查找数据库中的数据

2

> **开发人员的生产效率和安全性**
>
> 　　虽然使用开发控制台很方便从数据库中添加和删除项目，但这也是一个安全风险。如果你能这样做，那么任何使用该应用的人也能够这样做。
>
> 　　新建的Meteor项目总是包含一个名为insecure的包，它禁用身份验证检查，允许任何人读取和写入任何集合。insecure的兄弟包autopublish自动使所有的服务器端集合内容可以在客户端访问，它们使开发人员的开发更容易，因为这让开发人员在开发的早期阶段首先专注于功能构建，而不必考虑认证问题。
>
> 　　在开发过程中，你很有可能引入权限管理，只允许已验证用户发布数据。在那个时候，你可以使用以下的命令行去除这两个包：
>
> ```
> $ meteor remove insecure
> $ meteor remove autopublish
> ```

　　通过位置查询数据也很简单。可以通过其他单个属性而不是_id字段来查询物品。这样你得到的不是一个单一的结果，故要使用find()寻找所有place属性都为fridge的数据库条目：

```
Products.find({place: 'fridge'});
```

　　现在，你已经向数据库中添加了一些数据，并且可以在浏览器中访问和查看数据。

2.4.2 将数据连接到模板

　　在fridge模板中，需要遍历所有place属性是fridge的物品。为此，你将使用辅助函数products来扩展该模板，该辅助函数返回你想在冰箱里显示的所有物品。让我们再看一次模板：

```
<template name="fridge">
  ...
</template>
```

　　Meteor中有一个全局的Template对象，可以利用它通过模板的名字来访问每个模板。每个模板对象有个函数helpers，该函数接受一个关联数组作为参数，数组的值可以在模板中通过它的键值来访问：

```
Template.fridge.helpers({
  products: function(){        模板中的每个标签
    return [];           ◄──  都期望一个数组
  }
});
```

　　对fridge模板而言，你要遍历从数据库中取出的物品数组。辅助函数的工作是从数据库中查找数据并将其传递给模板。请记住，为了显示数据，你在模板中使用{{#each products}}...{{/each}}创建了一个循环：

```
<template name="fridge">
  <div id="fridge">
    <img class="image-responsive" src="/empty-fridge.jpg" />
    <ul>
```

```
    {{#each products}}
      ...
    {{/each}}
  </ul>
</div>
</template>
```

对products辅助函数返回数组中的元素做循环

要使用products辅助函数扩展模板fridge，需要把它传给Template对象的helpers函数。为此，你需要把myFridge.js文件中的Meteor.isClient代码块替换成下面的代码。

代码清单2-7　为fridge模板设置products辅助函数

```
Template.fridge.helpers({
  products: function () {
    return Products.find({
      place: 'fridge'
    });
  }
});
```

products辅助函数返回所有place属性是fridge的物品，就像你想要的那样。因为已经向冰箱添加了一个物品，所以它应该会被直接添加到视图。要确保已经将关联的图像放在public文件夹中。如果将面包添加到集合文档，并在public文件夹中添加了相应的图像，那么应用将看起来如图2-6所示。

图2-6　冰箱显示了一块面包的图像

对于在右边的`productList`模板，现在可以做同样的事情，只是在查询中要指定一个不同的`place`属性值。不需要显示数据库中的所有物品，而只是显示那些目前在超市的物品。要这样做，就需要查询数据库，如下所示。

代码清单2-8 为`productList`模板建立`products`辅助函数

```
Template.productList.helpers({
  products: function () {
    return Products.find({
      place: 'supermarket'
    });
  }
});
```

如果使用JavaScript控制台向冰箱或者超市插入更多的物品，你会看到它们如何被自动添加到屏幕。此外，物品的插入是实时完成的。打开另一个浏览器，你会看到物品立即被添加（参见图2-7）。

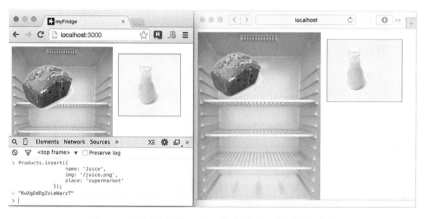

图2-7 其他浏览器显示，数据库的更改是实时的

到目前为止，你已经创建了用户界面，并设置了冰箱应用所需的数据结构。要做的最后一件事是处理用户交互，让用户把物品放进冰箱或者把它们从冰箱中取出。

2.4.3 添加一组预定义的物品

虽然能够手动添加物品有时是有用的，但你可以使用服务器在启动时添加一组预定义的物品。这样，你会工作在一个已知的状态上，无论在前面的运行中已经完成了多少测试。

代码清单2-9中的JavaScript代码将在服务器启动时从数据库中删除所有物品。之后，它会把牛奶放在冰箱里，把面包放在超市里。

代码清单2-9 在服务器启动时将一个预定义的数据集添加到数据库中

```
if (Meteor.isServer) {
  Meteor.startup(function () {          ←┐ 服务器重新
                                         │ 启动时执行
```

```
    Products.remove({});                          ←──────  从数据库删除
                                                          所有的物品
    // 向数据库中添加一些物品
    Products.insert({                   ←──────┐
      name: 'Milk',                            │
      img: '/milk.png',                        │    插入一些物品
      place: 'fridge'                          │    到数据库
    });                                        │
                                               │
    Products.insert({                   ←──────┘
      name: 'Bread',
      img: '/bread.png',
      place: 'supermarket'
    });
  });
}
```

按Ctrl+C停止Meteor服务器，然后重新启动它。如果把牛奶和面包的图像从示例代码复制到你的public文件夹，你现在就可以看到冰箱里有一个瓶子，右边有个面包。最后，我们将通过拖放来添加交互。

2.5　把物品放进冰箱里

我们的目标是使物品能够从物品列表拖动到冰箱，反之亦然。这不是一个只针对Meteor的任务，而是一个标准的前端任务。我们将使用jQuery UI库进行拖放，并和模板进行必要的连接。作为拖放的结果，我们也需要更新数据库，因此我们需要添加一个前端操作以及相关的后端操作，该后端操作要能够在数据库中存储内容。

我们从在现有项目中添加jQuery UI库开始。它能提供可工作在所有主流浏览器上的拖放功能。一旦库可用，我们将定义冰箱和物品列表为可能的拖放目标，拖放目标是可以放置物品的地方。最后，每个物品列表项将被标记为可拖放，这样它就可以移动到某个拖放目标上。

2.5.1　为项目添加 jQuery UI

不一定要在项目文件中添加jQuery UI库，因为你可以包括它的在线版本。在Meteor中的工作方式同在任何其他HTML文件中一样：通过将其添加到你myFridge.html文件的\<head\>区域（参见下面的代码清单）。

代码清单2-10　从CDN加载jQuery UI

```
<head>
  <title>myFridge</title>
  <script src="//code.jquery.com/ui/1.11.4/jquery-ui.js"></script>
</head>
```

现在，库从jquery.com加载。显然你需要一个Internet连接，因为要使用内容分发网络（CDN）提供JavaScript文件。或者你可以从http://jqueryui.com下载库，并把文件jquery-ui.min.js放到client

文件夹。Meteor将自动提供这个文件并在客户端加载该文件。如果你在本地添加文件，要确保在模板文件中的head部分不包括script标签。

2.5.2　为物品定义拖放目标

为支持拖放，你要使用jQuery的API定义fridge和productList为可能的拖放目标。因为在fridge和productList被绘制成DOM之前，不能使用jQuery UI来对它们进行任何修改，所以你必须等到每个模板都被绘制完成。每个模板都有一个回调函数，这使得这件事情很容易做到[①]：

```
Template.fridge.onRendered(function() {
  var templateInstance = this;

  templateInstance.$('#fridge').droppable({
    drop: function(evt, ui) {
      // do something
    }
  });
});
```

这个模板实例中，我们限制了jQuery的范围，而不是解析整个DOM

使用jQuery解析部分DOM

每次看到$()代码，你都可以肯定这里用到了jQuery。通常这也意味着整个DOM树被解析，这是相当缓慢的，而且往往不是你想要的。当你尝试为body设置背景颜色时，使用$('body')是完全可以接受的。但大多数时候，你希望一个模板不要修改其他模板。而完整的DOM解析会影响性能，而且调试也将变成一场噩梦。

Meteor提供了一个简单的解决方案，以限制jQuery的活动在当前模板范围内：Template.instance()包含一个代表当前模板的对象。在回调函数created、rendered和destroyed中，可以通过this使用该对象。例如，你可以限制jQuery的范围为该对象，然后安全地在多个模板中使用.dateinput类，而这不会导致formTemplate突然创建了满天飞的日期选择器。

因为直接使用this可能会让人困惑，所以你应该使用一个更有意义的标识符，如前面的代码示例中使用的templateInstance。

当fridge模板被绘制时，你定义<div id="fridge">作为一个可拖放的目标。这意味着可以简单地通过将DOM元素拖到div区域，动态地把它们添加到该div。基本上，这是在监听一个事件（即，用户拖动一个项目到容器上），所以你必须定义一个事件处理程序来确定是否有东西被拖到容器中。事件处理程序还需要对数据库中的相关项目进行更新，也就是更新它的位置。

事件处理程序名为drop，一旦某个物品被移动，事件处理程序就会改变该物品的place属性。要确定被拖动物品在数据库中的相关条目，需要将数据的ID传给它。在JavaScript事件处理程序中，函数带有两个参数：event和ui对象。drop回调函数的ui对象可用来确定被拖动物品的ID。

---

① 第3章将会详细介绍如何在当前模板的范围内使用jQuery。

可通过查看参数ui.draggable来获得被拖动的HTML元素。而这个ui.draggable对象将永远是某个productListItem项。很容易确定哪些HTML元素被拖动了，但还需要连接到数据库，这就是需要data-id属性的地方：

```
<template name="productListItem">
  <img src="{{img}}" data-id="{{_id}}" class="image-responsive product-image
     draggable" />
</template>
```

这里给<img>添加了一个名为data-id的属性。data-id属性的值被设置为_id，表示数据库中该物品的ID。这样当你拖动图像时，就有一个简单的方法来确定数据库中受影响的物品，你可以据此改变它的place属性。可使用与插入新物品类似的语法，通过调用update()函数来更新products集合中的某条数据。你所需要做的是提供该物品在数据库中的ID，并把place属性设置为它被拖到的位置，如代码清单2-11所示。

代码清单2-11　声明冰箱为拖放目标并更新物品的位置

```
Template.fridge.onRendered(function () {
  var templateInstance = this;

  templateInstance.$('#fridge').droppable({
    drop: function(evt, ui) {
      var query = { _id: ui.draggable.data('id') };          ◄── 从HTML的data-id
      var changes = { $set: { place: 'fridge' } };           ◄── 属性获得数据库中的ID
        Products.update(query, changes);                     ◄── 设置更新语句，把place设为fridge
    }                                                            执行数据库更新
  });
});
```

记住，data-id以及该拖动图像相关物品的_id，可通过ui.draggable对象获得。

使用jQuery来访问元素的属性

为了尽量减少代码量，可使用一个速记符号来获得任何物品的ID。你可以使用jQuery来访问HTML5数据集API的元素。

不同于jQuery UI，基本的jQuery功能是和Meteor捆绑在一起的，所以不需要在任何项目中明确地包含它。HTML5的数据集API指定DOM中的每个元素可以拥有额外的属性，属性的名字以data-开始。将元数据附加到页面上的元素上是非常有用的。从jQuery版本（1.4.3开始）开始，你不必通过attr('data-id')来访问属性，只需要使用data('id')就可以了。

因此，访问一个物品的data-id属性可以这样做：

```
$(ui.draggable).data('id')
```

甚至可以删除$()来进一步缩短代码，这样就只留下了ui对象：

```
ui.draggable.data('id')
```

你可以在上述的两个方法中选择一个。

你创建了一个查询，在Products集合中找到正确的物品文档。传递给Products.update()的第一个参数就像前面那样工作：它返回一个基于该ID的文档。第二个参数使用$set函数指定要更新该文档的字段。要更新的数据是place属性，因为这是一个拖放事件，如果一个项目被拖放在冰箱上就会被调用，所以你要将它的place属性改为fridge。

物品列表也是一个拖放目标，因此也需要几乎相同的代码，但有两个小而重要的差异。再次，productList模板的rendered函数需要用来等待DOM事件。如果一个项目被拖放到productList模板上，该物品的文档place属性必须更改。这一次需要设置它的值为supermarket而不是fridge。下面的代码清单显示了所需的代码。

代码清单2-12　声明productList作为拖放目标

```
Template.productList.onRendered(function() {
  var templateInstance = this;

  templateInstance.$('#supermarket').droppable({
    drop: function(evt, ui) {
      var query = { _id: ui.draggable.data('id') };
      var changes = { $set: { place: 'supermarket' } };
      Products.update(query, changes);
    }
  });
});
```

productList是Meteor使用的模板名字

supermarket是div的ID

当物品被拖动时，把place属性设置为supermarket

2.5.3　允许物品被拖动

现在已经设置好拖动目标，但是你还必须定义可能被拖动的元素：可拖动项。在这个应用中，每个productListItem元素应该可以拖动。再次使用jQuery UI来标记列表项为可拖动，这里使用了productListItem的rendered函数。在每个productListItem的绘制过程中，rendered回调函数都将被执行一次，这将有效地使每个食品可移动（见下面的代码清单）。

代码清单2-13　声明productListItem为可拖动项

```
Template.productListItem.onRendered(function() {
  var templateInstance = this;

  templateInstance.$('.draggable').draggable({
    cursor: 'move',
    helper: 'clone'
  });
});
```

注意，代码清单2-13使用templateInstance.$('.draggable')来访问HTML中被拖动的元素。在我们的例子中它是<img>。在这个模板的上下文中使用jQuery，使Meteor只在productListItem模板中而不是整个DOM树中搜索一个元素，这使它更高效。

2.6　部署应用到 meteor.com 并使用它

你现在有一个应用，可以将一个图像从右边的物品列表拖动到左边的冰箱，反之亦然。当图像被拖放时，底层的物品文档将相应地更新。该变化会反映在用户界面上，物品会自动在正确的地方绘制。

如果要与世界分享你的冰箱，可以使用deploy命令在Meteor测试服务器上部署它。随便挑一个没有被使用的名字作为可以访问该应用的子域名。如果该子域名已经被使用，你会看到一个错误消息。

下面部署我们的项目到mia-ch02-myfridge，使用以下命令：

```
$ meteor deploy mia-ch02-myfridge
```

为了确保只有你可以访问、更新或删除测试服务器上的该应用，它会与你的Meteor个人开发账户相关联，而个人开发账户是基于你的电子邮件地址。因此，你必须在第一次部署时提供电子邮件地址。Meteor会在你的工作机器上记住这个地址。此外，你将得到一封电子邮件回复，解释如何用密码保护你的账户。部署完成后，可以使用你选定的meteor.com子域名来访问你的应用，在我们的例子中，这个地址是http://ch02-mia-myfridge.meteor.com。

现在你可以和一个朋友分享这个网址（或者在同一台电脑上打开两个浏览器），并开始拖放物品。你会看到所有的变化都几乎立即在所有的客户端反映出来。Meteor会让所有连接的客户端保持同步，即使你从来没有定义任何特定的代码。你也永远不必写任何代码来轮询服务器的任何数据库更新。这是全栈式响应性在起作用。

在接下来的章节中，我们将看看这里所有的部件是如何神奇地组合在一起工作的。你会发现，所有这一切的背后只是写好的熟悉的JavaScript，并没有什么魔法。

2.7　总结

在本章中，你已经了解到：

❏ 出于开发的目的，meteor CLI工具在后台运行整个Meteor栈；
❏ Spacebars是Meteor使用的模板语言；
❏ 集合用于与数据库交互；
❏ 静态文件，如图像，放在public文件夹；
❏ 数据的变化会向所有的客户端推送。

Part 2

第二部分

3，2，1——撞击！

现在，在熟悉了Meteor平台的基本概念以后，你将会详细了解响应式应用的各个组成部分。从用户界面和模板（第3章）开始，我们将逐渐在栈中展开工作。我们将解释如何使用数据和响应式编辑（第4章和第5章）、添加用户（第6章）、管理数据发布（第7章）、使用路由（第8章）、在包中组织代码（第9章），以及在服务器上写同步和异步代码（第10章）。

第 3 章

模　板

本章内容

☐ 创建模板

☐ 用Meteor默认的模板语法

☐ 组织JavaScript和HTML

☐ 使用事件映射进行模板交互

☐ 了解模板生命周期

Web浏览器渲染的一切，最终都是HTML。只要打开任何一个网站的源码视图，你就会发现每一个网页都有几百行HTML代码。手动书写HTML代码不仅繁琐、易错、低效，而且也是不可能的——在写Web应用时，大部分内容是动态的，你不可能事先确切地知道需要渲染什么代码。

模板允许你定义可以无限重复使用的HTML块。这样，你只需要写少量的代码，而且代码会更容易阅读，维护起来也更简单。

在本章中，你将学习如何写模板，以及可以用它们来做什么。我们先看看Meteor的响应式UI库Blaze和默认的模板语言Spacebars。

3.1　模板介绍

模板可用于构建UI。它是包含占位符的HTML片段，其占位符可以用应用逻辑返回的内容填充。模板可以重复使用，以确保所有网站和所有元素有相同的外观。

模板的另一个重要特点是关注点分离（separation of concerns）。这意味着模板仅用于表示数据，并最终呈现为DOM中的HTML。模板应尽可能不包含编程逻辑。一切需要计算以及带有特定输出的部分都不应该出现在模板中，它们需要分离成一个JavaScript文件。这种方法有助于提高可读性，这和将HTML的样式分离为级联样式表（CSS）是相同的概念，即不要把HTML和样式定义文件放在一起。

想象一个简单的用户列表，如图3-1所示。对于每个用户，该列表将显示其名字和电话号码。由于不知道此列表需要显示多少人的信息，因此可以使用动态模板生成必要的HTML代码。

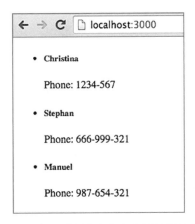

图3-1　一个显示用户名字和电话号码的列表

　　此例使用<h5>元素来显示名字，并将电话号码置于<p>元素中。使用包含双重大括号的占位符告诉模板处理器你想要把内容放在哪里。如果使用伪代码，此例需要的模板看起来像这样：

```
<h5>{{NAME}}</h5>
<p>Phone: {{PHONE}}</p>
```

　　因为占位符可以包含多个元素，所以需要该模板能够创建任意数量的列表项。就像在JavaScript代码中那样，你可以使用循环，将数组作为输入，遍历每个数组的内容，使用每个人的名字（name）和电话号码（phone）填充占位符。在这个例子中，你将创建一个用户列表，重用profile模板。对于每个人，它应该包含以下内容：

```
<ul>
    <!-- 对每个用户，绘制下面的内容: -->
    <li>{{ LOOP_THROUGH_PERSON_LIST_USING_TEMPLATE }} </li>
</ul>
```

把模板与后端逻辑连接起来将返回如下HTML代码。

代码清单3-1　由模板渲染的HTML

```
<ul>
    <li>
        <h5>Christina</h5>
        <p>Phone: 1234-567</p>
    </li>
    <li>
        <h5>Stephan</h5>
        <p>Phone: 666-999-321</p>
    </li>
    <li>
        <h5>Manuel</h5>
        <p>Phone: 987-654-321</p>
    </li>
</ul>
```

使用模板的优点是只写一次，然后就可以将它们用于渲染无限数量的数据（在上例中是用户）。有一个地方来管理元素的外观也方便。考虑在下面的情况下你需要做什么：你不想使用<h5>元素，而只想使用常见的<p>元素来显示用户的名字。你只需要在模板中改变它，所有使用profile模板渲染的用户信息都会立刻更新。

3.2 使用模板

除非你正在编写一个服务器应用，否则每个在Meteor中开发的Web应用都应该至少有一个模板。在浏览器中不使用模板来显示内容是不可能的。本节讨论了使用模板工作的基础。

3.2.1 Blaze 引擎

在幕后，Meteor使用一个称为Blaze的响应式用户界面库。它负责处理模板，是经常被称为"Meteor魔法"的一个重要组成部分。正如你在图3-2中看到的，Blaze由两个主要部分组成。

❑ 运行时API
❑ 构建时编译器

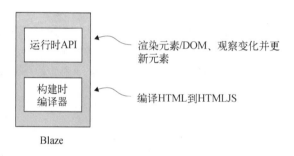

图3-2 Blaze的组成部分

运行时API渲染元素，跟踪它们的依赖关系，并在这些依赖关系改变时，通过它们的完整生命周期更新相关元素。这意味着如果一个人的电话号码在数据库中改变了，而某个用户正在浏览的一个页面上有这个人的信息，这个电话号码就会在屏幕上自动更新。这是因为占位符的内容取决于存储在数据库中的实际值，而这个值是一个响应式数据源。

运行时API和JavaScript相结合，以应用响应性。它不能直接处理HTML，这就是为什么Blaze的第二部分是一个构建时编译器。Meteor附带一个编译器，可以将HTML转换成JavaScript（准确地说就是HTMLJS）。默认情况下，它使用Spacebars来处理模板。或者，也可以使用包来切换到不同的模板编译语言，比如Jade。

这两个组件分别工作，因此完全有可能绕过构建时编译器，不使用任何模板，而是直接写面向运行时API的代码。因为这种方式对大多数用户而言不是非常实用，所以我们不用担心运行时API本身，而应集中注意力使用Spacebars。

说明 Meteor的模板语言叫作Spacebars，是Handlebars的直系后裔，与其共享大部分语法和功能。

Blaze采用实时页面更新，所以每当服务器上模板相关的文件（HTML、CSS或者JavaScript）有改动时，浏览器会即时更新。Blaze是如何在项目中找到模板的呢？

3.2.2　组织模板文件

使用模板时，通常有四种类型的文件需要处理，虽然在技术上一个模板只需要一个文件。
- ❑ 存储在HTML文件中的实际模板。
- ❑ JavaScript文件中的可选JavaScript代码。该文件运行在客户端上下文，为模板提供功能。
- ❑ 一个或多个CSS样式文件[①]。
- ❑ 可选的静态资源，如public文件夹中的图像或字体。

没有相应的JavaScript，模板只能是静态的，不能用动态的内容填充，这就是为什么在大多数情况下，要使用模板至少需要两个文件。为了让这些内容组织有序，最好把每个模板放在一个专门的HTML文件中。Meteor会在项目文件夹的任何地方找到它们[②]。所有的前端代码都可以存储在一个单独的JavaScript文件中，或者使用HTML/JS对，这样每个模板包括两个文件，如果你的项目变得越来越复杂，我们建议你这样做：

```
<template name>.js
<template name>.html
```

在这一章中，我们不会关注元素的样式，因为这和任何其他Web应用一样。我们在上一章中提到了public文件夹，所以这里只专注前两个元素：HTML和JavaScript文件。

3.3　创建动态 HTML 模板

Meteor有自己的模板语言，即Spacebars。如果熟悉Handlebars或Mustache，你已经有足够知识来马上使用它了。即使没有使用过这些语言，你也会发现它的常用语法相当简单。

用Spacebars写的模板看起来就像普通的HTML。模板标签很容易发现，因为它们总是被封装在多个大括号中。四种主要的模板标签类型如下所示。
- ❑ 双重大括号标签`{{ ... }}`
- ❑ 三重大括号标签`{{{ ... }}}`
- ❑ 包含标签`{{> ... }}`
- ❑ 块标签`{{#directive}} ... {{/directive}}`

---

① 另外，Less、Sass等样式语言也可以使用，CSS只是一个例子。

② 这条规则有例外，我们将在第10章深入探讨。

3.3.1　双重和三重大括号标签（表达式）

模板标签可以通过动态生成的内容来替换，进而改进静态的HTML代码。模板标签也被称为表达式（expression）。它们依赖于一个数据源或返回一个值的某种应用逻辑。

模板标签只能在模板上下文中使用。下面的代码清单中显示了一个基本的模板标签。

代码清单3-2　双重大括号模板标签

```
<template name="expressions">
    {{ name }}
</template>
```

正如你所看到的，每个模板都包含<template>的开始和结束标签以及强制性的name属性。在应用程序的模板中，这个name属性是唯一的标识符。可以在JavaScript文件中使用模板的名称来访问模板，我们会在后面做这件事请。

1. 双重大括号标签

双重大括号模板标签用来把字符串插入到HTML。不管它们处理的返回值是数组、对象或字符串，它总是被呈现为一个字符串。假设你有个如代码清单3-2所示的名为expressions的模板，现在要使用Michael来替换模板标签{{ name }}。

相应的JavaScript代码必须返回替换字符串，如代码清单3-3所示。请记住，代码必须放在Meteor.isClient的环境下，它不能在服务器端运行，因为模板在服务器环境下是不可用的。

代码清单3-3　name辅助函数的JavaScript代码

```
if (Meteor.isClient) {
  Template.expressions.helpers({
    name: function () {
      return "<strong>Michael</strong>";
    }
  });
}
```
此模板只能用于客户端，
在服务器上未定义

以上的HTML和JavaScript代码一起，产生的效果如图3-3所示。

图3-3　双重大括号标签在渲染中会对HTML和脚本标签做转义处理

正如你看到的，双重大括号会处理字符串，并转义所有可能不安全的字符。如果你想避免返回值被意外解释为HTML或JavaScript，这是很有用的。然而，有时你可能希望避免任何字符串处理。在这种情况下，需要使用三重大括号。

2. 三重大括号标签

如果模板标签由三重大括号{{{ ... }}}开始和结束，它呈现的内容就和你传递给模板标签的一样。作为代码清单3-3示例的扩展，让我们现在使用{{{ name }}}而不是{{ name }}。
Meteor将不会转义任何字符或标签，输出到浏览器的内容不变（参见图3-4）。

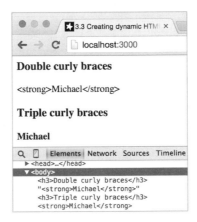

图3-4　三重大括号中的字符串将呈现为HTML标签

你可以看到，HTML标签呈现为DOM中的HTML，而不是简单的字符串。

警告　如果使用三重大括号显示用户输入的数据，你必须确保它是经过消毒的（即，检查潜在的
恶意脚本内容）。如果不这样做，你的网站将很容易受到跨站脚本攻击。处理用户生成数
据最简单的方法是在数据显示之前让Meteor帮你消毒，并尽可能地坚持使用双重大括号。

管窥Blaze的构建时编译器：把HTML变为HTMLJS

　　Blaze使用它的运行时API将HTML代码从Spacebars模板变换为JavaScript。每个编译过的模
板文件可以在目录.meter/local/build/programs/web.browser/app中找到。

　　代码清单3-2中的模板将产生以下代码：

```
Template["expressions"] = new Template("Template.expressions",
                    (function() {
    var view = this;
    return [ HTML.Raw(
            Blaze.View("lookup:name",
            function() {
                return Spacebars.mustache(view.lookup("name"));
            }
        )
    ];
    }));
}));
```

Blaze.View在
DOM中构建一
个响应式区域

名为expressions
的模板被转换为
一个函数

Spacebars返回
name的实际值

　　这段HTMLJS代码使Meteor能够响应式地更新模板甚至是其中一部分。每个模板都可以通
过全局Template对象的name属性来访问。

虽然有可能从一个模板的辅助函数中直接调用Blaze.View，但很少需要这样做。只有当你决定为Blaze建立自己的运行时API，把Spacebars替换成其他的模板语言，比如Jade或Markdown时，你才需要熟悉内部处理结构。

在有可用的API文档之前，你可以通过查看blaze和Spacebars包的内容来了解更多的信息，这两个包是Meteor核心的一部分。

3.3.2　包含标签（局部模板）

除了插入字符串或HTML，还可以把一个模板插入到另一个模板。因为它们只占整个模板的一部分，所以这些子模板也被为局部模板（partials）。要将模板插入到另一个模板，在两个大括号中间使用>符号：

```
{{> anotherTemplate }}
```

包含标签是一个重要的工具，能使单个模板变小，并且只代表一件事。如果你想渲染一个复杂的用户界面，我们建议你将所有用户可以看到的部分分成更小的、逻辑上封装好的模板和子模板。

1. 整体式模板

例如，你需要一个个人信息页面，不仅要显示一个人的头像和名字，还要包括一个新闻流。你可以把这一切变成一个模板，如下面的代码清单所示。

代码清单3-4　配置页面的整体模板

```
<template name="partials">                          该模板代表部分
  <div class="left">                                （paritials）页面
    <img src="{{image}}">          把这个div
    <p>{{name}}</p>                放在左侧
  </div>
  <div class="right">             把这个div
    <ul class="news-stream">       放在右侧
      <li class="news-item">Yesterday I went fishing, boy this was a blast</li>
      <li class="news-item">Look, cookies! <img src="cookies.jpg"></li>
    </ul>
  </div>
</template>
```

如果用户界面变得更加复杂，可以想象个人信息模板可能会变大。这对代码的可读性和可维护性都不好。最好把所有的东西都用它自己的逻辑功能分离成一个专用的模板，然后把它们组合在一个主模板中。这样，你的模板可维持小的规模，也更容易阅读和维护。两个开发人员可以分别进行个人信息和新闻流的工作，并使各自的修改更加容易。

2. 模块化的模板

代码清单3-5显示了我们的第一个模板，partialsSplit。这是代表站点的主模板，包含两个较小的模板。两个小的模板代表实际的用户个人信息（partialsUserProfile）和新闻流

（partialsNewsStream）。另外需注意，布局包含在主模板partialsSplit中，在这个例子中为`<div class="left"></div>`和`<div class= "right"></div>`。

代码清单3-5 拆分个人信息页的模板

```
<template name="partialsSplit">        表示个人信息页
  <div class="left">                     的模板
    {{> partialsUserProfile}}          用户个人信息作为子模板
  </div>                                包含在母模板中
  <div class="right">
    {{> partialsNewsStream}}           新闻流也作为子模板
  </div>                               包括在母模板中
</template>

<template name="partialsUserProfile">
  <img src="{{image}}">
  <p>{{name}}</p>
</template>

<template name="partialsNewsStream">
  <ul class="news-stream">
    <li class="news-item">Yesterday I went fishing, boy this was a blast</li>
    <li class="news-item">Look, cookies! <img src="cookies.jpg"></li>
  </ul>
</template>
```

提示 请避免将布局信息放在子模板中。让父模板定义它们所包含元素的外观、感觉以及大小。

没有布局定义的子模板大大提高了可重用性。因为在partialsUserProfile模板中没有布局定义，所以你很容易在另一个页面模板中重用它，比如像这样把它放在右边：`<div class= "right">{{> partialsUserProfile }}</div>`。

3. 动态包含模板

除了使用静态文本包含子模板，你可以基于辅助函数返回值动态地包含一个模板（见代码清单3-6）。这样，你可以响应式地切换模板，而不用在模板内部维护复杂的if/else结构。结合会话变量这样的响应式数据源，动态模板相当强大。

代码清单3-6 使用辅助函数动态插入子模板

```
// meteorTemplates.html
<template name="dynamicPartials">
  <div class="left">
    {{> Template.dynamic template=templateNameLeft }}     该子模板的
  </div>                                                   名称来自一
  <div class="right">                                      个辅助函数
    {{> Template.dynamic template=templateNameRight }}
  </div>
</template>
```

```
// meteorTemplates.js
Template.dynamicPartials.helpers({
  templateNameLeft: function () {
    return "partialsUserProfile";
  },
  templateNameRight: function () {
    return "partialsNewsStream";
  }
});
```

辅助函数返回
一个动态或静
态的字符串

3.3.3 块标签

表达式或局部模板本质上是占位符，而块标签改变了封闭HTML块的行为。它由双重大括号和#开始。一个块模板标签看起来是这样的：

```
<template name="myTemplate">
  {{#name arguments}}
      <p>Some content</p>
  {{/name}}
</template>
```

块模板标签由一个名字和
可选的参数开始

块模板标签
的内容

必须使用和标签开始处相同
的名字来结束该块模板标签

块标签不仅用于显示内容，还用于对模板的处理进行控制。你可以定义自己的块标签或使用Spacebars的块标签。

❏ #if——如果条件为真，执行一个内容块，否则执行else块。

❏ #unless——如果条件为假，执行一个块，否则执行else块。

❏ #with——设置块的数据上下文。

❏ #each——多个元素的循环。

1. if/unless标签

#if块标签是内置的标签之一。它和JavaScript中通常的if块类似。它会检查一个条件，如果它的值为true，块的内容将被处理，即它们将被渲染。任何在JavaScript上下文中被认为是真的值也将会被#if标签认为是真。如果JavaScript中的假值①，如null、undefined、0、""（空字符串）或false被传递给#if块，下面的块将不会被渲染（参见表3-1）。代码清单3-7只有在存在一个image辅助函数，并且该函数求值为true时，才显示图像标签。

代码清单3-7　使用if块

```
<div class="cookies">
  <p>Look, more cookies!</p>
  {{#if image}}
    <img src="{{image}}" />
  {{/if}}
</div>
```

如果image的值为真，
则该<img>标签就会
被渲染

---

① 任何求值为false的值被认为是假值（falsey），即使实际值不是false。求值为true的值被认为是真值（truthy）。

表3-1 输入值和#if求值的结果

输入值	求值为
false, 0 (零), "" (空字符串), null, undefined, NaN, [] (空数组)	false
字符串 (包括"0"), 数组, 对象 (包括空对象)	true

对应于#if块标签的是#unless块标签。只有当条件求值为false时,它才会处理块内容(见下面的代码清单)。

代码清单3-8 使用unless块

```
<template name="unlessBlock">
  {{#unless image}}
    <p>Sorry, no image available.</p>
  {{/unless}}
</template>
```

如果image求值为假, <p>标签将被渲染

#if和#unless都可以与else标签组合使用,条件为真时渲染一个东西,条件为假时渲染另一个。代码清单3-9使用了#if,但它的工作原理和#unless是一样的。

代码清单3-9 在if块中使用else

```
{{#if image}}
  <img src="{{image}}" />
{{else}}
  <p>Sorry, no image available.</p>
{{/if}}
```

使用if还是unless决定了条件的真值还是假值首先被处理

如果{{image}}返回一个假值, <p>标签将会被渲染

说明 不存在{{elseif}}标签。在处理更多的分支条件时,你需要在模板中使用嵌套的if-else结构,或者最好能够调整JavaScript代码,让它可以代替模板处理更多的逻辑。

块标签和模板标签必须包括有效的HTML,否则Meteor会遇到错误。这意味着你必须关闭那些打开的标签。此外,在一个块内打开的每个元素也必须在该块中关闭。你不能在一个#if块内包含一个打开的<div>标签,然后在{{else}}块后关闭这个标签,因为这会导致渲染时产生无效的HTML页面。如果模板中有错误,应用将崩溃并产生一个错误消息。图3-5显示了以下代码块产生的错误消息。

```
{{#if highlightBox}}
  <div class="box box-highlighted">
{{else}}
  <div class="box ">
{{/if}}
  <p>Welcome!</p>
</div>
```

这是不允许的,因为它不是一个有效的HTML标签对

在一个模板中,只有<div>的结束标签而没有开始标签是不允许的

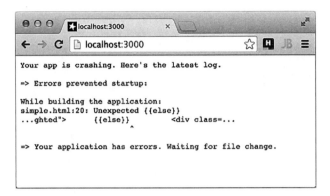

图3-5   无效HTML模板的输出

在HTML属性值中使用块标签是完全没有问题的:

```
<div class="box {{#if highlightBox}}box-highlighted{{/if}}">
    <p>Welcome!</p>
</div>
```

如果highlightBox是真值，box-highlighted
将会包含在类的属性中

2. each/with标签

如果你希望将多个值传递给一个模板，最常见的方法是使用数组。当一个数组传递给模板时，可以使用#each标签遍历数组的内容。#each以一个数组作为参数，并为数组中的每一项渲染它的块内容。在代码清单3-10中，skills作为一个参数传递。这定义了所谓的块的数据上下文（data context）。没有数据上下文，#each将不会渲染任何东西。

代码清单3-10   使用#each标签

```
// HTML文件
<template name="eachBlock">
  <ul>
    {{#each skills}}
      <li>{{this}}</li>
    {{/each}}
  </ul>
</template>

// JavaScript文件
Template.eachBlock.helpers({
  skills: function(){
    return ['Meteor', 'Sailing', 'Cooking'];
  }
});
```

#each块标签需要一个
数组作为参数。

你可以使用this访问
数组的当前对象

#each需要模板有数据上下文，#with允许你定义数据上下文。数据上下文提供了模板和任何数据之间的实际关联。

使用#with标签设置数据上下文需要一个属性，该属性将成为下面块的数据上下文。代码清单3-11示例中显示了withBlock模板的数据上下文被显式设置为profileJim。

代码清单3-11　　使用#with标签

```
// meteorTemplates.html
<template name="withBlock">
  <ul>
    {{#with profileJim}}          ←─┐ profileJim被
      <p>{{name}}</p>                │ 定义为数据
      {{#each skills}}              │ 上下文
        <li>{{this}}</li>
      {{/each}}
    {{/with}}
  </ul>
</template>

// meteorTemplates.js
Template.withBlock.helpers({
  profileJim: function () {
    var jim = {
      name: 'Jim "Sailor Ripley" Johnson',
      skills: ['Meteor', 'Sailing', 'Cooking'],
    };
    return jim;
  }
});
```

没有必要显式指定数据上下文，可使用辅助函数来自动提供上下文。一些更高级的用例要求这样做。在下一章讨论响应式数据源时，我们会看到它们。

从技术上讲，所有内置的块标签都是辅助函数。让我们看看如何创建自己的模板辅助函数。

3.3.4　辅助函数

处理模板时，你经常会发现需要使用一些相同的功能，比如把时间格式化为HH:MM:SS格式或应用控制结构。这时就需要使用辅助函数。

辅助函数是JavaScript函数，可以执行任何处理。它们可以被限制在一个模板中或在全局范围内使用。全局模板辅助函数可在所有的模板中重复使用，把它们定义在一个专门的JavaScript文件而不是某个模板的JavaScript文件是个很好的做法。

1. 局部模板辅助函数

局部模板辅助函数只用于扩展一个特定的模板。它不能在其他模板间共享，并且只存在于特定模板的命名空间中。局部模板辅助函数最简单的形式看起来类似于表达式。

每个Template对象都有一个helpers函数，它需要一个包含多个键值对的对象作为参数。通常，键是可以在模板中使用的占位符名称，而值是可返回值的函数。函数的返回值不需要是一个字符串，它可以是任何静态值，比如数字、数组、对象，甚至是一个可返回另一个值的函数。

为了简化问题，我们在代码清单3-12中列出了HTML文件以及JavaScript文件中的内容。一些辅助函数只返回一个静态值（name），其他的则返回数组（skills）、对象（image）甚至是一个函数（hasMoreSkills）。图3-6是渲染生成的HTML代码。

代码清单3-12　使用不同局部辅助函数的个人信息模板

访问本地辅助函数name，它返回简单的字符串'Jim'

你可以访问对象的值，可以和正常的JavaScript一样使用点操作符

图像是一个对象，因此这是一个真值；内容块将被呈现

如果数组是空的，将不会渲染块内容

skills是一个数组，你可以通过array.[index]访问数组中的一个值

如果辅助函数 hasMoreSkills 返回 true，#if块将被渲染。在这种情况下，hasMoreSkills有个skills辅助函数作为参数

如果有skills参数并且有超过一项技能，则返回true

```
// meteorTemplates.html
<template name="localHelpers">
  <p>{{name}}</p>
  {{#if image}}
    <img src="{{image.thumb}}">
  {{/if}}
  {{#if skills}}
    <p>Primary Skill: {{skills.[0]}}</p>
    {{#if hasMoreSkills skills}}
      <a href="/skills">see more...</a>
    {{/if}}
  {{/if}}
</template>

// meteorTemplates.js
Template.localHelpers.helpers({
  name: 'Jim',
  image: {
    large: '/jim-profile-large.jpg',
    thumb: '/jim-profile-thumb.jpg'
  },
  skills: ['Meteor', 'Sailing', 'Cooking'],
  hasMoreSkills: function (skills) {
    return skills && skills.length > 1;
  }
});
```

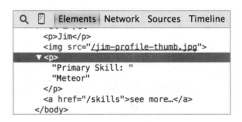

图3-6　局部辅助函数生成的代码

要传递参数到辅助函数，在辅助函数后（用空格隔开）简单地写下你想传递的参数。传递参数的顺序与函数本身参数定义的顺序相同。

再看看代码清单3-12。内置的辅助函数#if对以下表达式求值，以确定其是真还是假：

```
{{#if hasMoreSkills skills}}
```

在这种情况下，它检查hasMoreSkills，这是一个函数，需要一个输入值。因此，不会使用if后面跟一个表达式的标准行为，第二个占位符skills被作为参数传递。skills对象的内容传递给hasMoreSkills表示的函数。如果某人有多个技能，它会返回true，这样if条件判断通过。

2. 全局辅助函数

时常有一些辅助函数不只在一个模板中需要，但你只想写一次。比如说，你想创建一个辅助函数，如果一个数组的项数大于n个，则该辅助函数返回true。让我们将这个辅助函数命名为gt（即greater than，大于）。因为这个辅助函数将在多个模板中使用，所以可创建一个globalHelpers.js文件，将辅助函数的代码放在这里。记得把代码包在一个if(Meteor.isClient) {...}块中，因为辅助函数和模板一样，只在客户端范围内可用。

因为希望新的辅助函数在所有的模板中都可以使用，所以不能使用Template .<templateName>来定义它。请使用Template.registerHelper，下面的代码清单显示了如何组合使用局部和全局的辅助函数。

代码清单3-13 使用全局辅助函数来确定数组长度

```
// meteorTemplates.html
<template name="globalHelpers">          skills包含三个项目，所以
  {{#if gt skills 1}}                    全局gt辅助函数返回true
    <a href="/skills">see more...</a>
  {{/if}}
  {{#if gt images 4}}                    images只包含两个项目，
    <a href="/images">see more...</a>    全局gt辅助函数返回false
  {{/if}}
</template>

// meteorTemplates.js                    globalHelpers模板
Template.globalHelpers.helpers({        的局部辅助函数
  skills: function () {
    return ['Meteor', 'Sailing', 'Cooking'];
  },
  images: function () {
    return ['/jim-profile-large.jpg', '/jim-profile-thumb.jpg'];
  }
});
                                        使用registerHelper函
                                        数可以创建在所有的
// globalHelpers.js                      模板中都可以使用的
if (Meteor.isClient){                   辅助函数
  Template.registerHelper('gt', function(array, n){
    return array && array.length > n;
  });
}
```

3. 自定义块辅助函数

自定义块辅助函数也是非常有用的，它们是全局的。它们允许你建立可重复使用的用户界面组件或部件。请注意，即使没有任何JavaScript，实际的辅助函数也可能被用到。

假设你定义了一个新的块辅助函数#sidebarWidget，你还需要定义一个具有相同名称的模板。块辅助函数被调用时，该模板将被注入。在模板内部，使用局部模板语法包含Template.contentBlock的输出。你也可以从传递给该块辅助函数的数据上下文中访问任何其他元素。这个例子将制作带有标题和一些内容的侧边栏小工具。

当#sidebarWidget在一个模板中被调用时，它通过包含Template.contentBlock的方式

将自己的内容放在{{#sidebarWidget }}和{{/sidebarWidget }}标签之间。代码清单3-14
说明sidebarWidget怎样用来在某个模板中包块内容。事实上，它的可重用性使它非常适合构
建用户界面组件或部件。

在一个应用的body中添加{{> coderOfTheMonth }}，创建的输出如图3-7所示。

代码清单3-14   使用template-contentBlock的自定义块辅助函数

```
<template name="coderOfTheMonth">
  {{# sidebarWidget title="Coder of the month"}}
    Manuel
  {{/sidebarWidget}}
</template>

<template name="sidebarWidget">
  <div class="sidebar-widget box">
    <div class="title">{{ this.title }}</div>
    <div class="content">
      {{> Template.contentBlock}}
    </div>
  </div>
</template>
```

这是需
要显示
的内容

可以为自定义
块辅助函数设
置数据上下文

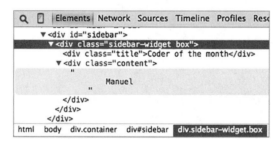

图3-7   使用自定义块辅助函数，可以在可重用的用户界面组件或部件中包含任何内容

除了Template.contentBlock以外，还有一个Template.elseBlock（见代码清单3-15）
可用于{{else}}模板标签后的内容块。这样，可以使用简单的控制结构来增强块辅助函数。

代码清单3-15   使用template-elseBlock

```
// meteorTemplates.html
<template name="templateElseBlock">
  {{#isFemale gender}}
    Mrs.
  {{else}}
    Mr.
  {{/isFemale}}
</template>

<template name="isFemale">
  {{#if eq this 'w'}}
    {{> Template.contentBlock}}
```

这个块辅助函数名为isFemale，我们
传给它一个gender参数，该参数来自
模板辅助函数

isFemale辅助函数也有一个辅助函数
eq，eq接受两个参数，它检查这两个
参数是否相等。这里，它涉及gender
参数

如果性别是'w'，那么#if语句
为真，contentBlock将被渲染

```
  {{else}}
    {{> Template.elseBlock}}
  {{/if}}
</template>

// meteorTemplates.js
Template.templateElseBlock.helpers({
  gender: function () {
    return 'm';
  }
});

Template.isFemale.helpers({
  eq: function (a, b) {
    return a === b;
  }
});
```

如果不是，那elseBlock将被渲染。
因为性别是'm'，所以elseBlock将被
渲染

isFemale块辅助函数也有一个辅助函数
eq，eq接受两个参数，它检查这两个参
数是否相等。在这种情况下，它涉及性别
参数

4. 把逻辑移动到辅助函数

使用辅助函数返回应该渲染的值通常是动态显示内容的好方法。模板中存在的逻辑越少，就越容易扩展应用、解决应用中的问题。

如果不需要在不同情况下使用不同的HTML代码，最好是定义一个辅助函数来计算要显示的正确内容。这样，你就可以避免在模板中使用#if和#unless。代码清单3-16使用模板logicByHelper显示基于存储在数据库中的单字符性别值的正确称呼。所有的处理都是由辅助函数完成的，而不是模板本身。

代码清单3-16　把逻辑从模板移动到JavaScript辅助函数

```
// meteorTemplates.html
<template name="logicByHelper">
  {{genderLabel gender}}
</template>
// meteorTemplates.js
Template.logicByHelper.helpers({
  gender: 'm',
  genderLabel: function (gender) {
    if (gender === 'm') {
      return 'Mr.';
    } else {
      return 'Mrs.';
    }
  }
});
```

在双重大括号标签中，我们调用
辅助函数 genderLabel，传递
gender参数给它

在这种情况下，genderLabel
辅助函数返回 "Mr"，因为
性别的值是'm'

正如你所看到的，你可以为一个模板定义很多不同的辅助函数，它们可以是静态值，甚至是一些用于计算返回值的函数。

你已经学会了如何使用Spacebars创建和扩展模板，很容易在最后生成一些HTML。现在你知道了如何创建应用程序的HTML代码，让我们用事件来使用户能够与渲染的HTML进行交互。

3.4 处理事件

静态站点和Web应用之间的主要区别之一是Web应用允许用户交互。它们需要处理事件，如按钮单击并对此作出响应。大多数时候，响应基本上是以DOM的修改来显示对用户有用的东西。要做到这一点，必须有一种方法来做以下两件事：

□ 定义应用需要监听的事件；

□ 定义由事件触发的动作。

Meteor使用事件映射来定义事件和它们的动作。DOM事件和CSS选择器可一起使用，用以指定哪些元素和事件需要监听。虽然你可以在事件映射中使用任何DOM事件，但它们的行为可能因浏览器的不同而不同，表3-2中列出的事件在所有主要浏览器上都应该有相同的行为。

表3-2   在所有主要浏览器中工作的事件类型

事件类型	用　　于
单击（click）	鼠标单击任何元素，包括链接、按钮或div
双击（dblclick）	使用鼠标双击
焦点（focus），模糊（blue）	文本输入框或其他表单控件获得或失去焦点。拥有tabindex属性的任何元素被认为是可获得和失去焦点的
改变（change）	复选框（check box）或单选按钮（radio button）的状态更改
MouseEnter，MouseLeave	鼠标指针进入或离开元素
MouseDown，MouseUp	按下和释放鼠标按钮
KeyDown，KeyPress，KeyUp	压下或释放键盘上的键，KeyDown和KeyUp大多用于修改键，比如Shift

3.4.1 模板的事件映射

每个模板都有自己的事件映射。它在类似于下面的JavaScript文件中定义。

代码清单3-17   布局模板的事件映射

每个模板都有一个事件函数，它以事件映射对象为参数

该对象的值是一个函数，该函数在按钮被点击时被调用。此事件处理程序将事件对象本身作为第一个参数，模板实例作为第二个参数

对象的键定义了在哪个元素上触发什么事件

```
if (Meteor.isClient) {
    Template.layout.events({
        'click button': function (event, template) {
            $('body').css('background-color', 'red');
        },
        'mouseenter #redButton': function (event, template) {
            // 开始动画
        }
    });
}
```

把鼠标指针移动到ID为redButton的元素上可能会开始一个动画

Meteor使用jQuery调用实际的事件处理函数。在这个例子中，如果用户在layout模板中单击任何按钮，相应的事件处理程序就会被调用，并将该主体（body）的背景色设置为red。单击layout模板以外的任何按钮不会触发该动作，因为相关的事件映射只跟layout模板内部的东西

都有关联。但是，如果我们使用了子模板，并发送一个事件，会发生什么呢？根据代码清单3-18修改代码，并单击任一按钮来看一看。

代码清单3-18　监听子模板中的事件

```
// meteorEvents.html
<body>
  {{> layout}}
</body>
<template name="layout">
  <button>Turn red</button>
  {{> green }}
</template>

<template name="green">
  <button id="green">Turn green</button>
</template>
// meteorEvents.js
Template.layout.events({
  'click button': function (event, template) {
    $('body').css('background-color', 'red');
  }
});
Template.green.events({
  'click button': function(event, template) {
    $('body').css('background-color', 'green');
  }
});
```

> 单击该按钮将使body元素的背景颜色变为红色，因为在绿色处理程序执行后，也会调用布局（layout）模板的事件处理程序

即使我们有两个不同的事件映射和两个按钮，在更新的代码中单击任何一个按钮都将把背景变为红色，甚至是单击Turn Green（变绿）按钮。为什么呢？

3.4.2　事件传播

你在这里看到的现象被称为事件传播（event propagation），或事件冒泡（event bubbling）。这意味着每个事件都是在发生的地方先进行处理，然后再沿着DOM树向上传递。在传递时可能会触发另一个行为。

在最好的情况下，你可以巧妙地利用这个链；在最坏的情况下，如这个例子所示，你想要采取的行为被另一个行为所覆盖。

说明　事件传播时，可能会有意想不到的副作用。记得阻止它，否则它会沿着DOM树冒泡上传。

正如你在图3-8中看到的，有三个模板实例：body、layout和green。如果用户单击<button>Turn green</button>，green模板的事件监听器被调用，因为它监听其模板范围内的按钮单击。这样发生第一个动作，设置body的background-color属性为green。但事件传播还没有完成。

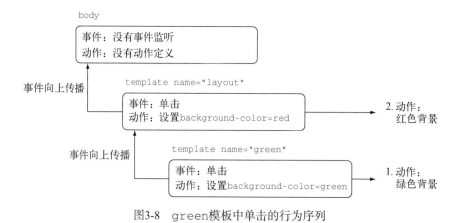

图3-8　green模板中单击的行为序列

事件向上传递给layout模板，它也会作用于该单击事件。它调用自己的事件处理程序。然后，第二个动作发生，它设置background-color的属性为红色。

技术上说，只要事件向上传播，绿色背景色就只会存在一个短暂的时间。因此，green模板的事件处理程序没有看得见的效果。

最后，事件被传递给body元素，如果它有一个定义的事件映射，它甚至可能触发第三个动作。

如果不希望多个模板来处理一个事件，你可以，也应该，总是终止事件传播。在模板的事件映射中添加stopImmediatePropagation()来阻止事件沿DOM冒泡。按照下面代码清单中的代码来修正green模板中的事件映射。

代码清单3-19　在事件映射中停止事件传播

```
Template.green.events({
  'click button': function(event, template) {
    event.stopImmediatePropagation();
    $('body').css('background-color', 'green');    ◁───┐ 这将阻止事件
  }                                                     沿DOM冒泡
});
```

现在单击按钮，背景颜色将变成绿色，无论layout模板是否也在监听按钮点击。如果想对事件处理有更多的控制，你也可以调用evt.stopPropagation()。这样做不会阻止其他事件处理程序的执行，但如果你喜欢，你可以调用evt.isPropagationStopped()来检查stopPropagation()是否在事件链的某个地方被调用。使用这种技术，你可以向body添加一个事件处理程序来对green模板和body中的点击作出响应，但不会触发layout的事件处理程序。

3.4.3　阻止浏览器的默认行为

在许多情况下，你也要阻止浏览器的默认事件处理。例如，如果你单击一个正常的链接（<a href="url">Go To</a>），浏览器将打开<a>元素href属性指定的页面并重新加载页面。在使用Meteor构建的应用中，你当然不希望浏览器在任何时候重新加载页面。为了防止这一点，你可

以调用event.preventDefault()（见代码清单3-20）来阻止浏览器的默认行为。

代码清单3-20　阻止浏览器的默认行为

```
Template.layout.events({
    'click a': function(event, template){
        event.preventDefault();
        console.log('Please do not leave yet');
    }
});
```

防止浏览器执行
默认操作，即跟
踪链接

在继续了解如何将数据集成到模板中之前，我们需要介绍的最后一个主题是模板生命周期。

3.5　模板生命周期

将模板放进DOM，使它对用户可见，这仅仅是其生命周期的一部分。为了在浏览器中呈现出来，每个模板都要经过三个步骤（图3-9）。每个步骤都有一个相关的回调函数，这可用来添加自定义行为。

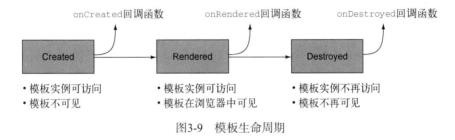

图3-9　模板生命周期

把模板插入到DOM的第一步称为created。虽然实际的模板还不可见，但是模板实例已经可以访问了。相关的回调函数是onCreated，如果要在模板渲染和对用户可见之前，为模板实例初始创建一些属性，这个函数是非常有用的。你在onCreated回调函数中设置的所有属性都可在其他生命周期的回调函数中使用。你甚至可以在辅助函数和事件处理程序中使用它们。要在辅助函数或者事件处理程序中访问模板实例，可使用Template.instance()。

说明　正如你在第2章看到的，使用template.$()或template.find()可以把jQuery的范围限制在当前模板实例及其子模板中。

模板的第二状态称为rendered。相关的回调函数是onRendered，它可用来初始化已经在DOM中的对象。典型的例子是jQuery的插件，比如日期选择器（datepicker）、日历（calendar）或日期表格（datetable）。它们需要一个渲染的DOM元素，如代码清单3-21所示，它们在onRendered回调函数中进行初始化。在这里，我们扩展formTemplate内部所有类为.dateinput的元素，

为其增加一个日期选择器①。

代码清单3-21   初始化jQuery插件，在输入元素上创建一个datepicker

```
Template.formTemplate.onRendered(function() {
  var templateInstance = this;

  templateInstance.$('.dateinput').datepicker({
    // 其他选择
  });
});
```

第三个回调函数是onDestroyed，用于清理在模板生命期中设置的任何东西。它执行以后，模板实例将不可见也不可访问。

这三个回调函数只执行一次，不会重复调用，即使页面上的数据发生了变化。

让我们考虑一个简单的场景，其中有一个占位符表达式：

```
<body>
  {{> profile}}
</body>
<template name="profile">
  {{!-- demonstrating the lifecycle --}}        你可以像这样在
  <p>{{placeholder}}</p>                          模板中使用注释
  <button>Button</button>
</template>
```

代码清单3-22在模板生命周期的每个阶段中添加一个显式的回调函数。当profile模板创建时，为模板对象附加了一个lastCallback属性，将其设置为created，然后在JavaScript控制台打印这个对象。这里，你已经可以读取模板的数据上下文了。在onRendered回调函数中，把lastCallback值改为rendered。使用Template.instance()，辅助函数可以读取lastCallback的值，而且单击按钮可以更新它的值。onDestroyed回调函数在浏览器控制台中是观察不到的。所有控制台消息如图3-10所示。

代码清单3-22   模板生命周期的回调函数

```
Template.profile.onCreated(function () {
  this.lastCallback = 'created';
  console.log('profile.created', this);
});                                              打印个人信息模板的实例。你可
Template.profile.onRendered(function () {         以像this.foo='bar'这样设置模
  this.lastCallback = 'rendered';                板实例的变量。这个变量后面就
  console.log('profile.rendered', this);          可以使用了。你还可以读取数据
});                                              上下文，但无法设置它
Template.profile.onDestroyed(function () {
  this.lastCallback = 'destroyed';
  console.log('profile.destroyed', this);
});
Template.profile.helpers({
```

① 要实际使用datepicker，你还需要在项目中添加所需的datepicker库。

你仍然可以在模板辅助函数和事件中访问模板实例

只打印数据上下文。你无法通过this访问模板实例

```
    placeholder: function () {
      console.log('profile.placeholder', this);
      console.log('profile.tplInstance',
                  Template.instance().lastCallback);
      return 'This is the {{placeholder}} helper';
    }
});
Template.profile.events({
  'click button': function (event, template) {
    Template.instance().lastCallback = 'rendered and clicked';
    console.log('profile.clicked', this);
    console.log('profile.clicked.tplInstance', template);
  }
});
```

在事件处理程序中你不需要Template.instance()，因为模板实例会作为第二个参数直接传递过去

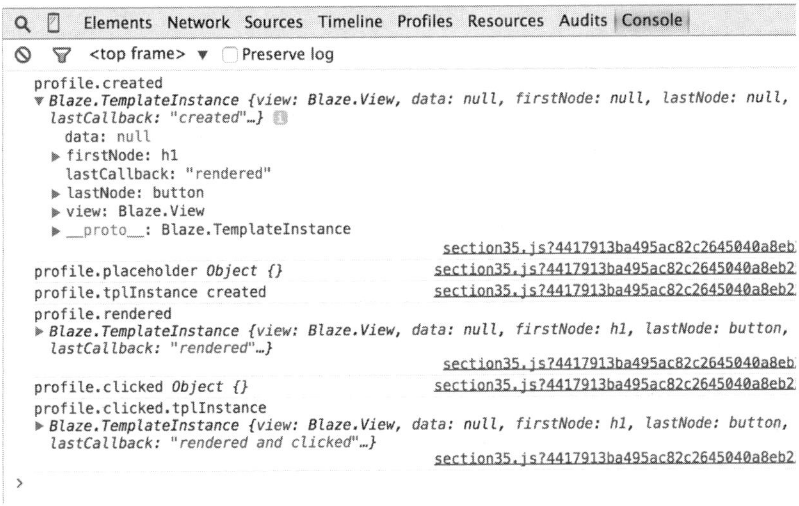

图3-10　模板回调函数的控制台消息

3.6　总结

在本章中，你已经了解到：

❑ Meteor使用它自己的响应式用户界面库Blaze；

❑ Spacebars是Meteor默认的模板语言，它是Handlebars的一个扩展变化；

❑ Spacebars使用表达式、局部模板、块和辅助函数来创建小的、模块化的模板；

❑ 辅助函数可被限制在单个模板中使用或全局可用；

❑ 事件映射用于将动作关联到事件和元素上；

❑ 每个模板都会经过创建、渲染和销毁三个步骤以在浏览器中渲染出来，每个步骤都有一个相关的回调函数，可用来添加自定义行为。

第4章

数　据

本章内容
- ❑ Meteor的默认数据源
- ❑ 响应式数据和计算的原则
- ❑ Session对象
- ❑ 通过Collection使用MongoDB数据库
- ❑ CRUD操作

如第1章所述，Meteor不依赖传统的、以服务器为中心的架构。它也在每个客户端机器上运行代码和处理数据。为此，它在浏览器中使用一个迷你数据库来模拟真实数据库的接口。这意味着可以在浏览器上以同样的方式访问数据，不管是做数据库查询还是访问一个查询的结果。

如果所有可用数据只存在于某个客户端而没有更新到中央服务器，那么很显然，该客户端一旦断开，这些数据就会丢失。Meteor通过同步客户端和服务器端的状态自动进行数据持久化。

有一些信息是只与某个客户端相关的，比如状态信息、哪个标签被点击或从下拉列表中选择哪个值。只与当前用户会话有关的信息不需要存储在中央服务器上，也不需要同步。图4-1说明了这个一般的体系结构。在本章的最后，你将能够使用Collection来做数据库的数据处理，使用Session来处理客户的会话信息。

每个Web应用的实质是捕获、存储和处理数据。创建、读取、更新和删除数据，通常被称为CRUD，是构建高级功能的基础。CRUD本身只是最基本的功能。当两个用户从数据库读取同一个文档，其中一个用户执行某个更新时，我们希望这个更新立即被发布到另一个客户端。至少我们应该告诉第二个用户，这个文档在他第一次访问之后已经改变。在大多数语言和框架中，你必须手动设置一个同步过程，以确保所有客户端都能获得更新过的数据。而Meteor通过响应式方法来进行适当的数据流管理。

本章向你介绍响应性的关键组件，以及如何利用它在Meteor中执行CRUD操作。为了说明这些原则，我们将把一个现实问题变成一个应用：想象你去旅行，并要求一个朋友帮忙照顾你的植物，你给他留一个便签，让他每周给红色的花朵浇一次水。我们将构建一个房屋保姆应用。

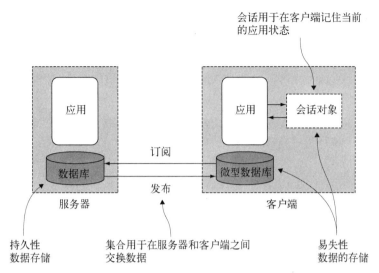

图4-1　数据库无处不在，这意味着持久数据放在服务器上，但易失性数据放在客户端上

房屋保姆：使用Meteor，让这个应用成为一个更好的朋友

当Manuel去度假时，他让他的朋友Stephan每周为红色的花浇一次水。他把指令写在一张便条上，要求执行一个简单的动作：给花浇水。这个动作应该在什么时候实施呢？当一个星期过去的时候。虽然这似乎是一个简单的任务，但我们应该创建一个应用，帮助我们跟踪什么时候、哪株植物需要浇水。

为了满足Manuel的要求，任何好朋友都必须把两个数据源考虑进去：花和日历。后者没有明确提到，但它在决定是否应该浇花上起着重要的作用。在现实世界的大多数情况下，这些指令不包含一些细节。对初学者来说，他们不会定义一周从哪一天开始，甚至要浇多少水。

自然地，一个真正的朋友会提供丢失的上下文。Stephan依赖日历来确定是否要浇花。日历只是一个普通的数据源，但为每周浇花增加了一个依赖性，这样它变成了一个响应式数据源。Manuel走后，Stephan每天看看自己的日历，如果是星期一，他就会去给红色的花浇水。为了对数据的变化作出反应，Stephan创建了一种心理依赖。事件"星期一"和动作"浇花"联系在了一起。

虽然有可能出现错误，但如果Stephan可以做一些合理的假设会更方便。这将允许Manuel使用一个便条而不必写一篇1000字的文章来说明他离开以后有哪些是需要做的。

Meteor会连接数据源和操作，并提供一个可用的行为使开发人员能够使用响应式数据。

读完本章后，你将会熟悉Meteor中最重要的数据源。你将知道如何处理易失性和持久性数据，这意味着你可以把数据存储到数据库，从数据库中检索数据并进行完整的CRUD操作。我们还将讨论如何通过所谓的编辑对象，利用Meteor的响应式方法，实现双向数据绑定。

我们要使用Meteor中的两个标准包来实现应用的功能，这两个包是autopublish和insecure。这两个软件包使开发更容易，正如其名所示，它们自动在所有客户端发布数据，并在开发过程中通过取消严格的安全检查给我们更多的自由。这样，我们可以完全专注于添加功能，不必处理安全相关的设置。最终，在第7章，我们将讨论如何删除它们，为部署应用做准备。

4.1 Meteor 的默认数据源

在Web应用中，通常会处理两种类型的数据，每种数据类型都与特定类型的数据源相关联：

❑ 易失性数据，或短期存储（例如内存）；

❑ 持久性数据，或长期存储（例如文件和数据库）。

易失或短暂的数据用于处理诸如访问当前登录用户这样的事情。没有理由将此数据放入数据库并在所有客户端共享它，所以它通常只在会话发生的客户端实例中可用。一旦浏览器窗口关闭，所有的易失数据通常就都消失了，除非它被以cookie或浏览器本地存储的形式存储。但是用户可能配置浏览器在退出时删除那些数据，所以假设存储的数据在用户下一次访问该网站仍然可用是不安全的。

持久性数据是应用实际存储的任何数据。这可以包括博客文章、评论、用户信息或某网络商店的产品。持久性数据源对Web应用的部分或所有用户可用。Meteor默认在所有连接的客户端共享所有的持久性数据源。在开发的早期阶段，这是很好的，但如果数据集的数量增长到数百甚至数千，这样就不好了。可通过自定义的数据订阅来清楚地定义需要传输的数据，这样可以避免总是传输所有的数据，而不管客户是否会看数据。还可以通过添加一个安全层，避免向所有连接的客户端发送那些只对部分客户可用的敏感数据。你将在第6章学习这些内容。

Meteor被设计为与NoSQL数据库一起工作，因此不使用表（这一点不同于MySQL和Oracle），而将数据存储为文档。集合类似于数据库中的表，可保存一个或多个文档。本章稍后将讨论更多数据库的内容。

说明　默认情况下，Meteor将所有数据从数据库发布到所有客户端，除非autopublish包被删除。我们会在第6章讨论数据发布时这样做。

无论被用来存储易失性数据还是持久性数据，默认情况下，Meteor中所有内置的数据源都是

响应式的。表4-1概括了最常见的数据源以及它们的用途。让我们仔细看一看是什么使它们不同于非响应式数据源。

表4-1　最常见的数据源及其典型应用

数据源	典型应用	类　型
使用 Session 对象的会话变量	多步动作的选择或当前步骤	易失
集合（数据库查询）	数据库的内容	持久

4.1.1　什么使数据源具有响应性

如果某件事的发生是以前发生的另一件事的结果，那么它通常被称为一个响应。这个概念同样适用于Meteor。要应用响应性，需要数据和动作，我们必须创建一个触发机制，把它们连接在一起。

没必要连续不断地评估朋友家里的花是否需要浇水。通过使用日历，我们已经有一个数据源，可以用来确定是否需要一个动作。我们有一个动作，"检查花是否需要浇水"，我们定义这个动作在每周一执行。因此，我们需要使用日历作为数据源，用以告诉我们今天的星期数是否已经改变。如果它改变了，就必须执行一次检查，然后可以再等待下一天，那时再进行检查。

创建一个最终可能会发生的所有动作和关系的大列表不是一个有效的方法，因为维护这样的列表很繁琐。此外，如果我们忘记检查日历会发生什么？在大多数框架中，我们必须实现频繁的检查，以监测日历可能发生的变化，这类似于坐在一张桌子上，不断地看着时钟，以免错过可能需要浇花的下一天。

Meteor通过使用声明的方法来定义数据和函数之间的关系，使这件事情变得更容易。一个普通的日历，通过依赖性连接到检查的动作，变成响应式数据源，它的行为就像工作日的闹钟。这样，我们就可以利用响应性，这意味着我们将基于数据源发起的警报来执行检查（参见图4-2）。没必要显式地检查当前的一天是否已经改变，因为当它发生的时候，日历会通知我们。

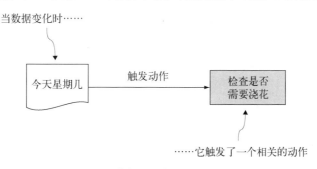

图4-2　数据更改触发相关动作

通过添加一个依赖关系，我们将任何常规的数据源变成响应式数据源。响应式数据源不仅可以被动地访问，而且可通过使它失效来主动地调用函数。Tracker包负责创建和跟踪依赖关系并进行计算管理，这是该平台响应性的基础。

跟踪器：幕后的依赖性跟踪者

事实上，所有的内置数据源默认都是响应式的，这意味着Meteor会自动创建和跟踪依赖关系。它通过名为**跟踪器**（Tracker）的包来做这件事。这个包用来为数据源声明依赖性、数据无效计算以及触发重新计算。

如果在模板中只用到了Session和Collection对象，你可能不需要直接使用跟踪器。对于高级的技术，了解这个小包背后的基本原理是很有帮助的，这个包的代码不到1KB。目前，我们依靠Meteor来为我们跟踪所有的依赖关系，但没有明确地声明。我们将在第7章再次学习观察变化。

4.1.2 如何将响应式数据连接到函数

虽然我们已经说过，响应性是Meteor内置的，你可以免费得到它，但请记住，只有编写正确的代码，响应性才会被使用。应该这样说，Meteor提供了响应性发生的响应性上下文。这些上下文可以通过以下方式来创建。

❑ 模板

❑ Blaze.render和Blaze.renderWithData

❑ Tracker.autorun

我们已在第3章看过了模板和Blaze引擎。我们将在4.3节讨论Session对象时使用Tracker.autorun。

一旦创建了响应性上下文，在这个上下文中的函数将成为一个计算（computation）。计算会被执行，它变得无效时会再次执行。响应式数据源变化时会导致函数[1]的无效。

当计算无效时，它们会重新运行，这使它们再次有效。这将防止函数不断运行，制造应用的混乱和不确定性状态。无效是数据变化的直接结果，并触发一个动作。只要数据没有变化，计算就不会失效，因此不会再执行一次。因为有各种不同的响应性上下文，其中包含各种依赖关系，所以Meteor会跟踪列表中的所有依赖关系（参见图4-3）。

第一次使用Meteor时，你可能没有意识到你在使用响应式计算。当数据发送到模板时，如果有任何数据变化，Meteor将重新渲染。例如，如果你有一个模板，显示一个给花浇水的提醒，那么如果使用了一个响应式数据源，模板内容就会自动更新，如代码清单4-1所示。

---

[1] 也就是计算。——译者注

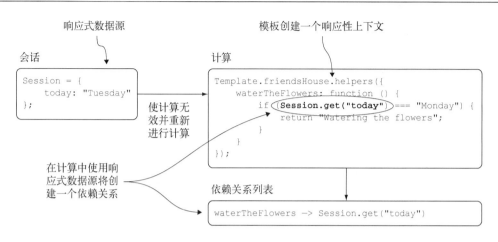

图4-3　改变响应式数据源导致计算无效，触发它们的重新计算

代码清单4-1　使用模板辅助函数设置一个响应性上下文

创建一个
响应性
上下文

```
Template.friendsHouse.helpers({
    waterTheFlowers: function () {
        var day = Session.get("today");
        if (day === "Monday") {
            return "Watering the flowers";
        }
    }
});
```

响应性上下文
中的函数称为
计算

Session是一个响应式
数据源，当它的内容改
变时，它会使计算无效

说明　响应性上下文中的函数被称为**计算**。数据变化时，响应式数据源使计算无效，导致计算再次执行。在计算中使用的所有响应式数据源自动与该计算相关联。

现在，我们已经看到了Meteor自动做的事情，让我们专注于要做的事情和显示数据。

4.2　构建房屋保姆应用

让我们重温朋友给花浇水的例子吧。他现在不仅照顾别人的植物，而且对很多人来说，他是个专业的房屋保姆，他跟踪数据库中的所有房屋。这也是他保存所有给植物浇水指示的地方。他将使用一个简单的Web应用来查找每个房屋，并在完成访问之后做一个注解。这个应用将使用以下数据源：

❑ 一个数据库，用来存储所有的朋友、指示和注解；

❑ 会话变量，用来存储当前选定的房屋。

图4-4显示了用户界面以及一些注释。来自集合的所有数据都显示在深色的盒子里，所有Session对象中的临时数据都显示在浅色的盒子里。如果我们从更高的视角来看它，该应用查找

数据库中的所有记录，并基于临时会话变量的值来获取一个完整的文档。最终它可以让用户保存对数据库的更改。

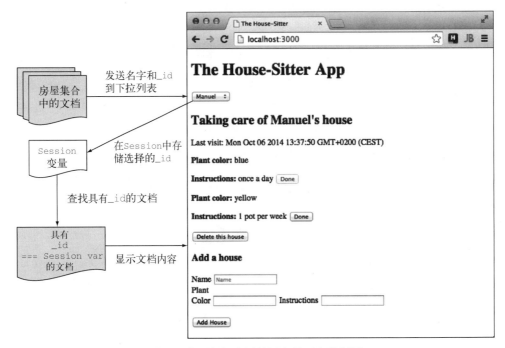

图4-4   房屋保姆应用的用户界面和数据源

使用Meteor的CLI工具创建一个新项目：

```
$ meteor create houseSitter
```

让我们在不同的文件夹中组织我们的代码，以便更容易地知道哪些代码放在哪里。这样就不需要在任何代码上添加Meteor.isServer()或Meteor.isClient()。

有些代码只应该在客户端上执行。这些放在client/client.js中。所有的模板将被放在client/templates.html中。只在服务器端执行的代码放在server/server.js中，集合将被储存在collections/houses.js中，因为它们在客户端和服务器端都可用。请参考图4-5。

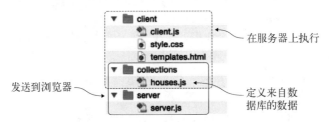

图4-5   房屋保姆应用的组织

4.2.1 设置模板

在开始使用响应式数据之前，必须建立一个骨架结构。代码清单4-2显示了我们网站的主体。它包括三个子模板：selectHouse，它允许用户选择一个房屋；showHouse，显示数据库记录的所有相关细节；以及houseForm，它允许用户添加和编辑数据库记录。在接下来的小节中，这些将被定义在同一文件中，所有的模板将保持尽可能小，没有必要再分拆它们。

代码清单4-2 client/templates.html的基本模板结构

```html
<head>
  <title>The HouseSitter</title>
</head>

<body>
  <h1>The House-Sitter App</h1>
  {{> selectHouse }}          额外模板的
  {{> showHouse }}            包含标签
  {{> houseForm }}
</body>

<template name="selectHouse">
</template>                   这些模板
                             现在仍然
<template name="showHouse">  是空的
</template>

<template name="houseForm">
</template>
```

说明 如果你包含的模板不可用，Meteor会显示一个错误。你可以像下面这样避免碰到这些错误：通过创建一个空的模板，或从主体模板中删除包含标签，直到真正需要子模板时再添加。

该应用不需要任何样式的定义，所以client/style.css文件是空的。如果你想添加样式，使房屋保姆应用更加漂亮，这里就是你添加样式的地方。

4.2.2 连接到数据库并声明集合

虽然你将在4.4节学习集合，但现在就需要定义一个，因为你需要一些可用的数据。我们将在本章的后面讨论集合相关的细节。

MongoDB是一个面向文档的或者NoSQL数据库。它的内容不是存储在表中，而是存储在文档中。多个文档组成了集合。因此，你将要定义一个新的Collection对象，名叫Houses-Collection，它将存储它的内容到MongoDB数据库的houses集合中。在collections目录中创建一个文件，并添加代码清单4-3所示的代码。

代码清单4-3　collections/houses.js中的集合声明

```
HousesCollection = new Mongo.Collection('houses');
```

此外，你应该确保数据库中有一些数据，所以需要添加一些服务器端代码，在应用启动的时候检查HousesCollection中是否有可用的数据。如果没有数据，我们将在数据库中插入一个新文档（参见代码清单4-4）。如果需要更多的可用数据，可以在houses数组中添加更多的房屋。

说明　Meteor.startup()代码块在服务器和客户端上都可以工作。服务器上的代码在Node.js实例启动时执行一次，而对每个客户端而言，DOM就绪的时候代码会执行一次。

将代码放在Meteor.startup()块中，确保它仅在服务器启动时运行。理论上，你也可以将此代码添加到客户端，但Meteor.startup()在每一个客户端成功连接时会被执行。因为有if条件判断，所以什么都不会发生，因此你可以把这段代码只限制在服务器上。

代码清单4-4　在server/server.js中添加夹具（fixture）

```
Meteor.startup(function () {                      当服务器启动
  if (HousesCollection.find().count() === 0) {     时只执行一次
    var houses = [{
      name: 'Stephan',                            检查集合中是否
      plants: [{                                  有任何记录
        color: 'red',
        instructions: '3 pots/week'
      }, {
        color: 'white',                           定义所有的夹具
        instructions: 'keep humid'                为数组元素
      }]
    }];
    while (houses.length > 0) {                    将houses数组中的
      HousesCollection.insert(houses.pop());       所有对象插入到数
    }                                              据库中
    console.log('Added fixtures');
  }                                                控制台日志记录也
});                                                可在服务器上工作
```

说明　console.log()命令在浏览器控制台中工作良好，但它也可以在服务器上下文中用来打印消息。可以运行meteor命令在控制台中查看输出。

4.3　Session 对象

传统上，通过HTTP来访问网站是无状态的。用户请求一个文档，然后再请求另一个。因为通常需要在请求之间保持一定的状态，例如，保持用户的登录状态，所以在Web应用中存储易失性数据最重要的方式是会话。Meteor的会话概念与PHP等语言中的会话不一样，后者在服务器或

者cookie中存在一个专用的会话对象。Meteor不使用HTTP cookie而使用浏览器的本地存储，例如，存储会话令牌以保持用户的登录状态。

专用的Session对象只在客户端可用，并且存在于内存中，只用于跟踪当前用户的上下文和动作。

4.3.1　Session 对象简介

Session对象拥有键-值对，只能在客户端使用。它是一个响应式字典，提供了get()和set()方法。在通过set()设置会话的键值之前，它会保持为未定义状态。要避免未定义状态，可通过setDefault()来设置一个默认值，它的工作方式和set()完全相同，但只有当该值未定义时才有效。检查会话值是一种常见的操作，该操作可以通过Session对象的equals()函数更有效地进行。没有必要使用var语法声明新的Session变量，因为该变量在set()或setDefault()方法使用后就立刻可用了。下面的代码清单中显示了相应的语法。

代码清单4-5　使用会话对象

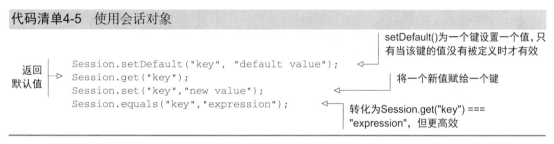

提示　虽然Session变量通常用于保存字符串，但它也可以保存数组或对象。

让我们看看如何在房屋保姆应用中使用Session对象。可以把Session看作应用的短期记忆，用于跟踪当前选定的房屋。

4.3.2　使用 Session 存储选定的下拉值

对于selectHouse模板，你只需要一个下拉列表，这样用户就可以从数据库中选择一个房屋。想法是从数据库中检索所有的文档，并显示所有可用的名称。一旦一个名称被选中，它将定义所有其他模板的上下文，并显示一个房屋。你将使用代码清单4-6显示的代码。

{{#each}}模板辅助函数用于遍历所有从数据库中返回的房屋。数据上下文通过传递housesNameId[1]参数来显式地设置。{{_id}}和{{name}}是数据库中house对象的属性，所以没有必要为它们定义模板辅助函数。

---

① 现在housesNameId包含的不仅仅是名称和ID，但不要担心。我们将使它更高效一点。

代码清单4-6　selectHouse模板中的下拉列表代码

```
<template name="selectHouse">
  <select id="selectHouse">
    <option value="" {{isSelected}}></option>
    {{#each housesNameId}}
      <option value="{{_id}}" {{isSelected}}>{{name}}</option>
    {{/each}}
  </select>
</template>
```

使用一个空选项开始选择列表

each 遍历 housesNameId 辅助函数返回的所有对象

在client.js文件中定义了一个辅助函数，提供housesNameId数据上下文。因为我们还没有介绍过集合的细节，所以现在只需要返回所有的文档和字段就可以了。因为housesNameId定义在一个Template对象中，所以它是响应式的。这意味着如果在数据库中添加或删除文档，返回值将自动调整，选择框将反映你的更改，而这不需要编写专用的代码。

你将使用一个Session变量selectedHouseId来存储下拉选择。选择框应该反映实际的选择，所以需要添加一个selected属性到当前选定的选项。要这样做，需要定义另一个名为isSelected的辅助函数，它返回一个空字符串，或者在_id值等于Session变量时返回selected。

最后一步是基于用户的选择设置Session变量的值。因为它涉及一个来自用户的动作，所以需要一个事件映射。

每当id值selectHouse的DOM元素值更改时，事件处理程序将用所选择的选项元素的值来设置selectedHouseId。注意，需要把事件作为参数传递给JavaScript函数，该函数将设置Session的值，以便将来对它进行访问（见下面的代码清单）。

代码清单4-7　选择房屋的JavaScript代码

从集合中返回所有的文档

```
Template.selectHouse.helpers({
  housesNameId: function () {
    return HousesCollection.find({}, {});
  },
  isSelected: function () {
    return Session.equals('selectedHouseId', this._id) ? 'selected' : '';
  }
});
Template.selectHouse.events = {
  'change #selectHouse': function (evt) {
    Session.set('selectedHouseId', evt.currentTarget.value);
  }
};
```

如果当前处理的房屋_id等于存储在会话变量中的_id，则返回selected

记得将事件作为参数传递给函数，这样函数可以将选择的值赋给会话变量

作为测试，你可以打开浏览器内部的JavaScript控制台并从下拉列表中选择一个值，看一切是否工作正常。你也可以直接获取和设置控制台中变量的值。如果将值更改为有效的_id，你可以看到，下拉列表将立即更新自己，这是因为isSelected辅助函数的作用，如图4-6所示。

图4-6　通过JavaScript控制台获取和设置会话变量

4.3.3　使用 `Tracker.autorun` 创建响应性上下文

使用JavaScript代码时，你经常需要检查一个变量的值，以更好地理解为什么一个应用的行为是这样的。你可以使用`console.log()`方法，它是调试代码最重要的工具之一，它可用于跟踪变量的内容。因为你正在处理响应式数据源，所以你也可以利用计算来监视这些源的实际值。在本节中，你将学习如何打印响应式Session变量的内容。通过创建一个用于执行`console.log()`的响应性上下文，可在Session变量的值发生改变时打印它。

在4.1节中，你看到除了模板和Blaze之外，还有第三种方法来建立一个上下文来支持响应式计算：`Tracker.autorun()`。这个块中的任何函数会在它的依赖（即它使用的响应式数据源）改变时自动重新运行。Meteor会自动检测使用了哪些数据源，并设置必要的依赖关系。

你可以把`Session.get("selectedHouseId")`放在一个`autorun`函数中以跟踪它的值。将此代码放在client.js文件开始的地方，在任何模板块（见代码清单4-8）之外。每当你使用下拉列表选择另一个值时，控制台立即打印当前选定的ID。如果没有选择房屋，它将打印`undefined`。

代码清单4-8　使用`Track-autorun()`把Session变量打印到控制台

```
Tracker.autorun(function () {
  console.log("The selectedHouse ID is: " +
    Session.get("selectedHouseId")
  );
});
```

正如你所看到的，Session对象使用简单，但它非常有用。它可以从应用的任何部分访问。并且它会保持变量值不变，即使你改变源文件，Meteor重新加载应用（这一过程称为热码推送，hotcode pushes）。然而，如果用户刷新了页面，那么所有的数据就都丢失了。

请记住，Session对象的内容永远不会离开浏览器，所以其他客户端或服务器可能永远无法访问它的内容。这是使用集合的地方。下面让我们仔细看看集合。

4.4　MongoDB 集合

Meteor有自己的MongoDB实例，一个开源的、面向文档的NoSQL数据库。每次你使用`meteor run`命令启动服务器时，一个专用的数据库服务也启动了，它监听端口3001上的连接。默认情况下，Meteor使用此实例作为它的数据库引擎，并将所有内容存储在一个名为meteor的数据库中。没有必要定义任何数据库连接字符串。但你可以使用环境变量（如`MONGO_URL`）让Meteor服务器指向另一个数据库实例。第12章将详细说明如何使用外部数据库而不是默认的本地数据库。

> **什么是面向文档的数据库？**
>
> MongoDB是一个面向文档的NoSQL数据库。和关系（SQL）数据库不同，它的每个记录是独立的，不会根据指定的关系跨越多个表。每个数据库记录基本上就是一个JSON对象。
>
> 为了更好地了解面向文档的数据库，考虑把要存储的所有数据写在一张纸（一个"文档"）上。如果想跟踪房屋保姆照顾的所有房屋，你会为每个房屋创建表格，然后写下所有的指示。文档存储的优点是所有相关的信息都放在一个单一的位置。只要有这张纸，你就有了需要照顾房屋的所有信息。不利的是，如果多个房屋都有相同的植物，或者科学发现，红色的花朵每周需要浇四壶水而不是三壶，那么你将不得不改变每张纸上的指示。
>
> 每个文档都是独立的，甚至可能有不同的信息（"字段"），这反映了在一些房屋里，你需要照顾植物，而在其他的房屋里，你可能需要喂兔子。你不必写下任何不需要采取行动的字段，所以即使两个文档来自同一个集合，它们也不必要包含相同的字段：
>
> ```
> Name: Stephan
> Plants:
>   - Color: Red
>     Instructions: 3 pots/week
>   - Color: White
>     Instructions: water daily
> Animals:
>   - Name: Danbo
>     Instructions: 1 carrot/day
> ```
>
> ```
> Name: Manuel
> Plants:
>   - Color: Red
>     Instructions: 3 pots/week
>   - Color: Yellow
>     Instructions: keep humid
> ```
>
> 如果你以前使用过SQL数据库，如MySQL或Oracle，下面是常见的SQL术语和等价的面向文档数据库的术语。
>
> | SQL术语 | 面向文档的术语 |
> | --- | --- |
> | database（数据库） | database（数据库） |
> | table（表） | collection（集合） |
> | row（行） | document（文档） |
> | column（列） | field（字段） |

如果数据要存储一个较长的时间段，或如果它应该在客户端共享，那就应该使用集合。新的数据库集合使用Mongo对象来声明。下面的语句，使MongoDB中名为mycollection的集合内容可在Meteor应用中作为MyCollection来使用：

```
MyCollection = new Mongo.Collection("mycollection");
```

因为集合应该从服务器和客户端都能访问，你需要确保这一行在两个上下文中都执行，所以它不应该被包在任何isClient()或isServer()块中。另外需注意，它不使用var声明，否则将把它的使用范围限制在一个文件中。

说明　Meteor中的集合名称通常以大写字母开头，并有个复数名称。如果你想更明确，可以在它们的名字上添加Collection，让代码更具可读性。集合最好在客户端和服务器都能访问的一个或多个专用文件中定义。

使用集合的基础是基于MongoDB的工作方式，所以如果你已经熟悉Mongo数据库查询的语法，可以在Meteor中重用这些知识，甚至可以在浏览器中使用。

4.4.1　在 MongoDB 中查询文档

在MongoDB中，文档查询可使用find()或findOne()。前者返回所有匹配的文档，后者只返回匹配指定搜索条件的第一个文档。这些条件作为一个对象传递给查询，对象的名字为查询文件（query document）或选择器（selector）。如果没有定义选择器，将匹配所有的文档。

要找到名字是"Stephan"的文档，我们需要确保选择器包含搜索字段（name）和期望的值（"Stephan"）。字段名称或键不需要引号：

```
MyCollection.findOne({name: "Stephan"});
```

findOne()操作在名为MyCollection的集合上执行。它匹配并返回name字段的值等于"Stephan"的第一个文档。

要寻找所有包含给白色植物浇水指令的文档，则需要一个更高级的查询。这一次将执行find()函数，所以MyCollection中所有的匹配文档都将返回。查询文档指定plants键中必须包含另一个键color。术语$exists: 1意为所有匹配文档中必须有这个字段。

```
Collection.find({"plants.color" : {$exists: 1 } });
```

要检查字段是否包含特定的值，可以使用$in而不是$exists。如果想找到所有的文档，其中包含color属性为"White"的植物，使用以下查询：

```
Collection.find({"plants.color" : {$in: ["White"] } });
```

除了搜索条件，可以传递给查询操作第二个对象。它被称为投影（projection）。你可以使用它来限制应该返回的字段，更改排序顺序，或在返回搜索结果之前对它们应用任何一种操作。投影可以和查询文档一起使用，也可以独立使用。如果不需要搜索条件，则将一个空选择器传递给find()函数。

下面的查询只返回每个文档中的name字段和值。术语name:1可以理解为"设置字段name

可见"，因为1代表真。使用0，可定义从检索中排除的字段：

```
Collection.find({},{name:1})
```

正如你从这些例子中看到的，使用集合的查询和使用SQL完全不同。你不是在处理表和行，而是在处理行为和对象相似的文档，记住这一点是有帮助的。

说明　使用MongoDB的更多细节，请参考官方文档：http://docs.mongodb.org/。

4.4.2　Meteor 的集合

在最基本的层面上，可以将数据存储在集合中作为一个文档，需要显示数据时，可以查找和获取一个或多个文档。让我们开始填充数据到houses集合。

处理集合时最重要的函数如表4-2所示。

表4-2　使用集合时最重要的函数概述

功　能	使用案例	返　回　值
Collection.find()	查找与选择器匹配的所有文档	游标
Collection.findone()	查找匹配选择器和投影标准的第一个文档	对象
Collection.insert()	在集合中插入文档	字符串（document_id）
Collection.update()	修改集合中的一个或多个文档	受影响的文档数
Collection.upsert()	在集合中修改一个或多个文档，如果没有匹配的话，插入一个新的文档	对象
Collection.remove()	从集合中移除文档	对象

游标介绍：`find()`和`findOne()`之间的差异

单一的文档可以通过使用findOne()来从集合中获取。这个函数返回一个JavaScript对象，可以像任何其他对象一样处理它。find()函数用来检索多个文档，但它不返回任何文档，而是返回一个游标。游标是一个响应式数据源，而不是集合。

你可以将游标看作最终对数据库执行的查询。游标允许你批量发送数据。处理大型数据集时，你会发现总是从查询中返回所有的文档效率不高，通过遍历结果批量发送数据会更高效。

现在，我们不直接对游标进行处理，因为Meteor知道如何处理Collection.find()的结果。我们在第9章讨论更高级的用例时，将重新审视这个话题。

4.4.3　初始化集合

对于每个需要照顾的房屋，在数据库中将有一个文档。该文档将包括名字和需要照顾的植物。为了使整个应用的代码具有更好的可追溯性，你可以使用一个冗长的名字帮你跟踪集合对象。4.2.2节中已经添加了必要的代码，所以没有必要再添加这行代码。HousesCollection将提供所有数据库记录的接口：

```
HousesCollection = new Mongo.Collection("houses");
```

没有必要在集合中创建任何数据结构。当第一个记录被添加到集合时，如果该集合不存在，Meteor会自动在数据库中创建一个集合。

4.2.2节中，在设置应用时定义的服务器代码将创建一个数据库集合并填充数据。正如在第2章冰箱的例子中所看到的，你也可以使用浏览器控制台来添加新的数据。我们将在第6章讨论发布和方法时添加安全机制，用以禁止从浏览器添加数据。现在让我们专注于添加功能，而不是准备生产。

使用夹具的一个重要副作用是，你知道数据结构看起来是什么样子。因为你面对的是一个NoSQL数据库，所以每个文档可以有完全不同的结构，因此手边有可以参考的记录是比较好的。虽然可能有其他字段（如动物或孩子），但每个房屋文档的预期字段显示了在表4-3中。在这个例子中，你只照看植物。

表4-3　房屋集合的期望字段

字段名称	包　含	笔　记
_id	每个房屋的唯一标识，字符串	通过MongoDB自动分配
name	每个房屋的显示名称，字符串	
lastvisit	最后操作的时间戳，日期	应用逻辑生成
plants	需要照顾的家庭植物，对象数组	
plants.color	每个房屋独有的植物颜色，字符串	没有数据库约束，唯一性必须由应用的逻辑确保
plants.instructions	植物的浇水说明，字符串	

4.4.4　查询集合

在开发环境中，依赖于所有的数据都具有响应性是很方便的，但对于较大的数据集，每个函数都对任何数据变化进行响应将有明显的性能影响。对于房屋的下拉列表，是否有人在某个文档中添加或删除植物并不重要，所以响应性只限制在name和_id字段。

1. 仅仅返回特定字段

在上一节中，你定义housesNameId辅助函数来返回HousesCollection中的所有东西，现在你将返回值限制为字段name和_id，如代码清单4-9所示。选择器对象仍然是空的，但你将传递第二个具有fields属性的对象到游标。在对象里面，你可以将各个字段设置为1，这意味着它们将被返回。或者，你可以设置字段为0以不返回它们。但不能混合包含（1）和排除（0）。所有的键必须同时设置为0或1。

代码清单4-9　限制返回到下拉列表的字段

```
Template.selectHouse.helpers({
  housesNameId: function () {
    return HousesCollection.find({}, {fields: {name: 1, _id: 1} });
  },
  // isSelected定义
});
```

2. 返回一个完整的文档

一旦用户从下拉列表中作出一个选择，你就希望显示完整的房屋文档。在这种情况下，显然需要返回文档中的所有字段。另外创建一个辅助函数，它将基于Session变量selectedHouseId的值来返回一个文档的所有字段。这个辅助函数将在showHouse模板里面使用，所以需要在client.js文件中添加这段代码块，如代码清单4-10所示。

代码清单4-10　基于ID将数据库文档返回到模板

```
Template.showHouse.helpers({
  house: function () {
    return HousesCollection.findOne({
      _id: Session.get("selectedHouseId")
    });
  }
});
```

这一次，你使用的是查询文档，但没有向findOne()函数传递任何参数①。结果，你会得到存储在MongoDB中的完整文档对象。这个对象可以像JavaScript中的其他对象一样进行访问。

4.4.5　在模板中显示集合数据

Meteor模板使得访问辅助函数返回的对象内的数据很容易。所有你需要的是一个双重大括号标签，然后引用对象的名称和想要显示的特定字段。要显示house返回的文档内存储的名称，可以使用{{house.name}}。要去除每个house对象属性的前缀，可使用#with块来设置数据上下文，这是很有用的，它使模板更具可读性。

为了提升用户体验，你将添加一个条件来检查是否已作出有效选择。如果没有作出选择，该模板应要求用户作出选择。

每个植物都应该显示颜色信息、浇水指示以及用来标记该植物已浇过水的一个按钮。

为了显示文档的内容，可以把所有的东西放在showHouse模板里或使用专用的子模板。使用子模板将带来更大的灵活性和可管理性，未来你可能想要支持宠物、孩子或清扫。

当包含一个子模板时，它继承了父模板的数据上下文。这样，你不需要定义新的辅助函数，只需要写更少的代码。在代码清单4-11所示的例子中，你可以看到数据上下文不是直接从父模板继承的，而是通过{{#each plants}}来指定的。子模板中，循环的当前plant对象是定义的上下文。你仍然可以使用父模板中相同的表达式，但记住，现在你在house内一个更深的层次。要访问父模板属性，如房屋标识，必须使用../符号。

代码清单4-11　显示房屋及所有植物的模板代码

```
<template name="showHouse">
  {{#with house}}
    <h2>Taking care of {{name}}'s house</h2>
```

显式设置模板的数据上下文

每个数据库字段是房屋对象的一个属性，可以使用点号访问

_____

① 实际上我们是传递了一个参数给它的，只是没有传递第二个参数。——译者注

```
    {{#each plants }}
      {{> plantDetails }}
    {{/each}}
  {{else}}
    You need to select a house.
  {{/with}}
</template>

<template name="plantDetails">
  <p>
    <strong>Plant color:</strong> {{color}}
  </p>
  <p>
    <strong>Instructions:</strong> {{instructions}}
      <button class="water" data-id="{{../_id}}-{{color}}" {{isWatered}}
        Done
      </button>
  </p>
</template>
```

each为子模板
进一步缩小数
据上下文

包含一个子模板,
plantsDetails

将这两个模板添加到应用中,现在你可以选择一个房屋并查看它的内容,无论植物数量是多少。

ReactiveVar:具有局部作用域的Session的力量

Session需要全局唯一的名称,或从技术上来说,它在全局范围内有效。有时你希望一个变量可以在应用中随处可用,但在许多情况下,变量的使用应该限制在应用的一部分,甚至是单个模板中。

作为一个经验法则,你应该避免把太多变量放到全局域,特别是那些只在本地使用的变量,如浇过水的状态。为了让事情保持简单,我们专注于Session对象,让我们在房屋保姆应用中使用这个限制。

对于更大的项目,如果想提高代码的质量,可以使用局部作用域的响应式变量,它确切的名字叫ReactiveVar。这个ReactiveVar包是Meteor框架核心的一部分,但必须通过命令行手动添加它:

```
$ meteor add reactive-var
```

ReactiveVar和Session都使用get()和set()函数,但ReactiveVar不污染全局命名空间,并可以限制在局部范围内。你可以在相同的模板中重用它,且重用时可使用不同的值。

就像Session一样,ReactiveVar存储键—值对。它可以将整个对象存储为值。更新ReactiveVar容器的内部对象需要使用set()。因为它的使用范围是一个模板的上下文,所以你必须在模板的created回调函数中声明一个新的ReactiveVar。它没有setDefault()函数,但你可以在声明一个新的ReactiveVar实例时传给它一个默认值:

```
Template.plantDetails.onCreated(function () {
  this.watered = new ReactiveVar();
  this.watered.set(false);
});
```

这里,关键字this指当前可用的数据上下文(这恰好是单个plants对象的内容)。在一个事件映射中，当单击按钮时，可以将它的值设置为true。你必须使用这个函数的第二个参数tpl，它保存了对模板的引用。因为watered是模板的一个属性，所以你可以这样设置：

```
Template.plantDetails.events({
  'click button': function (evt, tpl) {
    tpl.watered.set(true);
  }
});
```

最后，在辅助函数中，当前值是可以访问的。在这里，你必须使用相应的Template.instance()语法来访问当前的模板实例：

```
Template.plantDetails.helpers({
  watered: function () {
    return Template.instance().watered.get() ? 'disabled' : '';
  }
});
```

事件映射和数据关联

除了简单地从文档中呈现数据外，你还希望能够标记一个浇过水的植物。单击一个按钮会触发一个事件，设置一个植物的状态为watered（浇过水的）。但是，如果在房屋之间切换时，你希望保持一个植物的状态。要做到这一点，可再次使用Session变量。这一次不能在应用的代码中设置名称，因为你不知道每个房屋有多少种植物。因此，你将动态地为每个植物创建一个ID，其中包括文档的_id和color属性。可以这样做的原因是，你把color定义为一个房屋里的每个植物的唯一标识。

使用HTML属性data-id将唯一的元素ID传递给应用代码是常见的做法。事件映射监视任何类为water的按钮，对于当前单击的按钮存储其data-id的值，而这个值中包含了文档的ID和color属性值。代码清单4-12中显示的事件映射可以使用data-id，而不必自己创建复合ID。

一旦按钮被点击，一个具有新的复合ID值的Session变量将被设置为true。没有必要为该Session变量设置一个默认值。记住，技术上它是Session对象内存储的一个键-值对，所以可以在任何时候添加新的键。

代码清单4-12　用于给植物浇水的事件映射

```
Template.plantDetails.events({
  'click button.water': function (evt) {
    var plantId = $(evt.currentTarget).attr('data-id');   ←  对每个植物，
    Session.set(plantId, true);                               data-id包含一
  }                                                           个唯一的ID
});
```

当一个植物被浇过水后，你想禁用按钮，以此作为标示，说明这个植物不再需要更多的关注。你将使用一个辅助函数（代码清单4-13）来做这件事请，它类似于用于在下拉列表中确定当前选定房屋的那个辅助函数。因为使用的是全局可用的Session变量，所以你可以给Manuel家的红色植物浇水，然后切换到Stephan的家，随后回到Manuel家时，你发现这个按钮仍然是被禁用的。

代码清单4-13 用于禁用Done按钮的模板辅助函数

```
Template.plantDetails.helpers({
  isWatered: function () {
    var plantId = Session.get("selectedHouseId") + '-' + this.color;
    return Session.get(plantId) ? 'disabled' : '';
  }
});
```

除非用户强制刷新页面，否则存储在`Session`对象中的内容都将在应用的全局范围内可用。

4.4.6 在集合中更新数据

可以通过`Collection.update()`函数来更新集合内的数据。虽然在服务器上调用时，它可以同时修改一个或多个文档，但在客户端上运行时，`update()`函数只限于基于`_id`操纵单个文档。这是为了避免意外的批量操作阻塞服务器上的所有用户。如果需要一次更新多个文档，可以使用服务器端的方法（参见第6章）。

使用`update()`时，需要指定哪些文档需要更新、如何更新它们，给出选项和回调函数（错误为第一个返回值，受影响的文档数量为第二个返回值）：

```
Collection.update(selector, modifier, options, callback);
```

只有两个选项是可用的，它们都是布尔值。

❑ `multi`
  默认值是`false`。如果把它设置为`true`，所有的匹配文档都会被更新；否则，只有第一个匹配文档被更新。

❑ `upsert`
  默认值是`false`。如果把它设置为`true`，则在没有找到匹配的文档时，它会插入一个新的文档。

要从客户端调用`update()`，你必须在第一个参数中提供一个`_id`。这是第一个参数的一部分，第一个参数也被称为选择器。它可以是一个包含`id`属性的对象或一个包含有效文档ID的字符串。更新时使用标准的Mongo语法来定义如何修改当前数据。表4-4给出了一些最常见操作的概述。下面的命令更新一个`_id`为`12345`的文档，把它的`name`字段设为`Updated Name`：

```
Collection.update({_id: "12345"}, {$set: {name: "Updated Name"}});
```

表4-4 常用的集合更新操作概述

更新操作符	描述
$inc	将字段的值增加指定值
$set	设置文档中字段的值
$unset	从文档中删除字段
$rename	重命名文档字段
$addtoset	如果数组中不存在某些元素，则将它们添加到数组中

（续）

更新操作符	描 述
$push	向数组中添加一个元素
$pull	删除与指定查询匹配的所有数组元素

说明 对客户端实现Minimongo而言，不是所有MongoDB中的功能都可用。你可以查阅minimongo包内部的注释文件来了解当前的限制。

通过事件触发更新

到目前为止，我们只是展示了如何使用Session变量来存储数据，这意味着一旦浏览器窗口关闭或用户强制重新加载页面，所有的数据就都消失了。为了跟踪每个房屋最后一次访问的时间，可以扩展事件处理程序，将当前日期存储到数据库中。这将在每个house文档中使用lastvisited字段。同样，在添加数据之前，你不必定义数据库的结构，只需在现有文档中添加一个新字段。

在client.js文件中，你需要扩展plant-Details模板现有的事件处理程序，只要添加两行代码（代码清单4-14）。新的lastvisit变量将被赋值为当前的时间戳。它将用于update()函数以更新当前文档[1]。请注意，因为你现在正在处理两个ID：一个是植物ID，另一个是房屋ID。让我们先不管plantId，对于文档ID使用selectedHouseId会话变量来指定update语句中的ID。

代码清单4-14 扩展事件映射，添加最后的访问日期

```
Template.plantDetails.events({
  'click button.water': function (evt) {
    var plantId = $(evt.currentTarget).attr('data-id');
    Session.set(plantId, true);
    var lastvisit = new Date();           ◁—— lastvisit包含
    HousesCollection.update({                 当前的时间戳
      _id: Session.get("selectedHouseId")
    }, {
      $set: {
        lastvisit: lastvisit              ◁—— 将当前所选文档的
      }                                       lastvisit字段设置为
    });                                       当前时间戳
  }
});
```

每次一个房屋里的植物被浇水后（也就是说，Done按钮被单击），lastvisit字段获得更新。要验证这个更新确实发生了，你可扩展showHouse模板来显示lastvisit的值，如下列代码清单所示。

代码清单4-15 添加lastvisit时间戳到showHouse模板

```
<template name="showHouse">
```

---

[1] 浏览器中实现的Minimongo不支持MongoDB的全部功能集。因此，$currentDate在客户端上是不可用的。

```
{{#with house}}
  //...
  <p>Last visit: {{lastvisit}}</p>
  //...
{{/with}}
</template>
```

← 添加这一行来显示作为lastvisit保存的时间戳

单击每个植物的按钮会自动禁用该按钮，同时更新数据库中的时间戳，如图4-7所示。

图4-7　每次单击Done按钮，时间戳在屏幕上和数据库中都会得到更新

由于延迟补偿，本地Minimongo实例中的值首先被更新，结果会立即显示。在同一时间，更新请求发送到服务器，在那里，最后一次访问日期将被持久化①。如果到服务器的连接丢失，Meteor会将更新存储在本地的浏览器中，在连接恢复时再发送一次更新。

4.4.7　向集合中插入新数据

随着业务的增长，新的房屋被添加，必须向集合中添加新的文档。一般来说，添加文档使用insert()函数。文档的每个字段必须单独指定，但不包含_id，因为它由数据库自动分配：

```
Collection.insert({field: "value"});
```

添加新房屋到集合需要一个新的模板以及另一个事件映射来触发这个插入。在4.2.2节，你已经建立了一个houseForm模板，现在可以扩展它。

说明　我们还没有讨论路由，所以所有的模板都显示在同一个视图中。虽然你可以使用Session来确定需要显示哪些模板，但首选的方法是使用路由。你可以跳到第8章了解一些使用专用视图来编辑和显示数据的原则。

代码清单4-16显示了houseForm模板，它包含一个视图，视图中的表单显示了房屋文档中所

---

① 即被保存到数据库。——译者注

有可编辑的字段。为了让事情简单，让我们限制该表单只能添加一个植物到一个房屋①。所有输入字段将由它们的ID标识。

代码清单4-16   使用表单添加新的房屋

```
<template name="houseForm">
  <h3>Add a house</h3>
  <form id="houseForm">
    Name <input id="house-name" type="text" placeholder="Name"><br/>
    Plant<br/>
    Color <input id="plant-color" type="text">
    Instructions <input id="plant-instructions" type="text">
    <br/>
    <br/>
    <button id="saveHouse">Save House</button>
  </form>
</template>
```

下一步，创建一个用于处理表单的事件映射（代码清单4-17）。当表单的按钮被单击时，浏览器的默认行为是发送表单并重新加载一个页面。因为你正在为该按钮实现自己的功能，所以必须在这个事件上调用preventDefault()方法来抑制默认的行为。使用jQuery，你可以获得输入字段的所有值并把它们放进局部变量。

代码清单4-17   添加一个新房屋的事件映射

```
Template.houseForm.events({
  'click button#saveHouse': function (evt) {         阻止发送
    evt.preventDefault();                            表单和页
    var houseName = $('input[id=house-name]').val();  面重载
    var plantColor = $('input[id=plant-color]').val();
    var plantInstructions = $('input[id=plant-instructions]').val();
    Session.set('selectedHouseId', HousesCollection.insert({
      name: houseName,
      plants: [{
        color: plantColor,
        instructions: plantInstructions
      }]                                       插入一个新的文档，将
    }));                                       返回值赋给selectedHouseId
    // empty the form                          变量，将立即显示新文档的内容
    $('input').val('');        清空表
  }                           单字段
});
```

使用jQuery
获得输入
字段的值

最后一行代码做两件事。首先，它将一个新的文档插入到HousesCollection，该文档的值为表单中输入字段的值。然后返回新文档的ID，将它赋值给selectedHouseId会话变量。这样，整个页面的选择和详细视图将立刻更新，显示新的房屋。

这只是一个添加房屋的很简单的方式，它有几个缺点。该表单不允许用户给一个房屋输入多

---

① 别担心，你很快就会创建一个更强大的方式来添加你喜欢的植物。

个植物。此外，该表单只能够添加新的房屋（虽然你可以很容易地重用它，用来编辑现有的房屋）。在接下来的部分，你将改进这个例子，改进这些缺点，重构一些代码来提高效率。但首先让我们完成基本的增删改查。

4.4.8　从集合中删除数据

完整CRUD[①]的最后一步是从数据库中删除一个记录。相关函数为remove()：

```
Collection.remove(id);
```

类似于update()方法，delete()需要一个唯一的ID来知道要删除的文档。多个文档可能只能从服务器上删除，当我们讨论方法的时候，会关注这一点。

对于HTML，要允许房屋被删除，所要做的就是在showHouse模板中添加一个按钮。当按钮被单击时，通过ID来确定要删除的房屋。在Meteor中，至少有三种方法来做到这一点。

❑ 如果HTML按钮有data-id属性，你可以像确定植物ID那样，以同样的方式查询其内容。

❑ 如果当前选定的房屋ID存储在Session对象中，你可以像更新房屋时处理Done按钮那样，以同样的方式使用它。

❑ 如果模板的数据上下文提供了该ID，你可以直接访问它。

我们已经介绍了前两个。这一次，ID已经是click事件发生的数据上下文中的一部分了。这意味着你可以简化确定要删除文档的方法，即选择第三种方法。代码清单4-18显示了如何将按钮添加到模板中。

说明　虽然不是必要的，但你应该考虑添加一个data-id属性到删除按钮，这样可提供一些可追溯性，使调试更容易。

代码清单4-18　添加一个删除按钮从数据库中删除房屋

```
<template name="showHouse">
  {{#with house}}
    ...
    <button id="delete">Delete this house</button>        在else标签之前
  {{else}}                                                 添加按钮
    ...
  {{/with}}
</template>
```

showHouse模板还没有任何事件映射，所以单击按钮不会做任何事情。让我们在client.js中创建新的事件映射。代码清单4-19显示了执行Collection.remove()的代码。你要把它包在一个确认对话框内，以防止用户不小心删除房屋。

[①] 创建（Create）、读取（Read）、更新（Update）和删除（Delete），持久性数据基本操作的通用名字。

代码清单4-19   删除一个房屋的事件映射

```
Template.showHouse.events({
  'click button#delete': function (evt) {
    var id = this._id;
    var deleteConfirmation = confirm('Really delete this house?');
    if (deleteConfirmation) {
      HousesCollection.remove(id);
    }
  }
});
```

这是当前的数据上下文：
选定的房屋文档

在真正删除
文档之前显
示一个确认
对话框

在服务器端和
客户端的集合
中删除文档

注意，你不需要像把植物设置为已浇水状态时那样去捕捉事件和读取`data-id`属性。你可以直接访问包含在当前选定房屋文档中的所有信息，包括`_id`。

祝贺你，你现在能够使用Meteor执行所有基本的数据操作了！这一切只需要大约50行的HTML代码和大约100行的JavaScript代码。深呼吸，让自己放松一下。

现在，你已经熟悉`Session`对象的使用，能在MongoDB数据库中使用`Collection`以各种方式存储、操作和检索数据了。虽然这个应用的主要功能已经存在，但你仍然有一些工作要做。根据你的喜好，你可以开始确保应用的安全性，这将需要用户和账户（参见第6章）。第二个选择是在应用中添加路由功能，以便添加新房屋的表单和显示房屋细节的内容不在同一个页面上（参见第8章）。但我们应首先解决该应用一些功能上的不足：为现有的和新的房屋添加和删除任意数量的植物。

在下一章中，我们将使用更具响应性的做法来克服应用目前的一些缺点，方法是利用Meteor的响应性核心原则，而不是遵循一些老习惯，如使用jQuery进行复杂的DOM操作。

4.5   总结

在本章中，你已经了解到：

❏ 响应式数据源会意识到它依赖的计算；

❏ 在响应性上下文中，当数据源发生变化时，函数会重新运行；

❏ `Tracker.autorun()`通过提供一个响应性上下文，可以将任何函数变成响应式计算；

❏ 易失性数据可以存储在`Session`对象中的键-值对中；

❏ 持久性数据存储在MongoDB的`Collection`中；

❏ Meteor会自动发布所有`Collection`给每一个客户，除非`autopublish`包被删除；

❏ 在将一个应用投入生产之前，必须删除`autopublish`和`insecure`包。

第5章

全响应式编辑

本章内容

❑ 响应式表单的构建
❑ 使用响应式数据绑定更新视图
❑ 不同步的或本地的集合
❑ 在表单中显示集合数据，并进行响应性更新
❑ 实现一个简单的通知系统

在第4章中，你创建了一个功能齐全的基本应用，允许用户选择、查看、添加和删除房屋。因为使用了响应式数据源，所以你不必操纵DOM树，比如创建一个新房屋的时候在下拉列表中添加一个新的option元素，Meteor的响应性帮助你做了这些。

前端开发中最常用的方法是手动进行DOM操作，但它繁琐且容易出错。在大多数框架中，数据从后端获取，然后以一定方式插入到DOM。如果一个新的数据库记录发送到客户端，jQuery这样的库可用于添加新的li元素或新建表格的一行。虽然这种方法简单，但它往往使代码过于复杂，并强制你显式地处理页面内发生的所有变化。很多人把前端编码和DOM操作联系起来，但Meteor让你只专注于数据，它会处理视图和模板的任何更新。在本章中，你将利用响应式数据绑定，使用有限的代码，使应用更健壮。

本章将向你展示如何增强现有的应用，使其能够处理更复杂的数据结构。你将把所有的交互限制在最小的DOM块内。为了这样做，需要利用Meteor数据库无处不在的原则，并使用只存在于客户端的本地集合。这样，你可以为一个房屋添加和删除任何数量的植物。此外，你将实现一个初步的通知系统，确保未保存的更改不会意外丢失。在本章的最后，你将能够创建由响应式数据源支持的全响应式前端。

5.1 响应式编辑的工作流程

在将一些高级的Meteor概念应用在房屋保姆应用上之前，让我们重温用户和数据库之间的整个信息流（图5-1）。

选择一个房屋时，用户可能会改变它的内容，例如添加或删除植物（步骤1）。特别是处理敏感数据时，应用将在浏览器中验证传入的数据（步骤2）。如果所有的数据都是有效的，就把它存储在本地的微型数据库中（步骤3）。但此时数据仍然是易失的，它只存在于用户的浏览器中，所以这仅仅是一个实际存储过程的模拟。如果用户在这时关闭他的浏览器，数据将不会存储到服务器上，虽然浏览器视图已经更新（步骤4）。

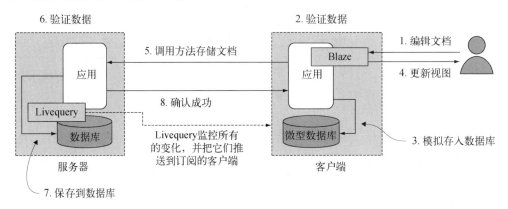

图5-1　响应式编辑的工作流程

在成功的模拟之后，数据被发送到服务器上，并要求保存它（步骤5）。再次，进行验证（步骤6），然后实际的存储过程发生（步骤7）。最后，操作的结果，无论是失败还是成功，被发送回客户端（步骤8）。所有其他正在查看当前被更新文档的用户可以在屏幕上看到实时更新。Livequery组件不断监视数据库的变化，并跟踪所有当前的订阅客户端[1]。

到目前为止，第4章构建的房屋保姆应用只允许你的新客户有一株植物。你不仅需要能够为拥有多个植物的客户服务，而且还要能够为有不同数量植物的客户服务。现有应用的第一个改进是必须允许编辑现有的文档，同时也允许每个房屋中有任意数量的植物。Blaze模板和响应式数据源的组合允许你实现响应式表单编辑，而这只需要几行代码。

一旦引入响应式编辑，你得考虑到Livequery引发的即时更新可能不总是可取的。有时会有两个人编辑相同的文档，所以你需要一种方法来进行沟通，说明别人已经改变了你目前正在编辑的文档。你不应该因为服务器的数据更新了就放弃所有未保存的更改。所有的本地更改应先存储在一个临时环境中，它会带来性能上的好处，也会给你一个安全的网络。你还将实现一个通知系统，为用户高亮显示更新。

5.2　响应式前端与 DOM 操作

大多数前端工程师通常首先考虑DOM。他们考虑如何以及在哪里放置元素，如何序列化数据并将它们发送到REST接口。jQuery是实现这些任务的一个方便的工具，对很多人来说，它是前端开发和DOM操作的同义词。

当服务器和客户端使用不同的语言和框架时，你经常会发现自己面临的问题是如何将服务器

---

[1] 我们将在第7章更详细地讨论订阅和发布。

接收到的数据映射到实际的视图。如果没有简单可行的整合，jQuery总是可以用来添加和删除DOM的节点。不幸的是，即使是一些小任务，手动改变DOM也会变得相当混乱，这就是我们要向函数响应范式转变的原因。Meteor也不例外地顺应了这一发展。

　　让我们来比较这两种情况。考虑一个简单的表单，用来在我们的房屋里添加和删除植物。一个按钮用来删除现有的植物；另一个用来添加一个 `fieldset` 表单以输入植物的细节。图5-2中的场景A显示了删除一个DOM节点时的相关代码。单击按钮将删除一个表单的 `fieldset`（被单击按钮的父表单）。它不会影响该植物在其他地方的显示，所以在更复杂的视图中，需要添加额外的 `remove()` 操作，例如，出现在同一页上的房屋文档的预览。添加一个新植物要引入更多的复杂性，它需要插入定义植物表单字段的整个HTML。这一行很长，而且如果你决定使用不同的类或添加更多的字段来调整表单代码，这将很容易出错。

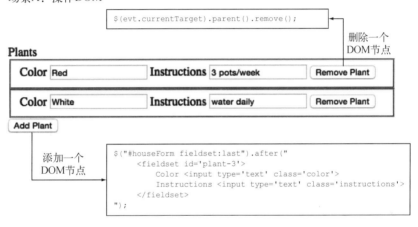

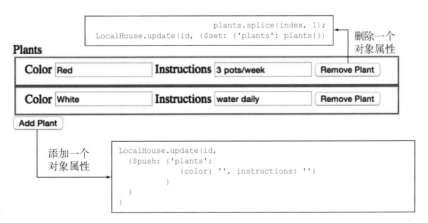

图5-2　比较DOM操作和响应式数据更新

DOM操作可能适合小的前端改动，但是编写大型应用软件时，维护这种代码将是一个挑战。这就是Meteor前后端之间无缝集成有用的地方。使用Meteor，你可以直接处理数据，让框架为你做所有的DOM映射。数据结构的变化会自动触发必要的DOM更新。

每个房屋都已经存储为数据库中的文档或对象了。为什么不基于此在这些对象上进行工作而要去关心HTML标签？使用Meteor，很容易这样做，你不仅不必考虑使用jQuery来进行内容映射，而且也可以免费获得响应式数据绑定（关于数据绑定的更多信息，可参考下面的"双向数据绑定与响应性"）。HTML表单只是代表house对象的另一个视图。单击按钮不会触发DOM操作，但会改变一个对象，如图5-2场景B所示。

正如所见，它不仅涉及较少的代码，而且也更好地把数据和表现分离。作为一个JavaScript开发者，你已经熟悉操作对象。剩下的就是如何通过Meteor将数据作为一个对象传递到前端。

在这个房屋保姆应用的扩展示例中，你将只依赖于四个数据源：

❑ 房屋集合（HouseCollecion）——用于服务器端的MongoDB集合，用于持久化房屋；

❑ Session.get('selectedHouseId')——用于跟踪当前选择的房屋；

❑ Session.get('notification')——用于存储和显示通知消息；

❑ LocalHouse——本地的Minimongo集合，只存在于浏览器内部，作为更新发送到服务器之前的临时数据库。

前两个已经在上一章中出现了，你将在本章中添加另外两个。你也可以去掉用于跟踪某花是否已经浇过水的按钮，因为你将只专注于客户或房屋记录管理。这样，你会使用两个列来改进布局。其中房屋文档的内容在左边，编辑表单在右边。另外，你可以在本章附带的示例代码中找到这里使用的样式。

双向数据绑定与响应性

一些流行的框架（如Angular或Ember）提出了一个称为**双向数据绑定**（two-way data binding）的概念，用户界面的变化会影响底层的数据模型，反之亦然。Meteor不依赖于这样的绑定，而是使用了响应性。但其中真正的区别是什么呢？

使用传统服务器端语言（如PHP或Java）时，应用从数据库中检索数据，将其转换为HTML并发送到浏览器进行显示。服务器可以使用一些代码，比如Ajax，查询数据库的变化，重新渲染，并发送一个更新的视图到浏览器。如果数据以表单形式显示出来，用户可以进行多次更改，并且不会影响数据库内容。事实上，表单数据必须先发送到服务器进行处理和更新。然后，服务器将数据存储在数据库，检索它，并向浏览器发送一个更新的视图。由于数据从数据提供者向消费者流动，这有时被称为单向数据绑定。

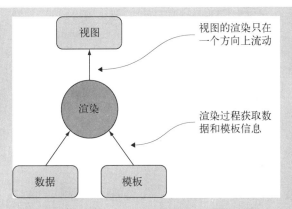

单向数据绑定

使用双向数据绑定时，数据流是连续的。视图中的每一个变化都会回流到实际数据中，反之亦然。这意味着如果一个表单字段被用户更新，则底层的数据提供者也发生了变化。如果表单数据也显示在网站上其他地方的话，这种行为是可以观察到的，因为它会立即更新。

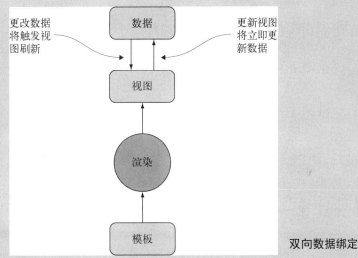

双向数据绑定

在实践中，这些双向数据绑定可能有不可预知的后果，尤其是有多个实例时，每个实例可能会触发其他实例的更新。

虽然响应性不需要与任何数据绑定相关，但它很容易用于事件监控，并在数据变化时使用计算来自动更新视图。事实上，使用响应式数据源是实现类似双向数据绑定行为的一个简单方法，它通过模板辅助函数来显示数据，使用事件来更新数据源。数据变化时，你不需要任何代码来更新视图，因为Blaze引擎会帮你做这件事。如果做得很巧妙，你甚至不需要提供代码来将数据发送回服务器，而这件事在使用客户端框架时则必须去做。

如果你需要更高级的前端功能或双向数据绑定，使用包来将Meteor与其他前端框架（如Angular或Ember）结合也是有可能的。

5.3 在本地集合中进行临时更改

第4章使用了两种不同类型的响应式数据源：Session和Collection。在实现任何响应式编辑之前，你必须决定使用哪个来保存房屋数据。你可以很容易地使用Collection对象，因为所有的房屋都已经存储在里面。这样，你可以扔掉大部分代码，数据库中总是有最新编辑的状态。然而使用服务器端Collection有两个缺点。

- 每个变化，即按键，会发起一个数据库写操作，这会给网络和服务器带来压力。单个客户没什么问题，但如果有成千上万的房屋保姆要更新他们客户的房屋，你可以预见会有大量的负荷，这最好能够避免。

- 如果不小心更改错误，将没有回滚。但你仍然希望用户可以按下一个按钮以保存数据，以避免添加复杂的撤消程序。

你可以使用Session来保存数据库对象，但这意味着你必须使用不同的方法在这些数据上工作，这影响了你重用现有的代码。

所以你需要一个中间数据存储，该存储只保存编辑过程中的数据，一旦Save（保存）按钮被单击，就将其交给Collection。要遵守第一点，你没有理由发送每一步编辑的临时的Collection内容到服务器（虽然你可以这样做，如果你想建立一个类似于谷歌文档的自动保存的变体）。为了避免任何中间格式，你可以使用Collection的一个特殊变体作为一个临时实例：一个本地的或没有同步的集合。其数据流如图5-3所示。

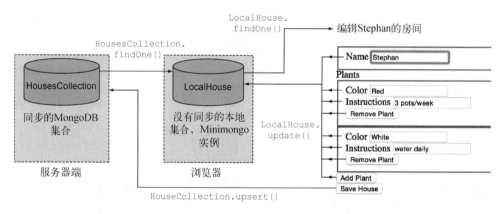

图5-3 将本地集合LocalHouse作为房屋文档的一个临时环境

本地集合的优点是，它们只存在于浏览器的内存中。这意味着它们是快速的，其写操作是廉价的，因为没有网络延迟或磁盘I/O来减慢这些操作。它还有一个额外的好处，就是所有数据和服务器上的MongoDB集合具有完全相同的格式。

说明　使用本地临时集合，需要处理服务器内容更改时导致的潜在的数据不一致性。我们将通过实现一个通知系统来解决这个问题。

作为本章开发的起点，让我们基于上一章houseSitter应用的代码，建立一个新的houseSitter2应用。需要修改的文件是客户端文件client.js和templates.html。

当你实例化一个新的未命名的`Mongo.Collection`或显式地将名称设置为`null`时，一个未同步的或本地的集合也会被建立。这可以在服务器端或客户端环境中完成：

```
LocalHouse = new Mongo.Collection(null);
```

要使`LocalHouse`集合为客户端专用，必须把代码添加到client.js文件。每个客户端都有自己的`LocalHouse`实例，单击Save按钮会触发一个推送，将更改发送到服务器（而服务器将更新所有客户端）。

你还将为`selectedHouseId`添加一个默认值以使我们的代码更容易理解，添加一个`newHouse`对象来定义数据库记录的结构。`lastsave`和`status`这两个字段，使你有更好的机会来比较本地和服务器环境中的数据。这种能力会在以后派上用场的。代码清单5-1显示了更新后的client.js文件的前几行代码。

代码清单5-1　设置本地集合

```
LocalHouse = new Mongo.Collection(null);
var newHouse = {
  name: '',
  plants: [],
  lastsave: 'never',
  status: 'unsaved'
  };
Session.setDefault('selectedHouseId', '');
```

一旦建立起集合，选择一个房屋时会在服务器数据库中进行查找，并将当前选定ID的文档插入到`LocalHouse`集合。这意味着我们需要重新审视`selectHouse`模板中的事件。

到目前为止，在下拉列表中`change`事件做的唯一事情是设置`Session`的值，让我们改进现有的代码。代码清单5-2显示了需要的更改。当给`newId`设置一个新值时，事情会变得有点复杂，我们来从内到外地看看代码。`findOne()`在`HousesCollection`集合上执行，返回一个基于当前选定ID的文档。如果选择了空的下拉选项，它将找不到文档。在这种情况下，使用`newHouse`对象来代替。无论哪种方式，在更改下拉选项后，你会得到一个文档。

因为你在处理一个现有的文档（这将需要使用`update()`）或新文档（必须使用`insert()`），所以你可以用更灵活的`upsert()`方法。如果它基于`_id`找到了一个文档，就会执行一个更新；否则，它将插入一个完整的新文档。`upsert()`在执行更新时会返回受影响文档的数量；插入新文档时，它会返回一个具有两个属性的对象：`numberAffected`和`insertedId`。无论哪种方式，返回的`insertedId`值会赋给`newId`，这将成为`selectedHouseId`的新值。如果`upsert()`不需要在本地集合中插入任何新文档，则意味着已选择ID的文档已经存在，它应作为`newId`来使用。

代码清单5-2   使用change事件将一个房屋添加到本地的临时集合

```
Template.selectHouse.events({
  'change #selectHouse': function (evt) {
    var selectedId = evt.currentTarget.value;
    var newId = LocalHouse.upsert(
      selectedId,
      HousesCollection.findOne(selectedId) || newHouse
    ).insertedId;
    if (!newId) newId = selectedId;
    Session.set('selectedHouseId', newId);
  }
});
```

插入一个新的文件，如果 _id存在，则更新它

如果没有找到文档，设置reactiveHouse-Object为newHouse对象

如果没有插入发生，你可以直接使用selectedId

现在，要向表单添加编辑功能，有两个地方需要完整的`house`细节：`showHouse`模板和`houseForm`。使用一个可以在任何模板中使用的全局辅助函数，比在编辑模板中创建另一个辅助函数来返回房屋的内容要更高效。

`Template.registerHelper()`允许你创建全局辅助函数，你将使用它来让`{{selected-House}}`可从应用的所有模板中引用（代码清单5-3）。请注意，该辅助函数不会像以前那样在服务器的数据库上执行查找，它直接从`LocalHouse`返回内容。

代码清单5-3   返回编辑对象的全局辅助函数

```
Template.registerHelper('selectedHouse', function () {
  return LocalHouse.findOne(Session.get('selectedHouseId'));
});
```

下一步你可以更新`showHouse`模板，以使用全局辅助函数而不是使用基于特定模板的辅助函数`house`。找到`{{#with house}}`标签，对它进行修改，如下面的代码清单所示。

代码清单5-4   使用`{{#with}}`设置数据上下文为全局辅助函数selectedHouse的返回值

```
<template name="showHouse">
    {{#with selectedHouse}}
        <h2>Taking care of {{name}}'s house</h2>
        ...
    {{/with}}
</template>
```

作为`showHouse`重构的总结，你可以完全删除`Template.showHouse.helpers`的代码。

如果使用下拉列表来选择一个房屋，现在它的名称和植物的细节应该像以前一样显示，只是这一次它们来自本地的集合，而不是服务器。`houseForm`现在还没有显示选定房屋的任何数据，因为它还没有数据上下文。你可以使用和上面相同的方法（添加`{{#with selectedHouse}}`到模板），或在body中包含模板时直接提供数据上下文。而后者只需要在代码中添加一个单词，不需要更多的修改：

```
{{> houseForm selectedHouse }}
```

为了保持一致性，让我们继续使用{{#with}}语法。此外，如果你以后决定将模板放入单独的文件，这样做将更容易理解给定的数据上下文，因为它包含在模板中，而不是从父模板中继承的。

5.4 在表单中显示集合数据

现在，在输入字段中还没有显示数据，所以必须向每个字段添加值属性。此外，你还需要能够显示任何数量的植物。代码清单5-5显示了更新过的代码。

为了在视觉上更好地组织表单，可将每组输入放入一个fieldset。这样，你可以很容易地知道哪个指示属于哪一种植物。此外，你会像拆分showHouse模板那样进行模板拆分。一个新的plantFieldset模板将用于每个植物。为了删除植物，你需要在每个植物的fieldset中添加一个按钮，然后在表单的Save按钮之前放置另一个按钮来添加新的植物（图5-4）。

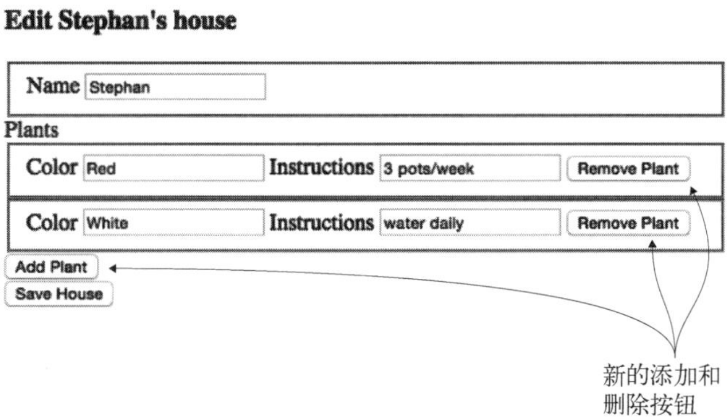

Edit Stephan's house

Name Stephan

Plants

Color Red   Instructions 3 pots/week   Remove Plant

Color White   Instructions water daily   Remove Plant

Add Plant

Save House

新的添加和删除按钮

图5-4 更新过的表单，使用fieldsets，有添加/删除植物的按钮

最后，为了在输入字段中显示现有的数据，每个输入从一个相关表达式得到新的属性值。最后，改变通用的Adding a house（添加房屋）的标题，在标题中提到当前房屋的名称（见下面的代码清单）。

代码清单5-5 在HTML表单中显示多个植物的模板代码

```
<template name="houseForm">
  {{#with selectedHouse}}
    <h3>Edit {{name}}'s house</h3>
    <form id="houseForm">
      <fieldset id="house-name">
        Name <input id="house-name" class="name" type="text"
placeholder="Name" value="{{name}}"><br/>
      </fieldset>
      <label>Plants</label>
        {{#each plants}}
          {{> plantFieldset}}
        {{/each}}
```

更改标题以引入名称

植物输入的字段集

现有的数据被赋值给value属性

使用全局辅助函数设置数据上下文

```
                    <button class="addPlant">Add Plant</button>
                    <br/>
                    <button id="save-house" data-id="{{_id}}">Save House</button>
                </form>
        {{/with}}
    </template>

    <template name="plantFieldset">
        <fieldset>
            Color <input class="color" type="text" value="{{color}}">
            Instructions <input class="instructions" type="text"
                value="{{instructions}}">
            <button class="removePlant">Remove Plant</button>
        </fieldset>
    </template>
```

添加和删除植物的按钮

现有的数据被赋值给 value 属性

让我们重新审视一下代码。你的目标是响应式数据绑定，因此必须在应用代码中以某种方式来创建映射，使得当前房屋对象的每个属性都映射到一个唯一的HTML元素。这一点是可以验证的，因为每个数据属性（如名称和所有植物的详细信息）可以正确显示。还必须有一种方式来唯一地将HTML元素映射回数据对象，这一点目前还没有做到。除了输入值，每种植物的 fieldset 看起来完全相同，所以你还需要用一个唯一的标识符来标记它。你可以定义 color 作为一个唯一的字段，并添加验证代码以确保不会有两个相同颜色的植物，但这不是一个非常强大的方法。可能有些房屋，它们有两个颜色相同的植物，因此如果要求 color 属性唯一，这将严重限制未来的开发。作为一个可行的方法，你可以通过在数组中的位置来唯一地识别每个植物。在下面的小节中，我们将介绍一个新的 index 值，该值表示一个植物在 plants 数组中的位置，你能够基于它做逆映射。

在 #each 循环中添加数组索引信息

在写这本书的时候，{{@index}}辅助函数还不存在[1]。只要它可用，你就很容易访问一个植物在数组中的位置，如下所示：

```
<template name="plants">
    {{#each plant in plants}}
        Index: {{@index}}
        Plant Color: {{color}}
</template>
```

在新的辅助函数可用之前，你需要手动实现一个解决方案，以在 each 块内部获得数组元素的索引。

你将使用一个称为 withIndex 的全局辅助函数，它会返回 plants 数组，每个 plant 为一个对象，并使用 Underscore.js 提供的 map 函数为每个对象增加一个新的 index 属性。[2]利用

---

[1] 该功能在开发分支已经可用了，所以它可能在Meteor 1.2和以后的版本中可用。

[2] Underscore.js是一个非常有用的库，它以简单的方式提供了常用的功能。更多内容可参考http://underscorejs.org/。

Underscore.js，你可将代码量保持在最小。Underscore.js是Meteor自带的，不需要手动来添加它。代码清单5-6显示了withIndex，它有一个list参数。这将是plants数组。首先，它检查plant对象（v）是否等于null。如果不等于，就为这个对象添加一个新的名为index的属性，其值为当前数组的位置（i）。新的辅助函数需要一个列表参数，它返回一个新的列表，其元素的内容和顺序与输入参数完全相同，只是为每个对象添加了一个额外的index属性。

代码清单5-6　利用Underscore.js为对象数组添加index属性

```
Template.registerHelper('withIndex', function (list) {
  var withIndex = _.map(list, function (v, i) {
    if (v === null) return;          ←──── 使用 Underscore.js
    v.index = i;                            的 map 函数来遍历
    return v;                               列表
  });
  return withIndex;
});
```

你可将任何数组对象传递给withIndex函数，然后在模板中使用{{index}}在循环中返回该对象在数组中的位置。这样一来，你可以唯一地确定#each块的每个循环及其创建的元素。在houseForm模板，调整#each块标记，将植物数组传递给withIndex函数，如下面的代码清单所示。

代码清单5-7　使用模板辅助函数向植物添加索引

```
<template name="houseForm">
  ...
  <form id="houseForm">
    ...
    {{#each withIndex plants}}       ←──── 调整这行代码，其
      {{> plantFieldset}}                   余的保持不变
    {{/each}}
    ...
  </form>
</template>
```

你还需要修改plantFieldset模板，为每个字段添加index（见代码清单5-7）。另外需要使用属性data-index来存储每个输入，而fieldset本身将使用id标识。

不再需要像前面那样，做一个基于房屋ID和植物颜色的复合ID，因为如代码清单5-8所示，增强模板以后，可以通过每个植物在当前文档plants数组中的位置唯一地确定它。现在可以有几十个红色的植物，它们共享相同的名称，但有不同的指示[①]。

代码清单5-8　添加索引信息到plantFieldset模板

```
<template name="plantFieldset">
  <fieldset>
```

---

① 如果你的植物学知识有限，让植物的颜色保持唯一或至少添加一个位置属性可能确实有用。否则，你不应该以专业的房屋保姆作为职业。

每个输入元
素都有一个
data-index

```
Color <input class="color" type="text" value="{{color}}"
 data-index="{{index}}">
Instructions <input class="instructions" type="text"
 value="{{instructions}}" data-index="{{index}}">
<button class="removePlant" data-index="{{index}}">Remove Plant</button>
</fieldset>
</template>
```

这时候，showHouse和houseForm模板都将显示每个房屋里的所有植物。现在让我们更进一步，实现拥有任意数量植物的房屋的编辑。

5.5　使用本地集合进行响应式更新

你可以使用安全网络来编辑文档，这样你的所有更改都保持在本地的浏览器中。不像其他的框架，Meteor对服务器上或本地的数据库使用不加区分，所以你可以使用在前一章学到的关于CRUD的所有操作。但这一次，你不会使用它将数据存储回服务器，而是用它来编辑文档的内容，直到你准备好将它们持久化到中央数据库。

对于编辑房屋，你将专注于两个模板和六个事件，每个模板中有三个事件。这仅涉及本地临时集合的所有操作。图5-5概述了哪个模板中会发生哪些事件。

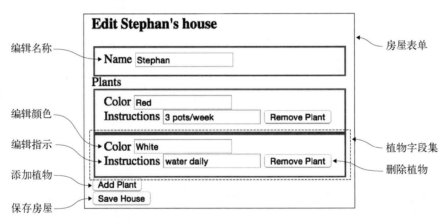

图5-5　编辑房屋涉及两个模板和六个事件

让我们看看代码。从houseForm模板的事件映射开始。编辑文档名称、添加一个新植物、保存到远程数据库是主要的函数。

因为所有的编辑事件都会触发一个update()操作，所以可以通过引入一个通用函数来执行LocalHouse的更新，以减少代码的行数。正如你知道的，集合的每个update()有两个参数：要更新的对象（文档_id参数）以及如何更新它（modifier参数）。让我们使用代码清单5-9来保持代码的简洁，将这些代码放在client.js文件最后，你不必再碰它。

代码清单5-9 更新LocalHouse集合的封装函数

```
updateLocalHouse = function (id, modifier) {
  LocalHouse.update(
    {
      '_id': id
    },
    modifier
  );
};
```

虽然_id可以很容易地从Session.get("selectedHouseId")中获得，但你还需要一些代码为每个事件构建修改器（modifier）。

5.5.1 houseForm 模板的事件映射

在应用的前一个版本中，你依靠jQuery获取表单值，并手动把它们放进对象，然后存储到集合中。这个时候你可以减少涉及jQuery的代码。代码清单5-10显示了如何以一种更简单的方式实现相同的目标。

代码清单5-10 更新房屋名称的事件映射

```
Template.houseForm.events({
  'keyup input#house-name': function (evt) {
    evt.preventDefault();
    var modifier = {$set: {'name': evt.currentTarget.value}};
    updateLocalHouse(Session.get('selectedHouseId'), modifier);
  },
  //...
});
```

evt对象可以让你访问ID为house-name的输入字段的内容。每当有按键发生时，你把name的值设置为被捕获事件currentTarget属性的value值，并将它放进正确的$set语法中，用以更新MongoDB集合。然后你使用当前文档ID和修改器来调用update()函数。为了避免浏览器重新加载页面的默认行为，必须保留evt.preventDefault()指令。

代码清单5-10的代码完成以后，house-name中input元素值的每个变化将自动更新页面上所有的name属性。每个按键会触发所有模板以新的name值进行部分重绘。模板的其余部分，如color或instructions字段，将不会重绘。

虽然事件和按钮相关，但类似的代码也可以应用于addPlant事件。然而这一次却不需要$set语法。但因为要处理一个对象数组，所以需要代码清单5-11所示的$push语法。你可以简单地新插入一个空的植物对象，以color和instructions作为它的属性。

代码清单5-11 添加一个新植物的事件映射

```
Template.houseForm.events({
  'click button.addPlant': function (evt) {
    evt.preventDefault();
    var newPlant = {color: '', instructions: ''};
```

```
    var modifier = {$push: {'plants': newPlant}};
    updateLocalHouse(Session.get('selectedHouseId'), modifier);
  },
  //...
});
```

不需要以任何方式来操作DOM，简单地改变底层数据就将更新模板。编辑name属性，以及单击按钮添加一个新的植物，都会自动更新屏幕。这是响应式数据绑定在起作用。

在继续处理plantFieldset之前，让我们来看看第三个事件：保存到远程数据库（参见代码清单5-12）。为了跟踪最后一次保存的时间，每个房屋都有个lastsave字段，它保存的是时间戳。

代码清单5-12　保存临时文档和时间戳到数据库

```
Template.houseForm.events({
  //...
  'click button#save-house': function (evt) {
    evt.preventDefault();
    var id = Session.get('selectedHouseId');
    var modifier = {$set: {'lastsave': new Date()}};
    updateLocalHouse(id, modifier);
    // persist house document in remote db
    HousesCollection.upsert(                    ◁——— 在服务器上保存
      {_id: id},                                       本地文档
      LocalHouse.findOne(id)
    );
  }
});
```

说明　因为不同的客户有不同的时钟设置，所以假设客户提供的时间戳是准确的不是个好的做法。理想情况下，用于数据库记录的时间戳应该由服务器创建。在第7章我们将介绍服务器端的方法，这将使你能够轻松地实现这一功能。

再次，你将提供一个修改器。你首先更新本地的房屋文档，然后将其发送到远程数据库。但现在你遇到一个客户端运行代码的限制：如果你成功地更新本地文件，但服务器端MongoDB更新失败，会发生什么呢？你可以（可能也应该）通过检查返回值和捕获异常来解决这个问题。再次，这是一件使用服务器端方法会更容易完成的事情，所以请记住这个限制。第7章将给你必要的工具来更高效地处理这些情况。

三个事件已经实现了，还有三个。下一个是plantFieldset模板。

5.5.2　plantFieldset 模板的事件映射

懒惰是程序员的一种美德，所以让我们只使用一个事件来改变植物的color或instructions属性吧。这样，你将免费获得植物所有可用属性的更新，比如说，你决定添加一个

location属性。这意味着你必须确定要插入到文档中的值，也要确定属性名称或在哪里插入。要唯一标识一个属性，你需要三个信息：

❑ 当前植物的索引（植物在plants数组内部的位置，比如0）；

❑ 当前植物的属性（文档中的字段名，如颜色——color）；

❑ 更新的属性值（字段的值，如蓝色——blue）。

让我们以下面的文档为例：

```
{
  name: 'Manuel',
  plants: [
    {color: 'Red', instructions: '3 pots/week'},
    {color: 'Yellow', instructions: 'keep humid'}
  ]
}
```

要把第一个植物的第一个color属性由Red改为Blue，使用下面的点符号：

```
LocalHouse.update(id, {$set: {"plants.0.color": "Blue"}});
```

正如在代码清单5-13中所看到的，首先要结合必要的标识符来访问集合中正确的元素。你可以从HTML元素的data-index属性中获得索引，它在本章的前面已经定义过。field名字和input元素的class属性相同。这些片段通过点号连接，以获取当前编辑的植物和属性。只有在使用中括号操作符时，才能在对象中使用动态连接的字段名或使用变量作为键，这就是为什么你必须首先使用字段标识符来设置plantProperty，然后再使用中括号来设置新的值，该新值可通过evt.currentTarget.value来访问。

代码清单5-13　更新植物属性的事件映射

```
Template.plantFieldset.events({
  'keyup input.color, keyup input.instructions': function (evt) {
    evt.preventDefault();                                              ← 和平常
    var index = evt.target.getAttribute('data-index');                  一样执
    var field = evt.target.getAttribute('class');                       行更新
    var plantProperty = 'plants.' + index + '.' + field;   ←
    var modifier = {$set: {}};
    modifier['$set'][plantProperty] = evt.target.value;    ← 为植物和
                                                              属性合成
    updateLocalHouse(Session.get('selectedHouseId'), modifier);  确切的ID
  }
});
```

使用中括号操作符设置新的值

MongoDB让你可以在集合中以不同方式操纵数据，但不幸的是，没有一个简单的方法能从plants数组中删除一个植物对象[①]。而这正是removePlant按钮所需要做的。要绕过这个限制，首先要把所有的植物放在一个数组中，然后拼接，再将修改后的plants数组存储到文档中。

[①] MongoDB中的这一限制为"从数组中删除一个值的修改器"（https://jira.mongodb.org/browse/server-1014），其历史可追溯到2010年。

因为你在plantFieldset模板中，所以当前的数据上下文仅限于一个植物对象。要读取整个plants数组，可以在本地集合中执行另一个查找。该集合在浏览器内，并没有网络延迟会影响查找，所以可以使用以下方法来获得当前选定房屋的所有植物：

```
LocalHouse.findOne(Session.get('selectedHouseId')).plants
```

或者，可以使用全局的Template对象访问上一级数据上下文：

```
Template.parentData(1).plants;
```

如果没有参数，它的默认值为1，这意味着上一级数据上下文被引用。你可以根据需要添加到多层，并通过将其名称添加到语句中来访问所需要的数据。上面的代码相当于在模板内使用{{../plants}}。

一旦以JavaScript数组的形式从房屋文档中获取了所有的植物，就可以使用splice来提取HTML按钮相关索引指定位置的元素。这将得到删除一个元素的数组，该数组将用于modifier。下面的代码清单显示了用于删除植物的事件映射。

代码清单5-14　删除植物

```
Template.plantFieldset.events({
  'click button.removePlant': function (evt) {
    evt.preventDefault();
    var index = evt.target.getAttribute('data-index');
    var plants = Template.parentData(1).plants;
    plants.splice(index, 1);
    var modifier = {$set: {'plants': plants}};

    updateLocalHouse(Session.get('selectedHouseId'), modifier);
  },
  //...
});
```

所有的植物都
放入一个数组

可以使用splice
删除一个数组
元素

这些是对现有房屋进行完整编辑需要的所有事件。它们和selectHouse事件中提供的代码一起，构成了一个足够灵活的方法，也可用于创建新房屋，这时你只需从下拉菜单中选择"空选项"就可以了。

说明　我们还没有详细讨论，但删除一个房屋时，请确保把它从HousesCollection和Local-House中都删除了。在讨论下一个部分之前，先做这个简单的修复。

该应用在可用性方面仍然缺乏一点东西。当你刚接了一个冗长的电话后，你如何判断浏览器上的文件是否已经被你修改过？更糟的是，如果一个同事修改了你正在编辑的同一个房屋，并且保存了修改，而你却不知道，这将会发生什么？你可以用一个基本的通知系统[①]来大大改进这个应用，这个系统将在数据库内容有更新时，提供和保存一些提醒和警告。

---

① 当我们在第9章谈论包的时候，你会看到一个实现通知系统的更有效的方法。

5.6 实现一个简单的通知系统

允许多个用户同时编辑相同数据的任何应用都必须处理并发的存储。如果你开始编辑一个房屋，当你还在编辑的时候，有人进行了更新，这时会发生什么呢？让我们假设Manuel和Stephan都在编辑相同的房屋文档，如图5-6所示。Stephan在他的家里更新了植物，文档包含了三种植物：红色、橙色、白色。当他完成后，他将更改保存到服务器上。同时，Manuel已经开始编辑Stephan编辑过的房屋。他只看到一个本地副本，只有两种植物：红色和蓝色。数据库内容已经发生了变化，那么Manuel的视图应该发生一些什么变化呢？一种可能是，丢弃所有的本地修改，使用文档的最新状态响应式更新视图。自动这样做不是一个理想的解决方案，其结果是用户体验差；这可能会使Manuel很沮丧，因为他会觉得他丢失了重要的数据。也许他的数据比Stephan的更新。

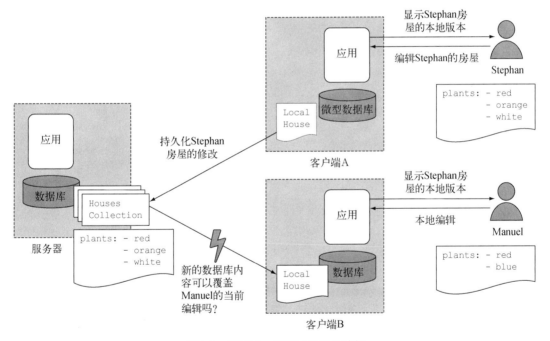

图5-6 处理同一所房屋的并发编辑

许多情况下要避免即时更新，比如，考虑一个简单的方法来提供反馈以取消编辑，或者为保持一定程度的一致性，文档只能被完整地修改时。

无论哪种方式，如果没有方法在同一时间协同更新文档，并且直接合并更新到文档，那么更好的方法是使用通知消息来说明Manuel打开的本地副本已经过时了。

除了要有一个区域来显示通知外，你还需要一个触发器来确定什么时候显示消息以及显示什么消息，因此你需要扩展本地文档的update()操作，用status属性来显示文档是否已被修改。同时还要避免覆盖别人的修改。为此，你要实现一个通知，当远程数据被其他人更改时会出现。

有许多方法来实现它，在这一章，你将依靠lastsave属性来确定当前正在编辑的文档是否已经被其他人修改过。

通知的第二个用例是为了防止用户不小心丢弃已编辑的文档。所以你也会建立下拉列表的安全网，不会让用户在当前页面有未保存的修改时切换房屋。

5.6.1 添加通知模板

所有通知将显示在页面的顶部。如果没有要显示的消息或警告，通知区域将不可见。show-House和formHouse模板已经使用了类似的方法，如果没有数据上下文，它们将不会被渲染。

你将使用一个额外的模板notificationArea来检查是否存在一个notification对象。如果有的话，将使用它的样式和文本属性向用户显示一个消息。下面的代码清单显示了模板的代码。

代码清单5-15 使用模板来显示通知

```
<template name="notificationArea">
  {{#if notification}}
    <p class="{{notification.type}}">{{notification.text}}</p>
  {{/if}}
</template>
```

你可以通过使用{{> notificationArea}}在你喜欢的地方嵌入这个模板，比如在表单模板中或在页面的顶部。

5.6.2 添加状态属性

引入一个新的status属性，这是跟踪房屋文档状态的最好方法。它有以下三个状态。

❏ **HouseCollection和LocalHouse**中某个文档的内容相同。这不需要通知。如果用户只看内容，不使用表单进行任何更新，就没有必要显示实际文档内容以外的任何通知。

❏ **LocalHouse**具有本地的或没有保存的更新，但远程文档没有改变。如果只有本地编辑，必须显示警告，说明当前页面有未保存的更改，离开当前页面会丢掉数据。

❏ 当你在编辑当前文档时，远程文档已经更新了。在这种情况下，远程数据库包含较新的内容，而不是用户当前在浏览器中看到的内容。警告信息必须告诉用户，现在保存将覆盖服务器上的一个新版本。

当用户选择一个新房屋时，第一个状态是初始状态。它不需要任何额外的代码，我们来看第二种情况：识别未保存的更改。

要添加状态，你将扩展已经用于LocalHouse.update()操作的修改器。在大多数情况下，给$set语句添加一个新的键值对就足够了。添加植物使用$push运算符，所以你必须为修改器添加一个专用$set语句。对于color和instructions事件，你还将使用中括号向更新修改器添加状态。保存按钮将状态设置为saved，所以要确保设置正确的状态。下面的代码清单显示了在事件映射中必须存在的代码。

代码清单5-16　在更新修改器中添加状态

```
Template.houseForm.events({
  'click button#save-house': function (evt) {
    //...
    var modifier = {$set: {'lastsave': new Date(), 'status': 'saved'}};
  },
  'click button.addPlant': function (evt) {
    //...
    var modifier = {$push: {'plants': newPlant}, $set: {'status':
      'unsaved'}};
  },
  'keyup input#house-name': function (evt) {
    //...
    var modifier = {$set: {'name': evt.target.value, 'status': 'unsaved'}};
  }
});

Template.plantFieldset.events({
  'click button.removePlant': function (evt) {
    //...
    var modifier = {$set: {'plants': plants, 'status': 'unsaved'}};
  },
  'keyup input.color, keyup input.instructions': function (evt) {
    //...
    modifier['$set'].status = 'unsaved';
  }
});
```

Save按钮
设置status
为saved

$push和$set
可以在一个操
作中完成

使用中括号运算符
添加状态字段

表单内容的每个更改将不仅触发一个LocalHouse的更新，它也将设置status属性为unsaved。单击**Save**按钮或选择另一个房屋应该重置当前状态。

5.6.3　使用会话变量触发通知

可以很容易使用一个辅助函数来确定不同的状态并返回实际显示的文本和样式，但在这一章中，你将使用一个专用的Session变量来触发消息。保持代码分离将使未来扩展代码更简单，因为只需要更新一个位置。代码清单5-17中的代码现在应该看起来很熟悉，它是一个简单的辅助函数，返回Session变量notification的内容。

代码清单5-17　基于会话变量显示通知的辅助函数

```
Template.notificationArea.helpers({
  notification: function () {
    return Session.get('notification');
  }
});
```

Session变量的内容必须基于简单的条件变量进行设置。不需要介入到更新修改器，你可以使用一个计算来检查某些条件。如果这些条件都满足，它会响应式地设置正确的通知内容。

早些时候，你用Tracker.autorun建立过一个响应式计算。这一次你可以把它限制在

houseForm模板，因为这是唯一一个可能触发状态更新的地方。在模板上下文中使用autorun的优势是，一旦模板被销毁，autorun函数也会被销毁。我们在第4章讨论了created回调函数的钩子：

```
Template.houseForm.onCreated(function () {
  this.autorun(function () {
    // do stuff
  })
});
```

autorun中，你将检查两个条件。

❑ 一个房屋文档是否被选择，它的status是不是等于unsaved？若是，就设置通知消息为一个保存提醒。

❑ 远程文档的lastsave时间戳是否比本地临时文档新？若是，就将通知信息设置为警告。

如果这些条件都没有被满足，那就不会有任何通知，你可以安全地进行工作。代码清单5-18说明了如何在client.js中进行检查。因为Session对象可以保存整个对象，所以你可以通过Session.set()同时存储通知的type以及text属性。

代码清单5-18 在autorun中设置通知

```
Template.houseForm.onCreated(function () {
  this.autorun(function () {
    if (HousesCollection.findOne(Session.get('selectedHouseId')) &&
      LocalHouse.findOne(Session.get('selectedHouseId')).lastsave <
      HousesCollection.findOne(Session.get('selectedHouseId')).lastsave) {
      Session.set('notification', {
        type: 'warning',
        text: 'This document has been changed inside the database!'
      });
    } else if (LocalHouse.findOne(Session.get('selectedHouseId')) &&
     LocalHouse.findOne(Session.get('selectedHouseId')).status === 'unsaved') {
      Session.set('notification', {
        type: 'reminder',
        text: 'Remember to save your changes'
      });
    } else {
      Session.set('notification', '');
    }
  })
});
```

检查文档是否已经在服务器上，是不是更新

检查本地文档是否有未保存的状态

打开两个浏览器，检查代码是否按预期工作（参见图5-7）。如果在两个浏览器中打开同一个房屋并开始编辑，你会看到一个绿色[①]的消息文本，它告诉你记得保存你的修改。当你一旦在一个浏览器中保存修改，另一个浏览器会在红色背景上告诉你，数据库中的该文档已被修改了。

———————————

① 当然，如果你把本章代码中的CSS类放进你的styles.css文件，消息才会是绿色的。

图5-7　远程更改将触发一个警告消息，提醒内容已被修改

　　现在你可以对这个相当简单的解决方案作出改进。可能的改进包括分列显示远程和本地文档，以便用户很容易看到差异。而这只需要在showHouse模板中显示HousesCollection的内容，并在houseForm中显示LocalHouse的数据。你甚至可以高亮显示不同的字段，以给出更多的指导。我们已经介绍了足够的基础知识，现在你应该能够自己改进这个应用了。

　　如果想包含谁改变了文档的信息，你必须首先了解用户的概念以及Meteor如何处理它们。在下一章将学习如何处理用户和认证，并学习如何限制用户只能编辑某些字段或文档。

5.7　总结

　　在这一章中，你学到了以下内容。
- 本地集合是不同步的，可以像普通的数据库那样使用，即使它们只存在于浏览器的内存中。这意味着它们不受网络延迟或磁盘性能的影响。
- 使用集合和模板之间的响应式数据绑定后，不需要手动更新DOM。简单地更新数据源会触发视图更新。
- 响应式数据绑定与其他框架中的双向数据绑定具有类似的效果。
- Blaze模板不能返回数组索引位置，需要一个辅助函数。
- Session可以用来实现一个简单的通知系统。

第 6 章

用户、认证和权限 6

本章内容

❏ 让用户可以通过用户名/密码进行注册
❏ 连接到SMTP服务器发送电子邮件
❏ 定制账户相关的电子邮件消息
❏ 通过Facebook添加OAuth认证
❏ 使用allow/deny来管理权限

一旦应用被连接到一个或多个数据源，它就可以显示动态的内容。要为不同用户定义个性化的内容，应用需要知道是谁在请求数据。最可能的情况是一些用户能够添加内容，但会有些限制，比如什么数据可以访问以及可以用它来做什么。

因为这些原因，本章将介绍用户和账户的概念。到现在为止，我们一直保持着相当简单的开发方式，即假定只有一种类型的用户：匿名用户。除非应用可以识别某个用户为特定用户，否则我们不能为用户显示特定的内容。

确定一个用户的过程称为认证（authentication）。在这一章中我们将讨论如何让用户在应用中注册，如何使用用户名和密码组合来识别用户，以及如何通过使用现有的服务（如Facebook、Twitter或GitHub）来验证用户并进行登录。

账户相关的第二个主要概念是授权（authorization），它将为每个应用引入安全的基础。其最简单的形式是：登录用户和匿名用户可能会被区别对待。通常，应用需要更细粒度的方式来定义权限，因此会员及管理员等角色将成为重要的概念。

本章你将学习如何在应用中添加用户，其方法是使用Meteor核心功能中的密码认证和OAuth。从注册、编辑用户个人信息到删除账户，每一步都将会讨论。你将会利用在第4章所学到的知识，使用Collection允许用户交换消息，并为删除和查看消息等细粒度的操作设置权限。

为了探索用户相关的功能，你将再构建一个小应用。Meteor不需要特定的文件结构。在本章中，你将使用图6-1所示的结构。

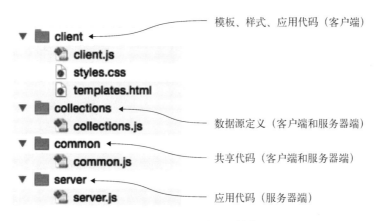

图6-1　userApp应用的结构

首先创建一个新的项目，然后如图6-1那样设置文件和文件夹。设置好以后，我们将从用户处理中的身份认证开始。

6.1　将用户加入应用

我们的应用应该能够知道谁正在使用它。这将是以后可以授予、限制访问及功能的基础。幸运的是，Meteor可以很容易地实现添加用户功能，几乎不需要任何代码。

在Web上添加用户最常见的情况是为了让访客注册。这将使他们从客人变成用户。你将使用电子邮件地址或用户名作为标识符，并通过密码验证用户。

用户管理的基本工作流程如下：

(1) 用户注册；

(2) 用户登录；

(3) 重置用户密码。

6.1.1　添加密码认证

并不是每个应用都需要账户，所以账户功能在新建的项目中是不可用的。然而这个功能是Meteor核心包的一部分，可以使用CLI工具来快速地添加它。下面的命令将扩展现有的应用，允许用户注册、登录并执行基本用户工作流程中的所有相关操作：

```
$ meteor add accounts-password
$ meteor add accounts-ui
```

第一个命令添加了使用密码的功能。第二个命令增加了用户操作（注册/登录/密码重置）模板和相关的样式信息。如果你希望在模板中使用自己的样式，不希望应用默认的样式，可添加`accounts-ui-unstyled`。

这两个命令将确保所有的依赖关系都会得到满足。例如，`accounts-password`包使用户可以重置密码。要进行密码重置，需要email模块来将密码重置链接发送给用户，因此这个模块也会被添加到应用中。另外，使用默认的登录界面风格时需要LESS的预处理，所以less包也会被添加。Meteor将在命令行上显示哪些包被添加的详细信息。在项目文件夹下的.metero/package文件中可以找到所有包的信息。

添加这些包以后，再次启动Meteor服务器。

添加用户模板

现在在client/templates.html文件中可以添加用户相关的子模板。accounts-ui包中包括所有需要的模板，你只需要在现有模板中的某个位置添加一个包含标签，如代码清单6-1所示。

说明　本章的代码中，我们使用meteor add twbs:bootstrap添加了Bootstrap 3以提供更好的外观和感觉。我们没有使用默认的accounts-ui包，而是使用了ian:accounts-ui-bootstrap-3包,,它可以很好地和Bootstrap 3集成在一起。

代码清单6-1　添加登录按钮（loginButtons）

```
<head>
  <title>Working with users</title>
</head>
<body>
  <div class="container">
    <div class="navbar">
      {{>loginButtons }}          ← 这包含了实际
    </div>                           的用户模板
    <h1>Working with users</h1>
  </div>
</body>
```

图6-2显示了如何将登录功能呈现给用户。loginButtons模板创建了一个可扩展的框架，它在单个容器中提供了登录、注册和密码重置功能。当用户单击Sign In（登录）时，会打开对话框，其中提供了三个按钮。默认情况下，用户通过电子邮件地址和密码来识别确定。使用Accounts.ui.config可配置是否需要用户名，或者可以使电子邮件地址为可选项目。

在我们改变默认行为之前，先使用登录框注册第一个用户。

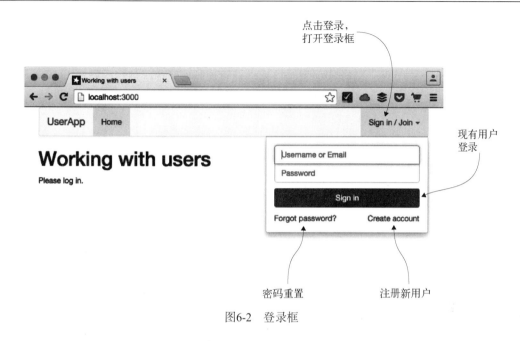

图6-2　登录框

6.1.2　注册和密码重置

　　理想情况下，应用的注册过程应尽可能简单和快速。这会鼓励用户注册，如果其中涉及多个步骤，则用户可能会取消注册过程。因此，Meteor默认的用户注册过程只需要最少的用户信息。一旦用户注册成功，你可以提醒他们填写个人信息或回答更多的问题。

　　注册用户最简单的方法是要求提供他们的电子邮件地址和密码。这两个部分已足够唯一地识别用户，并在一定程度上保护他们账户的安全。accounts-password包要求所有的密码至少有六个字符长。

　　使用登录框，填写这两个信息，注册你的第一个用户。然后点击登录按钮下面的创建账户（Create account）链接。注意现在那个大的登录按钮也将显示为Create Account（图6-3）。就这样，你注册了应用的第一个用户。

图6-3　使用登录框创建账户

1. 用户集合

用户是应用的长期存储，所以存储在数据库集合中。使用meteor run启动Meteor服务，打开Robomongo或在另一个终端中使用meteor mongo来访问数据库。在数据库shell中，像这样查询users集合的内容：

```
db.users.find();
```

警告   有数据库用户和应用用户之分。应用用户存储在一个真实的Collection中，而不是你在Robomongo中看到的特殊用户文件夹中。数据库用户需要在连接Meteor和MongoDB时使用，通常这种类型的用户只需要一个。

现在当查看一个用户文档时（参见代码清单6-2），它包含四个顶级字段。

❑ _id——保存每个用户唯一的数据库ID，也可以通过Meteor.userId()来访问。

❑ createdAt——用户在应用中创建/注册的时间戳。

❑ emails——与用户关联的一个或多个地址的数组。每个电子邮件地址只属于一个用户，可以是验证过的或没有验证过的。

❑ servers——一个对象，包含特定登录服务所使用的数据，如忘记密码链接时使用的令牌。

代码清单6-2   存储在用户集合中的单个用户文档

```
{
    "_id" : "xcwYNyvMhP8rq6EPp",
    "createdAt" : ISODate("2015-05-22T12:47:33.821Z"),
    "emails" : [
        {
            "address" : "stephan@meteorinaction.com",
            "verified" : false
        }
    ],
    "services" : {
        "password" : {
            "bcrypt" : "$2a$10$OsFJKxSApp68T9elfjKvtXBdBP...SnY"
        },
        "resume" : {
            "loginTokens" : [
                {
                    "when" : ISODate("2014-12-26T09:24:51.382Z"),
                    "hashedToken" : "sAMzRZMnqWrmXbmOCm7cpKzG5JR5qf...8f9bUTo="
                }
            ]
        }
    }
}
```

对于每个身份验证提供程序，services字段保存执行身份验证所需的信息。默认情况下，密码存储时使用bcrypt加密算法，这也是BSD和许多Linux系统中使用的密码哈希算法。

存储在用户文档中的字段没有任何限制，所以你可以用自己喜欢的方式扩展它。还有另外两个标准的字段，可以在需要时填写：`username`和`profile`。因为注册过程不需要用户设置`username`，所以你不会在这个例子中使用这个字段。`profile`字段包含一个对象，默认情况下，关联用户对该对象有完全的读取和写入权限。这个对象是存储真实名字、简历文本或电话号码等的默认地方。

为了让用户分享社会信息以及保护他们的身份，你需要用户提供用户名并确保所有的用户都有个人信息，他们可以用喜欢的方式来填写个人信息。

2. 配置注册过程

登录框仅在客户端上可用，因此相应的配置也需要在客户端上下文中进行。通过调整`Accounts.ui.config`对象的`passwordSignupField`设置，你可以要求用户在注册过程中提供用户名。正如表6-1所示，每个设置有不同的要求，其中列出了注册过程中必须提供的字段。

表6-1　**passwordSignupFields**的可能值

设　　置	用户名	电子邮件
USERNAME_AND_EMAIL	强制性的	强制性的
USERNAME_AND_OPTIONAL_EMAIL	强制性的	可选择的
USERNAME_ONLY	强制性的	N/A
EMAIL_ONLY	N/A	强制性的

在本章中，我们将假设每个用户都有一个用户名。电子邮件地址对我们来说并不重要，如果用户不希望有重置密码的功能，我们不会强制要求用户提供一个地址。代码清单6-3显示了如何配置应用，使其在注册过程中要求提供用户名和一个（可选）电子邮件地址。

代码清单6-3　配置注册过程，要求提供用户名和电子邮件

```
Accounts.ui.config({
  passwordSignupFields: 'USERNAME_AND_OPTIONAL_EMAIL'
});
```

请记住，这个配置代码位于某个不在服务器上执行的文件中，或者至少是包在一个`Meteor.isClient`块中。如果不这样做，应用将产生错误。我们把它放在client/client.js中。

当配置完成时，创建一个新账户的登录框将显示四个字段，而不是两个，如图6-4所示。因为用户可能决定不提供电子邮件地址，这样他们将无法重置密码，所以确保他们输入正确的密码很重要。基于这个原因，这里有一个密码验证字段，这个字段在强制使用电子邮件地址时不会显示。

如果现在注册新用户时不使用电子邮件地址，你会发现MongoDB集合里面没有`emails`字段。这是因为空字段不会在NoSQL数据库中创建。这不同于MySQL这样的关系数据库中使用的固定模式表格。新的字段可以在任何时候添加，因此不需要在文档中存储空的字段。

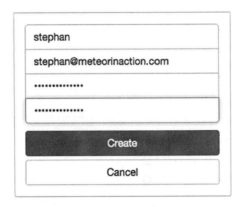

图6-4   创建账户时，强制使用用户名而电子邮件地址可选

3. 扩展账户的创建过程以添加新的个人信息

在Web页面注册新用户时，表单数据发送到服务器进行处理，然后存储在MongoDB集合中。为了扩展默认的行为，可以在用户创建过程中插入钩子函数，用来检查或增强将要存储的数据。这时可使用`Accounts.onCreateUser()`函数，它以一个函数为参数。这个参数函数在每次创建新用户时被调用，使你能够控制新用户文档的内容。函数本身使用两个参数：`options`和`user`。

```
// server.js
Accounts.onCreateUser(function (options, user) {
  user.profile = options.profile;
  return user;
});
```

`options`对象来自身份验证提供者，在当前情况下就是`accounts-password`。它来自客户端，是不应该被信任的。默认情况下，`onCreateUser`简单地将`options.profile`复制到`user.profile`，返回一个`user`对象，该对象表示数据库中新创建的用户文档。

如果要为每个新用户添加个人信息，你需要将代码放在server/server.js文件中（或`Meteor.isServer`块内）。让我们保持`onCreateUser`的默认行为，将身份验证提供者的个人信息复制到用户文档。使用密码时，还没有个人信息数据，但当你稍后使用Facebook或Twitter添加外部登录时，就可以使用它们传递过来的个人信息。如果注册过程没有提供个人信息，你可以添加一个空的对象。返回用户文档之前，一个新的个人信息属性`rank`将被添加到每个用户，这使他们成为一个"白腰带"[1]，所需的代码如下所示。

代码清单6-4   为新用户添加个人信息

```
// server.js
Accounts.onCreateUser(function (options, user) {
  if (options.profile) {
    user.profile = options.profile;
```

---

[1] 我们将在这里使用大多数武术的排名系统，用户从白色腰带开始，向黑色腰带发展。

```
  }
  else {
    user.profile = {};
  }
  user.profile.rank = 'White belt';
  return user;
});
```

从现在开始，所有注册用户的用户文档中都将有一个个人信息字段。但已有的用户并不受到这种变化的影响，这是因为他们已经走过了createUser阶段，不会受到上面这个新功能的影响。

提示 如果要清除数据库，使用命令meteor reset。这样将清空所有的集合，你可以从0个用户开始。

6.1.3 设置邮件

特别地，当注册需要电子邮件地址时，你要确保该地址是有效的。对于重置密码，Meteor服务器必须能够发送电子邮件给用户。如果不配置emails包，所有的消息将显示在服务器控制台上，但不会发送实际的邮件（参见图6-5）。

```
●●●                              userApp
=> App running at: http://localhost:3000/
I20141113-10:44:10.289(1)? ====== BEGIN MAIL #0 ======
I20141113-10:44:10.338(1)? (Mail not sent; to enable sending, set the MAIL_URL environment variable.)
I20141113-10:44:10.339(1)? MIME-Version: 1.0
I20141113-10:44:10.339(1)? From: "Meteor Accounts" <no-reply@meteor.com>
I20141113-10:44:10.339(1)? To: stephan@yauh.de
I20141113-10:44:10.339(1)? Subject: How to reset your password on localhost:3000
I20141113-10:44:10.339(1)? Content-Type: text/plain; charset=utf-8
I20141113-10:44:10.340(1)? Content-Transfer-Encoding: quoted-printable
I20141113-10:44:10.340(1)?
I20141113-10:44:10.340(1)? Hello,
I20141113-10:44:10.340(1)?
I20141113-10:44:10.340(1)? To reset your password, simply click the link below.
I20141113-10:44:10.341(1)? http://localhost:3000/#/reset-password/LmpvMrBoEOBTlkdamjiomi-WC6luwN3LELCW98Pr6Dr
I20141113-10:44:10.341(1)?
I20141113-10:44:10.341(1)? Thanks.
I20141113-10:44:10.341(1)?
I20141113-10:44:10.341(1)? ====== END MAIL #0 ======
```

图6-5　除非配置了电子邮件服务器，否则Meteor将在服务器控制台上显示电子邮件

正如你在图6-5中看到的，Meteor需要MAIL_URL环境变量来保存SMTP服务器的连接字符串。使用环境变量是个快速调整配置值的好方法。和把邮件服务器配置添加到文件中比起来，它在大多数时候提供了更多的透明度。

1. 添加邮件服务器

连接到邮件服务器的连接细节被认为是高度敏感的。你不希望任何人找到你的邮件服务器凭

证，然后开始用你的机器发送垃圾邮件。为了避免让所有用户看到这个登录信息，请一定不要在
Meteor.isServer块中配置邮件服务器，应该使用server目录下的一个专用文件来进行配置。

　　Meteor使用各种环境变量来进行配置，这在第12章中会进行概述。所有环境变量可以在启动
时直接传递到服务器上，也可以在代码中使用process.env.<环境变量的名字>来设置环境变量。
要设置MAIL_URL为一个有效的邮件服务器，你需要把相关命令放在Meteor.startup()函数
中，这样每次Meteor服务器启动时它就会被执行。为了保持代码的干净，你需要使用变量来设置
username、password、server和port，而不是直接写SMTP连接字符串。一些字符在连接字
符串中需要转义，因此每个变量都会被encodeURIComponent处理。

　　一旦把代码清单6-5的代码添加到你的应用，你的应用将能发送电子邮件，比如向所有提供
了邮件地址的用户发送密码重置链接。务必根据自己的邮件服务器配置调整变量的值。

代码清单6-5　在server/smtp.js中配置SMTP服务器

```
Meteor.startup(function () {
  smtp = {
    username: 'yourmail@gmail.com',        根据你的SMTP
    password: 'mySecretPassword',          服务器，调整这
    server: 'smtp.gmail.com',              些值
    port: 587
  };
  process.env.MAIL_URL = 'smtp://' +
              encodeURIComponent(smtp.username) + ':' +
              encodeURIComponent(smtp.password) + '@' +
              encodeURIComponent(smtp.server) + ':' +
              smtp.port;
});
```

现在，该应用就能够发送电子邮件，你可以鼓励用户注册时验证他们的邮件地址。

提示　通过SMTP发送邮件需要明文传递密码。为了更好的安全性，你可以使用环境变量而不是
　　　使用文件来存储密码，或使用监听smtp://localhost:25的本地sendmail服务，它不
　　　需要密码。

---

2. 发送电子邮件地址验证邮件

　　再次，你会使用onCreateUser来注册一个钩子函数，在用户注册之后，尽快发送一封验证
邮件。相应的函数为sendVerificationEmail，它需要两个参数：用户ID和一个可选的电子邮
件地址。

```
Accounts.sendVerificationEmail(user._id, email);
```

　　通常只有第一个参数是必要的，因为地址将是用户文档的一部分。但因为你不要求用户提供
电子邮件地址，所以你应该小心，当用户没有邮件地址时，不要试图发送电子邮件。此外，如果
直接钩进到用户创建过程中，你必须等待Meteor创建用户文档之后才可以访问它。

代码清单6-6中显示的代码首先检查用户是否提供了电子邮件地址，然后设置2秒的等待，等待账户被创建，最后发送验证电子邮件。

代码清单6-6　在创建用户时发送验证电子邮件

```
Accounts.onCreateUser(function (options, user) {
    //...
    user.profile.rank = 'White belt';
    if (options.email) {                              只有用户提供了
        Meteor.setTimeout(function () {               地址才这样做
            Accounts.sendVerificationEmail(user._id);    给Meteor最多2秒
        }, 2 * 1000);                                     来创建一个用户
    }                                                     文档
    return user;               发送验证
});                            电子邮件
```

3. 定制邮件

Meteor中，所有账户相关电子邮件的发送者、邮件主题和正文都有默认设置。你可以使用喜欢的文字来调整它们。表6-2解释了如何在 `Accounts.emailTemplates` 对象内部访问这些设置。也可参考代码清单6-7，看看它们是如何使用的。

表6-2　调整账户相关电子邮件的可用字段

字段名称	描　　述	注　　记
siteName	应用的名称，如"Meteor in Action App"	默认值：应用的DNS名称，如usersApp.meteor.com
from	RFC5322兼容的发件人姓名和地址	默认值：Meteor账户 no-reply@meteor.com
resetPassword	包含三个字段，每个接受一个函数：subject、text、html	text与subject是必需的，html是可选的
enrollAccount	包含三个字段，每个接受一个函数：subject、text、html	text与subject是必需的，html是可选的
verifyEmail	包含三个字段，每个接受一个函数：subject、text、html	text与subject是必需的，html是可选的

正如你所看到的，accounts-password包定义了它可以发送的三种不同类型的电子邮件。你可以通过使用相应的发送函数来手动触发它们：

```
Accounts.sendResetPasswordEmail()
Accounts.sendEnrollmentEmail()
Accounts.sendVerificationEmail()
```

在用户创建过程中，服务器发送一封验证电子邮件。让我们自定义这个验证电子邮件的主题和内容。为简单起见，你可以把代码清单6-7的代码添加到现有的server/smtp.js文件，或使用一个专用的文件server/mailTemplates.js。它必须在服务器环境中运行，否则浏览器将抛出错误。

代码清单6-7   自定义账户电子邮件模板

调整站点
名称不会
影响用户
必须点击
的URL

```
Accounts.emailTemplates.siteName = 'Meteor in Action userApp';
Accounts.emailTemplates.from = 'Stephan <stephan@meteorinaction.com>';

Accounts.emailTemplates.verifyEmail.subject = function (user) {
  return 'Confirm Your Email Address, ' + user.username;
};

Accounts.emailTemplates.verifyEmail.text = function (user, url) {
  return 'Welcome to the Meteor in Action userApp!\n'
  + 'To verify your email address go ahead and follow the link below:\n\n'
  + url;
};

Accounts.emailTemplates.verifyEmail.html = function (user, url) {
  return '<h1>Welcome to the Meteor in Action userApp!</h1>'
  + '<p>To <strong>verify your email address</strong> go ahead and follow the
    link below:</p>'
  + url;
};
```

用户将看到
这是所有电
子邮件的发
件人

定义验证
电子邮件
的内容

尽管你很容易定义HTML电子邮件，但是请记住，文本和HTML都会发送给收件人。如果他们设置了他们的电子邮件客户端优先显示纯文本的内容，他们将看不到html函数中定义的内容。因此，请确保text和html模板中总是包含相同数量的信息。

现在注册为一个新用户时，你将收到一封自定义的电子邮件，其中有个人验证链接。你可以看到它仍然指向http://localhost:3000。部署应用时，你必须通过环境变量设置正确的URL。如果使用meteor deploy，它会自动帮你设置。如果使用其他不同的方法来部署应用，你必须把ROOT_URL设置为正确的网址，方法是启动Meteor时设置环境变量的值，如下所示：

```
$ ROOT_URL='http://www.meteorinaction.com' meteor run
```

或者，你可以将它添加到代码，并将其包在startup块中：

```
// server.js
Meteor.startup(function () {
  process.env.ROOT_URL = 'http://www.meteorinaction.com';
});
```

6.2   使用 OAuth 认证用户

通常，用户名和密码不是用户登录应用的唯一选择。使用一个现有的账户登录到网站降低了注册的门槛，它不需要用户键入任何信息。此外，它简化了应用的使用，因为不需要记住额外的用户名和密码。

Meteor的发行版中带有多个用户认证提供程序，允许用户使用社交网站用户而不是本地用户登录。这些网站包括：

❑ Facebook

❑ GitHub
❑ Google
❑ Meetup
❑ Meteor Developer Account
❑ Twitter
❑ 微博

所有这些都基于OAuth，它以复杂的方式将认证数据从一个站点传递到另一个。许多社区软件包也可以使用其他认证机构进行认证，如LinkedIn或Dropbox。每个OAuth提供者的基本工作原理都是一样的，所以我们不会逐个讨论。

6.2.1　OAuth 介绍

开放式认证（Open Authentication，OAuth）机制自2007开始已经流行于Web应用中。背后的主要想法（参见图6-6）是使用诸如Facebook之类的服务提供程序来对用户进行身份验证，并允许第三方应用访问通过身份验证用户（访问授权）的特定信息。这些特定信息可能是简单的用户名或更敏感的信息，如朋友或允许在用户墙上发布文章。

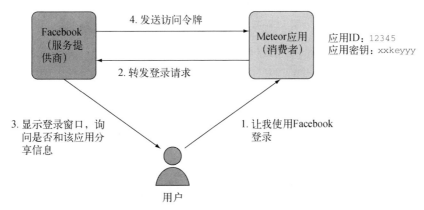

图6-6　使用Facebook作为服务提供者的OAuth流程

如图6-6所示，每个OAuth情景中有三个主要部分：

❑ 一个服务提供商，如Facebook或Twitter；
❑ 一个消费者，如你的Meteor应用；
❑ 用户，比如一个现有的Facebook用户希望登录到你的Meteor应用。

许多网站可以作为OAuth的服务提供商。我们将以Facebook为例来说明这个过程。我们的Meteor应用必须连接到Facebook。通过在Facebook的开发者网站上创建一个新的应用，可以做到这一点。为了验证我们的应用不是一个恶意脚本，它使用相应的应用标识（application ID）和密钥（secret key）来识别自己。这基本上就是我们Meteor服务器进程的用户名和密码。一旦连接建立，我们就可以让用户用他们的Facebook账户登录。

不需要在我们的Meteor应用中输入任何凭证，用户现在可以单击一个按钮来通过Facebook登录。假设他们已经登录到Facebook，他们现在会看到一个对话框，询问他们是否想与Meteor应用分享信息。在这个场景的幕后，Facebook为服务提供者，而Meteor应用已经将登录请求转发给Facebook。如果用户同意与Meteor应用共享他们的登录信息，Facebook将生成一个访问令牌。这个令牌让Meteor应用知道用户身份已经被正确地验证，并被授予了由用户提供的权限。在最简单的情况下，Meteor可能只有读取用户电子邮件地址的权限。根据配置设置，我们还可以请求更多的权限，比如张贴内容到用户墙。

不是所有的OAuth提供者支持的权限都一样，所以它们都必须进行单独配置。使用OAuth的优势在于，如果拥有权限，作为消费者的应用可以直接与服务提供者进行数据交换。这样，所有Facebook好友、最近的推文或GitHub上私人仓库的数量都很容易访问并添加到用户的个人信息。

6.2.2　整合 Facebook 认证

要在Meteor应用中整合Facebook的OAuth认证，可执行以下步骤。

(1) 添加`accounts-facebook`包。

(2) 创建一个新的Facebook应用。

(3) 配置Facebook集成。

1. 向应用添加`accounts-facebook`

第一步是添加Facebook作为应用的身份验证提供者。如果应用已经像6.1节那样支持用户名/密码身份验证，添加一个包就足够了：

```
$ meteor add accounts-facebook
```

这个包不会添加任何模板到应用。因此，如果`accounts-facebook`是项目中唯一可用的包，你就需要在模板中手动调用所有的功能。或者你可以添加`accounts-ui`包，它提供了登录框，不仅可用于密码认证也可用于许多OAuth服务。

所有的OAuth包都需要进行配置。像用户一样，这些配置存储在MongoDB集合中。一旦OAuth服务被配置，集合`meteor_accounts_login-ServiceConfiguration`就会被创建。挂起的凭证会被暂时存储在一个专用的集合中。这个集合在服务器启动时创建，名为`meteor_OAuth _pendingCredentials`。

没有必要手动访问这两个集合中的任何一个。Meteor只在内部使用它们，直接查询它们的数据没有任何好处。

2. 创建一个Facebook应用

如果Meteor找不到Facebook集成的配置，用户界面会显示一个红色的Configure Facebook Login（配置Facebook登录）的按钮，而不是普通的登录按钮。单击它将会看到一个简短的配置指南以及两个需要你提供的字段，即应用ID和密钥。

你需要将自己注册为一个Facebook开发者，这是免费的，但你需要有一个Facebook账户。你可以在https://developers.facebook.com创建一个新的Facebook应用。然后在应用选项卡下添加一个新的Web/WWW类型的应用。接下来你会设置应用ID，这可以是任何有助于你和你的用户识别该应用的名字。你的用户最终会看到这个应用的名称，所以好的做法是使用网站名称或能贴切描述该应用的名字。应用的类别以及它是否是另一个Facebook应用的测试版本不会对功能有任何影响，所以可以设置为能最好描述你的项目的值。

关于Facebook应用的URL，在本地开发环境中使用时通常应该设置为http://localhost:3000。你可以从Meteor所显示的配置对话框中得到正确的URL设置。

一旦你已经完成了这些设置，在激活这个应用之前，Facebook需要你为该应用设置一个用来联系的电子邮件地址。进入到Facebook开发者网站上的应用控制面板，在设置部分输入联系人电子邮件（参见图6-7）。最后，你需要在Status & Review选项卡上激活该应用。

图6-7　用于与Meteor集成的Facebook应用的设置

激活的Facebook应用可以用来验证用户。通过Facebook实现登录的最后一步是配置Meteor应用。

3. 配置

在浏览器中打开Meteor应用，然后单击Facebook按钮，调出图6-8所示的配置对话框。

图6-8　集成Facebook的配置对话框

除了有关如何创建一个Facebook应用的基本说明，配置对话框可以让你添加应用凭证（应用ID和应用密钥）以及登录样式。默认使用弹出式（pop-up-based）对话框，这意味着当用户登录到Facebook时，Facebook对话框将在原应用窗口之上弹出。与之相反，基于重定向（redirect-based）的登录样式将离开应用，将当前的浏览器窗口重定向到Facebook，一旦身份验证成功将重新加载整个应用。除非你计划在移动设备上的Cordova容器内运行应用[①]，否则最好使用弹出式登录。

保存配置，然后用户就可以通过Facebook登录。如果配置错误，你可以从MongoDB中的 meteor_accounts_loginServiceConfiguration 集合中手动删除配置信息。使用Robomongo这样的应用或在命令行上使用 meteor mongo 命令进入Mongo shell，然后使用下面的命令：

```
db.getCollection('meteor_accounts_loginServiceConfiguration').remove({service:
'facebook'})
```

如果使用 meteor reset 清空所有的集合，所有的登录服务配置也将被重置。

说明　有的OAuth配置都存储在应用数据库中。每当你使用 meteor reset 命令清空数据库，也将从数据库中删除所有OAuth配置数据。

只要数据库中没有可用的Facebook凭证，任何访问该应用的用户都可以通过浏览器来配置它。为了避免这一点，你可以在应用的源码中添加一些OAuth凭证。如果数据库中没有配置好的凭证，这些凭证将被自动插入数据库，就像我们在前面章节中使用的夹具一样。这需要一个称为

---

　① 请参考第11章中Isobuild相关的内容，以了解更多关于在移动设备上运行Meteor应用的知识。

service-configuration的包：

```
$ meteor add service-configuration
```

一旦该包可用，代码清单6-8中的代码会在Meteor启动应用时为Facebook设置正确的OAuth凭证。

代码清单6-8 在server/server.js中插入Facebook OAuth配置的夹具

```
if (ServiceConfiguration.configurations.find({
    service: 'facebook'
}).count() === 0) {
ServiceConfiguration.configurations.insert({
    service: 'facebook',
    appId: 'OAuth-credentials-from-facebook',
    secret: 'OAuth-credentials-from-facebook',
    loginStyle: 'popup'
});
}
```

4. 在用户个人信息中添加Facebook信息

对通过Facebook登录的所有用户来说，他们的用户文档services字段中都有一个新的条目（见代码清单6-9）。它包含用于身份验证的令牌，还包括姓、名、性别和电子邮件等信息。如果你想允许用户编辑此信息，则可简单地将此数据复制到用户文档中的profile对象。

代码清单6-9 通过Facebook注册的用户文档

```
{
    "_id" : "nzPMRdhSKx7NJvTGY",
    "createdAt" : ISODate("2015-03-30T21:23:55.475Z"),
    "profile" : {
      "name" : "Stephan Hochhaus"
    },
    "services" : {
      "facebook" : {
        "accessToken" : "CAAEkDwbZAj.....",
        "email" : "stephan@meteorinaction.com",
        "expiresAt" : 1421097429424,
        "first_name" : "Stephan",
        "gender" : "male",
        "id" : "1234567890",
        "last_name" : "Hochhaus",
        "link" : "https://www.facebook.com/app_scoped_user_id/123456789/",
        "locale" : "en_US",
        "name" : "Stephan Hochhaus"
      },
      "resume" : {
        ...
      }
    }
}
```

Meteor 将自动 在个人 信息中 添加名 称属性

正如你在代码清单6-9中看到的，Meteor已经把Facebook的name属性复制到用户的个人信息中。再次使用钩子Accounts.onCreateUser，你可以将Facebook提供的数据复制到用户的个人信息中。你将从 `user.services.facebook` 中复制姓、名和性别到 `user.profile`，使用户可以独立于 Facebook 在 Meteor 应用内部编辑此信息。

代码清单 6-10 显示了如何扩展 `onCreateUser` 钩子来复制 `facebook.service` 的字段到 `profile`，这只有当用户已通过 Facebook 登录时才可工作。这样，它也可以与代码清单 6-6 中的代码合并，添加用于密码验证的 `profile` 字段。

代码清单6-10　在用户个人信息中添加Facebook信息

```
Accounts.onCreateUser(function (options, user) {
  if (user.services.facebook){
    user.profile.first_name = user.services.facebook.first_name;
    user.profile.last_name = user.services.facebook.last_name;
    user.profile.gender = user.services.facebook.gender;
  }
  return user;
});
```

即使 Facebook 已更新了姓名或性别信息，也不会更新用户的个人信息，因为 `onCreateUser` 函数只在用户第一次使用 Facebook 登录到应用的时候被调用。

6.2.3　集成其他的 OAuth 提供者

如前所述，Meteor 提供了多个包，允许整合其他的社交网络作为身份验证提供者。其基本原理是不变的。在配置外部验证服务商之前，必须在 Twitter、Google、GitHub 或任何计划整合的服务网站上创建一个应用。其中一些服务商要求设置一个已验证的或回调的 URL。如果应用正在开发，这通常是 http://localhost:3000。因此，一个好的做法是在服务商上创建两个应用：一个用于本地开发环境，另一个用于 Meteor 应用的线上实例。

在应用中使用其他的身份验证方法

Meteor 让在应用中添加多个身份验证提供者变得简单。但这些身份验证提供者不会与消费者共享相同的数据，这在许多情况下使得将不同的登录方法与同一用户联系起来变得很复杂。

想象一个应用通过用户名和密码进行身份验证，它也允许通过 Twitter 和 Facebook 进行身份验证。某一天，某用户可能决定使用 Twitter 登录，而另一天，他又决定使用 Facebook 登录。应用怎样知道他是同一个用户呢？用户 Twitter 账户的电子邮件地址可能会与 Facebook 账户的邮件地址相同。不幸的是，Twitter 并没有在身份验证 API 中暴露用户的电子邮件地址。因此，Meteor 不能将一次 Twitter 登录和一个 Facebook 账户联系起来。它会假设这是两个用户。在最坏的情况下，用户通过应用提供的每个登录方法进行登录，都将得到该应用的一个不同的账户。

当然，完全可能在同一个应用中使用多个身份验证提供者，并允许用户使用它们来识别单个用户。要这样做，需要用户手动将这些个人信息关联到同一账户。不幸的是，这个功能并不是提供账户功能的核心包的一部分。

一些社区包可以使你不必自己创建模板和代码就能允许用户将多个社交网络连接到同一个账户。如果你想在一个应用中包括多个身份验证提供者，可以看看 `splendido:accounts-meld`

或bozhao:link-accounts。

在向应用添加过多的身份验证提供者之前，考虑一下哪些是真正需要的。事实上，鉴于在Meteor中使用OAuth如此简单，可能会导致过于复杂但对用户无益的应用。

6.3 管理用户权限、角色和组

用户认证是不够的，你还需要授权用户的行为。权限可以用来定义用户可以访问的数据和可以使用的功能。管理员应该能够执行所有可能的操作，而普通用户只能编辑或删除自己的数据。

为了更好地说明如何管理用户权限，让我们来使用一个简单的消息应用。你可以在本章的示例代码中找到源码。它提供了有限的功能，但这使它更容易说明Meteor权限系统中的要点。

用户可以用一个用户名和密码注册。他们登录后，应用显示了一个用户列表，每个用户都可以通过单击它们来选择。单击用户后，用户ID将被赋给一个Session变量，第二个模板将显示基本的个人信息，允许用户查看和留言。只有留言板的所有者可以删除消息。

在这个示例应用中实现的所有功能都基于第3章（模板）和第4章（数据）的内容，还有一些本章开头关于用户账户的内容。

就像前面章节中已经强调过的，Meteor在每个新建的应用中使用了insecure的包。这允许客户端和每个用户，包括通过和没有通过身份验证的用户，保存或删除数据库中的数据。向应用中添加安全性的第一步是用以下的命令删除这个包：

```
$ meteor remove insecure
```

删除insecure包的结果是，没有用户能够写入到数据库了。查看数据是可以的，因为autopublish包仍然可用。我们将在下一章中讨论如何删除它。首先，我们将集中精力来限制用户的权限。

Meteor中，管理用户权限最简单的形式是对集合使用allow/deny函数。

使用 allow 和 deny 管理权限

默认情况下，Meteor信任服务器上执行的所有代码。但所有客户端的代码都认为是不安全的，特别是删除insecure包以后。从浏览器中进行任何插入、更新或删除数据库集合，都会得到一个拒绝访问（Access denied）的消息。

说明 允许和拒绝只会影响数据库的写操作。集合读取可以使用发布（Publication）和订阅（Subscription）来控制。

每个集合都暴露了一个allow函数和deny函数，它们可以用来限制或授予用户权限。代码清单6-11显示了它的语法，allow和deny采用相同的语法。该代码必须在服务器环境中运行，但在客户端中运行它也是安全的。因此，它可以放在定义集合的文件中，这样可消除一些冗余。如果

你喜欢，也可以把它放在一个只在服务器上使用的文件中。无论哪种方式，客户端都不能更改服务器的代码，绕过权限限制，即使你将这些代码发送到浏览器。

代码清单6-11　在消息（Messages）集合中使用allow

```
// collections.js
MessagesCollection = new Mongo.Collection('messages');
MessagesCollection.allow({
  insert: function (userId, doc) {
    return true;
  },
  update: function (userId, doc) {
    return true;
  },
  remove: function (userId, doc) {
    return true;
  }
});
```

可以定义多重允许和拒绝规则，有时它们会重叠。Meteor首先执行所有deny回调函数来决定是否禁止某个动作。如果有某个deny回调函数返回true，那么用户将无法执行相关的操作，即使有一个allow规则返回true。如果有多个允许规则，必须只有一个相匹配的动作并返回true，这样才能允许用户执行这个动作。

说明　allow和deny回调函数只影响直接写入数据库的操作，而不是Meteor的方法调用。方法将在下一章中详细讨论。

在没有insecure包的情况下，你可以使用MessagesCollection.allow来启用消息发送，也可以将删除消息的权限限于它的收件人。

1. 向用户发送消息

通过选择一个用户，每个登录的用户可以发送一个消息到另一个用户。每个消息文档包含五个字段：

❑ _id，消息文档的唯一标识；

❑ sender，消息作者的用户ID；

❑ recipient，消息接收者的用户ID；

❑ message，实际的消息文本；

❑ timestamp，消息的创建日期。

在浏览器中创建一个新的消息文档是不可能的，除非allow回调函数返回true。只有登录的用户才能够发送一个消息，所以当有用户ID的用户试图插入一个新文档时需要返回true（见代码清单6-12）。客人没有用户ID，因此他们的userId值将返回false。

代码清单6-12　允许登录用户插入新消息

```
MessagesCollection.allow({
  insert: function (userId, doc) {
    return userId;
  }
});
```

要注意，此授权可以让用户将任何消息插入数据库。唯一的限制是，用户登录并写入messages集合。新的字段会动态添加，例如，用户可添加一个额外的字段messageSubtext。为了防止用户添加新的字段到文档，可以使用一个拒绝规则来检查是否提供了所有已定义的字段，并且没有字段丢失。代码清单6-13中说明了如何使用Meteor中的Underscore.js库来提取所有文档字段到一个数组。使用另一个包含所有有效字段名的数组，你可以确认没有强制字段丢失，也没有来自客户端的额外字段。插入数据时，_id字段将自动添加到数据库中。因此它不由客户端发送，也不在插入方法的有效字段数组validFields中。

代码清单6-13　拒绝带有丢失或附加字段的插入

利用Underscore.js把所有的文档字段名放进数组

```
MessagesCollection.deny({
  insert: function (userId, doc) {
    var fieldsInDoc = _.keys(doc);
    var validFields = ['sender', 'recipient', 'timestamp', 'message'];
    if (_.difference(fieldsInDoc, validFields).length > 0) {
      console.log('additional fields found');
      return true;
    } else {
      console.log('all fields good');
      return false;
    }
  }
});
```

检查额外的或丢失的字段

虽然已有效地确保新的用户文档中只有已知的字段，但你无法对这些字段的内容进行控制。用户可以设置发件人为一个字符串，也可以是一个对象或数组，甚至是二进制blob。

虽然使用允许/拒绝规则不是太复杂，但它们应该只用于相对简单的任务，否则，维护复杂性不断增长的规则将变得麻烦。添加到应用中的规则越多，就越难分辨哪些情况将被拒绝，哪些将被允许。

说明　为了更好地控制数据库操作，请考虑使用Meteor的方法而不是允许/拒绝规则。第7章将提供关于方法的全面介绍。

---

2. 从白板上删除消息

如果收件人不喜欢消息的内容，他应该能够删除邮件。但不是每个人都可以删除消息，只有收件人才能够这样做。

你不能设置一个全局的规则来拒绝所有的删除操作，然后为接收者添加一个允许规则。请记住，只要有一个拒绝规则返回 true 就将阻止其他的允许规则执行。因此，需要使用单个的拒绝规则来检查要求删除邮件的用户是否与收件人相同。代码清单6-14中的拒绝规则中，如果当前登录用户的 userId 不同于消息文档中的 recipient 字段，它将返回 true。

代码清单6-14　拒绝收件人以外的其他人删除消息

```
MessagesCollection.deny({
  remove: function (userId, doc) {
    return doc.recipient !== userId;
  }
});
```

拒绝代码最终运行在应用的服务器端，即使你把代码放在一个客户端和服务器端都可以访问的文件中。userId 参数由 accounts 包直接提供，它是确定的并被传递给服务器上的 remove 函数。在浏览器控制台中，无法更改这个值以假冒为另一个用户的ID。

3. 删除用户账户

users 集合是特殊的，这体现在几个方面。其中一个就是，默认情况下，用户只能编辑个人信息字段的内容。即使没有专用的允许规则，新用户仍然可以注册并创建一个新的用户文档。一旦 insecure 包删除，删除一个用户，即使是他自己的账户，也是不可能的。但在 users 集合上使用一个简单的允许规则就可以删除账户了（见下面的代码清单）。

代码清单6-15　允许用户删除他们的账户

```
Meteor.users.allow({
  remove: function (userId, doc) {
    return doc._id === userId;
  }
});
```

提示　如果你需要对用户授权有更多的控制，看看角色包 alanning:roles 或 nicolas-lopezj:roles。它们允许你实现用户组，比单独的允许和拒绝规则更透明。

6.4　总结

在本章中，你已经了解到：

❑ Meteor 自带多个账户包，支持用户注册和登录；

❑ 可以通过环境变量或代码连接到 SMTP 服务器；

❑ 系统的电子邮件可以通过调整它们自己的 Template 对象来修改；

❑ OAuth 整合是 Meteor 的一个核心功能，只需要很少的工作就能实现；

❑ 可以使用 allow 和 deny 来实现简单的数据库权限管理；

❑ 对于更复杂的权限设置，应该用 Meteor 的方法而不是 allow 和 deny 规则。

第 7 章

数据交换

本章内容

❑ 在没有autopublish包支持的情况下发布Collection
❑ 使用模板级订阅
❑ 用参数化订阅限制客户端数据
❑ 创建新的聚合数据源
❑ 使自定义数据源具有响应性
❑ 用服务器端方法保护应用程序

在开发的早期阶段，让服务器上数据库的内容可以在客户端上访问经常是有帮助的。增加便利性的代价是性能和安全性。如果想要构建低延迟、高性能的Web应用程序，你必须避免在每个客户端上复制整个数据库。此外，共享所有数据可能也会共享那些敏感的信息，比如那些仅应由它的所有者查看的数据。因此，你必须取消数据自动发布，重新获得对所有数据库内容的控制。

本章介绍了Meteor工作中的两个关键概念：发布和方法（参见图7-1）。

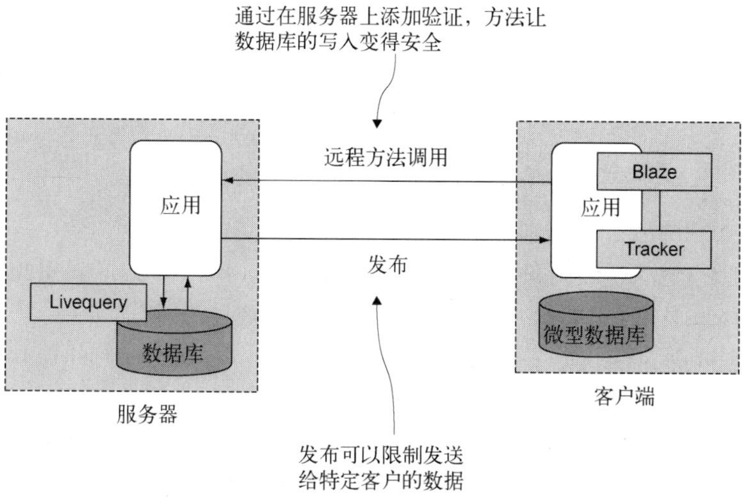

图7-1　发布和方法让开发人员可以完全获得对数据处理的控制

使用Meteor的发布和订阅，你不仅可以控制有多少数据可以发送到每个客户端，而且可以控制哪些字段对哪些用户是可用的。在本章中，你将学习如何在服务器上设置数据发布，使你的应用能够轻松容纳成千上万的数据库文档，而只向客户端发送一个小的子集。这样就可以有效地解决许多可能出现的性能问题。

第6章我们讨论了使用允许/拒绝规则来保护数据库的写操作。作为Meteor远程过程调用的方法是这些简单规则的强大替代品。方法可以在服务器或客户端上运行。通过合理地验证客户端发送的所有内容，可以使用它们来确保所有的数据库写操作都是安全的。它们的使用不仅限于数据库操作，也可以用于其他操作，如发送电子邮件等。

在本章中，你将改进一个应用，使它更加健壮并足以部署到互联网。这个应用将存储一些锻炼的数据，它包含了以下几个方面：

- ❑ 手动定义发布和订阅；
- ❑ 通过参数化订阅限制发送到客户端的数据；
- ❑ 聚合数据；
- ❑ 将数据限制给特定的用户；
- ❑ 使用方法进行数据库安全写入。

锻炼的跟踪是非常简单的，所有代码将放在五个文件中。你将使用fixtures.js文件将随机的锻炼数据放入集合。看看本章的示例代码，看它是如何工作的：

```
├── client
│   ├── workoutTracker.html
│   └── workoutTracker.js
├── collections
│   └── Workouts.js
└── server
    ├── fixtures.js
    └── publications.js
```

7.1　发布和订阅

到目前为止，Meteor使用autopublish包自动将所有的集合数据发布给所有的客户端。这个包不适合用于生产环境，因为它不会限制发送给客户端的数据量。在开发过程中，它可以很好地工作在包含少量数据的数据库上，但它不能很好地扩展到数百或数千文档的规模。此外，它不提供任何访问限制，每个客户端都可以访问所有的数据。在这一节中，你将学习如何以有效和安全的方式向客户端发送数据。

这个应用将会存储如跑步或骑自行车的锻炼数据，并将它们在一个简单的表中呈现给用户。所有的锻炼将存储在一个集合中，其中包含锻炼发生的日期和距离。应用会在启动时创建大量的样本锻炼文档，并在一个表中显示所有文档。因为不希望客户端立即加载所有数据，你将限制加载到客户端的锻炼数据量，然后添加一个按钮，每次单击该按钮可获取更多的数据。最后，你将添加所有数据的汇总视图。为了进行汇总，你要把每个月锻炼的距离累加起来。客户端的汇总数据也将进行响应性更新。当新的文档添加到锻炼集合，受影响月份的数据将显示更新后的总和。

7.1.1 `publish()`和`subscribe()`

发布和订阅总是成对出现。虽然Collection通常在服务器和客户端上都有声明，但发布只存在于服务器上。它们像模板辅助函数那样，使用Collection.find()函数从数据库中检索数据。在图7-2中，你可以看到一个示例，发布从数据库中检索三个文档。然后这些文档用和集合相同的名字workouts进行发布。

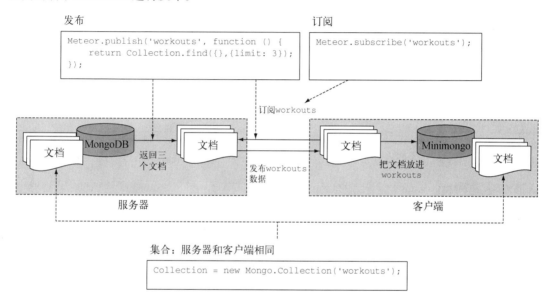

图7-2　发布和订阅概述

客户端上的Meteor.subscribe()调用发起一个到服务器的请求，要求发送workouts集合的数据。请注意，它不是请求数据库中的内容，而是服务器上的内容，更确切地说，是Collection.find()的结果。在这种情况下，其结果只是三个文档。客户端接收这些文档并将其放入同名的本地集合中。虽然Collection对象在服务器和客户端上都有相同的名称，但它们可能会包含不同的数据，这取决于上下文和发布的设置。

1. 删除`autopublish`

因为要手动决定发送给客户端的内容，所以你必须删除autopublish包。Meteor通过命令行工具来添加和删除包。删除autopublish包的方法如下：

```
$ meteor remove autopublish
```

一旦这个包被删除，Meteor服务器启动后，客户端将不会有可用的数据了。即使客户端仍然知道服务器上所有可用的集合，但已经没有数据会从服务器端MongoDB发送到浏览器的Minimongo实例。查询任何集合的文档都不会得到什么结果。

2. 设置发布

为了显示MongoDB workouts集合中需要的数据，你必须提供一个发布/订阅（pub/sub）对。首先，建立一个简单的发布，将所有的锻炼文档发送给订阅该发布的所有客户端。因为所有的发布都运行在服务器范围内，所以你需要将把它们放在server文件夹下一个新的publications.js文件中。下面的代码清单显示了如何设置发布。

代码清单7-1　一个简单的服务器端发布

命名一个发布，以方便订阅它，后面你会看到这一点

```
Meteor.publish('workouts', function () {
  return WorkoutsCollection.find({});
});
```

发布可以返回数据，就像模板辅助函数那样

说明　发布是单向的，它将数据从服务器发送到客户端。要将数据从客户端发送回服务器，必须提供一个插入和更新数据的安全方法。我们将在本章后面讨论这个话题。

这个时候，设置一个发布不会对客户端产生任何影响。客户端必须通过订阅来要求数据。

7.1.2　全局订阅

你必须在客户端添加订阅。在workoutTracker.js文件的顶部，添加下面的代码：

```
Meteor.subscribe("workouts");
```

一旦订阅了发布，你会看到所有在服务器端MongoDB上可用的数据在客户端上的Minimongo中也可用。你可以在浏览器控制台中使用与发布中相同的代码：

```
WorkoutsCollection.find({})
```

调用Meteor.subscribe()将返回一个对象，该对象有stop()和ready()方法。stop()可用于终止订阅，如果服务器已将发布标记为准备就绪，那么ready()将返回true。它是一个响应式数据源，就像Collection或Session。

以上基本上就是autopublish包免费为所有集合提供的功能。接下来，将通过限制发送给客户端的文档数量来控制发布给客户端的数据。

使用服务器作为客户端

当两个Meteor服务器进行信息交换时，从技术上讲，一个服务器将成为另一个服务器的客户端。subscribe()方法只在客户端上下文中使用，但服务器有一种方式可以订阅另一个服务器上的数据，即使用分布式数据协议（Distributed Data Protocol，DDP）连接。

可以使用DDP.connect()连接到另一个服务器。它以远程服务器的URL作为唯一的参数。一旦连接成功，它将返回一个对象，该对象可以使用subscribe()（访问已发布的数据）、

call()（调用方法）、methods()（定义客户端方法）以及一些其他的函数。

　　将一个服务器连接到另一个服务器并作为客户端，只需要三行代码。首先，定义服务器到服务器的连接，这将建立一个到http://192.168.2.201:3000的连接。其次，为了接收发布的数据，需要声明一个集合。这时它不仅包含一个名称参数，也包含如何连接到主服务器。因此server2是第二个参数。最后，服务器可以订阅remoteData。另外还有一个微小的变化，因为需要在远程服务器而不是本地的Meteor实例上调用subscribe()方法：

```
var server2 = DDP.connect('http://191.168.2.201:3000/');
var RemoteCollection = new Mongo.Collection('remoteData', server2);
server2.subscribe('remoteData');
```

7.1.3　模板级订阅

　　使用Meteor.subscribe函数来订阅是贪婪的。无论用户是否查看订阅数据，这个函数将在服务器上注册一个订阅，并触发数据传输。只要用户点击应用的首页，所有的订阅将会被制作，数据将会被加载，即使用户从来不看它。你可以通过将它们绑定到模板来避免这种全局订阅，也就是使用Meteor的模板级订阅。

　　使用模板级订阅时，创建模板时会发起订阅。模板被销毁时，订阅也将被终止。这样，你可以限制客户端和服务器之间实际的数据传输。你也不需要担心哪条路由[①]需要哪些数据；你可以直接将此关系传递给需要数据的模板。每个Template实例有它自己的subscribe函数，它使用和Meteor.subscribe相同的语法。在模板的onCreated回调函数中，可以通过this来访问当前的模板实例：

```
Template.workoutList.onCreated(function () {
  this.subscribe("workouts");
});
```

　　每当workoutList模板创建后，Meteor会自动设置对锻炼发布数据的订阅。要确定订阅是否已准备好，可以使用Template.subscriptionsReady辅助函数。如果一个模板的所有订阅都准备好了，它会返回true。它可以用于显示模板本身的加载指示，如下面的代码清单所示。

代码清单7-2　使用加载指示的模板级订阅

```
// workoutTracker.html
<template name="workoutList">
  {{#if Template.subscriptionsReady}}          ◀── 如果所有模板订阅
    <ul>                                             准备就绪，则返回真
    {{#each workouts}}
      <li>{{workoutAt}}</li>                    ◀── 显示锻炼
    {{/each}}                                        的细节
    </ul>
```

---

① 我们将在下一章讨论基于路由的订阅。

```
    {{else}}                          让用户知道
      loading workouts...    ◁━━━      数据正在被
      {{/if}}                           加载
</template>

// workoutTracker.js
Template.workoutList.onCreated(function () {
  this.subscribe('workouts');        ◁━━━━   设置订阅
});

Template.workoutList.helpers({
  workouts: function () {
    return WorkoutsCollection.find({}, {    ◁━━━   返回所有的锻炼，
      sort: {                                        最新的数据在前面
        workoutAt: -1
      }
    });
  }
});
```

　　使用模板级订阅可以让你更好地控制在什么时间什么地点加载数据。通过避免全局订阅，你也减少了在最初加载Meteor应用时所需的流量。特别是当你在同一个页面上渲染多个模板时，没有必要等到所有的数据都可用，每个模板可以使用自己的加载指示器。

　　在本章的剩余部分，我们将使用全局的Meteor.subscribe，因为这样例子会很简单。对于更复杂的应用，你可以使用相同的语法，并将订阅放在模板的onCreated回调函数中。它们的行为完全一样，除了生存时间以外。

❑ Meteor.subscribe在客户端加载应用时建立，并在客户端关闭连接时终止。

❑ Template.subscribe在关联的模板创建时建立，并在模板被销毁时终止。

7.1.4　参数化订阅

　　因为性能的原因，你不希望让整个数据库的内容在网上传输。除了要花很长的时间来传输以外，太多的信息可能会让用户觉得困惑。因此，最初只需发布workouts集合中10个最新的文档。如果用户想看到更老的记录，他们可以选择要求更多的文档。显然，现有的发布代码需要调整。它必须支持以下限制，即用一个参数来动态地确定偏移，然后发送第二或第三组的10个文档。让我们一步一步来看。

　　要做的第一件事是告诉发布你要对锻炼查询所做的限制。你可以在订阅调用中添加参数，而这个参数将作为服务器发布函数中的参数。这样，你可以为发布设置选项，客户端会告诉服务器要做什么。

警告　无论何时，处理来自客户端的数据时，你必须在使用它之前进行验证。

　　该发布需要一个options参数，这个参数首先需要进行检查。你可以使用Meteor的check()函数，无需添加自己的验证函数。

1. 通过check()来验证数据

通过使用check()函数，可以根据已知的模式来匹配输入值。要限制订阅，你期望用户提供一个数字，而不是任何其他的东西。check()使用一个简单的语法，它带有两个参数，即值本身和这个值需要匹配的模式：

```
check(value, pattern);
```

要确保所提供的参数只包含一个数，可在发布中使用check(options, Number)。在我们的示例中，你正在处理一个对象，所以必须检查对象的每个参数的模式。

```
check(options,
  {
    limit: Number
  }
);
```

当我们讨论方法时，你也将会使用check()。

2. 动态订阅

代码清单7-3显示了服务器上publications.js文件中的代码。

代码清单7-3　为发布添加参数

```
Meteor.publish('workouts', function(options){      ←─ 该发布以一个选项
  check(options,                                         （option）对象作为
    {                                                    参数
      limit: Number
    }
  );

  var qry = {};                                    ←─ 按时间对所有
  var qryOptions = {                                    数据库条目进
    limit: options.limit,                                行排序，以确
    sort: {workoutAt: 1}                                 保限制从最新
  }                                                      的条目开始

  return WorkoutsCollection.find(qry, qryOptions);  ←─ 使用MongoDB的限制
});                                                      （limit）查询选项，只返
                                                         回有限数量的文档
```

现在每个客户端都可以订阅该发布并设置一个限制。check()函数期望一个选项（option）对象作为参数。如果该参数不是订阅传递过来的，check()函数将抛出一个错误。你必须为客户创建一个订阅，用以订阅这个发布提供的数据。因为订阅仅在浏览器中可用，所以可以在客户端文件夹下的workouttracker.js文件中做这件事。你将使用Session来跟踪当前使用的限制（见下面的代码清单）。

代码清单7-4　使用参数订阅发布

```
Session.setDefault('limit', 10);      ←─ 订阅的限制参数，使
                                          用一个默认值为10
                                          的Session变量
```

```
// Subscriptions
Tracker.autorun(function(computation){
  Meteor.subscribe('workouts', {
    limit: Session.get('limit')
  });
});
```

autorun创建了一个响应
性上下文，如果限制改变，
它将更新订阅

会话对象中的限制
值被传递

当应用第一次启动时，因为Session变量limit没有其他的值，所以被设为10。这是set-
Default实现的，它确保limit永远有一个值。

需要把订阅放在Tracker.autorun中的原因是创建一个响应性上下文。一旦Session变量
limit更改，订阅workouts会使用更新后的limit值重新运行。这意味着每当limit值发生变化
时——由事件或直接从JavaScript控制台触发，订阅会自动更新。然后新的发布数据将会被添加到
客户端的Minimongo，最终在模板上进行渲染。

为了有更方便的方法来增加显示文档的数量，可以添加一个按钮和一个单击处理程序，将
Session对象中的limit值增加10（见下面的代码清单）。

代码清单7-5   添加一个事件处理程序来将limit的值增加10

```
Template.workoutList.events({
  'click button.show-more': function(evt, tpl){
    var newLimit = Session.get('limit') + 10;
    Session.set('limit', newLimit);
  }
});
```

修改响应式会话变量
中的limit，将会自动
更新订阅

正如你所看到的，删除autopublish包，自己来控制客户端上可用的数据并不是太难。使
用响应式变量，修改订阅和可用的数据也很容易。用于限制文档数量的方法，也能方便地用于过
滤和排序。在进入下一个部分之前，请尝试添加第二个按钮，它提供-1或1来对所有的文档进行
升序或降序排序。

7.1.5   向客户端独有的集合发布汇总数据

想象你一周跑步三次，一个月四周。你的身体非常健康，但你也需要看看这一个月内的12
条不同的记录，以了解你在这个月内跑了多少英里。这样的快速统计比较痛苦。而这就是使用数
据聚合的时候。有时需要对大量的数据进行汇总而不是显示所有的细节，以使这些数据更有意义。
让我们来扩展这个应用以便你可以肯定地说，你在六月跑得比一月更远。

如果所有的锻炼文档都在客户端上，聚合可能是一个很容易的任务。通过遍历每个月的每个
文档，累加其中的距离就可以了。不幸的是，这种方法有很多缺点。其一是必须在网络上传输大
量的数据。如果想聚合过去10年的数据，你将会在网络上发送成千上万的文档。另一个缺点是，
这个计算需要相当长的一段时间，这将让用户的界面响应缓慢，导致用户体验不佳。因此，你需
要在服务器上聚合数据并发布它们。图7-3显示客户端订阅了两个发布。其中workouts使用了
find()方法，distanceByMonth将使用MongoDB的聚合框架。

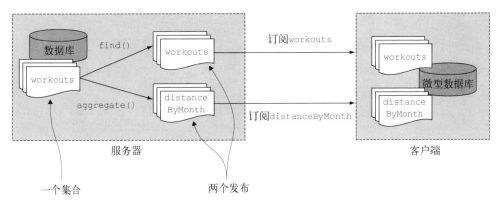

图7-3 在单个数据库集合中使用两个发布

MongoDB的数据聚合

  如果熟悉SQL，你可能已经想做一个SELECT，在其中使用COUNT(*)和GROUP BY，但这不能在NoSQL的世界中工作。MongoDB本身是创建用于处理和分析大型数据集的，所以它也提供了一种方式来聚合数据，而不是使用GROUP BY。你将使用**聚合管道**（aggregation pipeline）来比较一年中所有月份的距离。在浏览器中实现的Minimongo客户端不支持使用聚合管道，但你会看到这不是问题。

  将要采用的方法是创建一个发布，但是该发布不直接发送集合（Collection）中的数据，而是在集合中聚合数据，然后把聚合数据返回给所有的订阅者。存储聚合数据的集合只存在于客户端。它没有在服务器端的MongoDB中保存，因为它会产生数据冗余。

  首先，创建一个名为distanceByMonth的发布。但它在数据库中没有相应的集合。你以前在数据库集合上放find()操作的地方，也就是publish()的第二个参数，现在将是一个聚合操作。

  Meteor本身不带有MongoDB的聚合框架支持。但有几个社区包可提供聚合能力，所以你自己可以很容易地添加它。你将回退到MongoDB的内核驱动，然后定义实际的管道，运行聚合，这样它就不会阻塞任何其他过程，最后标记订阅为ready。

  任何发布都可以向其订阅者发送状态消息，用以表明内容已更改或所有可用的内容都已发送。直接发布数据库集合时，这些状态消息将由Meteor自动管理。使用自定义发布时，必须显式地调用它们。

- added(collection,docId,fields) 当一个新文档被创建时，第一个参数是集合，然后是文档编号（ID）。第三个参数包含文档的所有字段（不包括_id字段）。
- changed(collecton,docId,fields) 用于更改的文档，再次将集合名称和文档ID作为第一、二个参数传递，然后是一个对象，它包含所有更新过的字段（具有undefined

值的字段已从文档中删除）。

❑ removed(collection,docId) 它需要两个参数：要删除的集合名称和文档ID。

❑ ready() 它不需要参数，用于通知客户端所有可用的数据已被发送。

代码清单7-6给出了完整的代码，我们将一点一点来看。要使用MongoDB的核心驱动，必须使用MongoInternals，这是mongo包的一部分，而mongo包会包含在每个新建的Meteor项目中。Meteor使用的默认数据库引用存储在db中。因为你在使用MongoDB的核心驱动程序，所以可以使用所有的函数，包括aggregate()。pipeline变量包含一个数组，其内容为实际聚合的详细信息。MongoDB的聚合管道分为几个阶段。文档通过管道的每个阶段都会被转换。首先，所有匹配文档被确定。在这种情况下，所有的文档都会匹配，因为我们还没有定义任何限制。接下来，所有的结果文档，或者更确切地说是给定的字段内容，被分成几组。所有的锻炼将按月进行分组，并给出一个新的_id来表示月份（1=一月、2=二月，等等）。

MongoDB本身不是响应式的，调用它会导致一个同步调用，这将阻塞所有其他的服务器请求，直到聚合完毕。这就是为什么在维护完整的Meteor上下文时，你需要一个方法来解除聚合的阻塞，并在其结束以后接受一个回调函数。异步调用外部组件应始终包在Meteor.bind-Environment()内部。

说明   这种聚合操作动态地完成，这意味着每个订阅将触发数据库内容的聚合。如果注意到这个处理需要很长时间，那么将汇总数据写入到专用的集合可能是一个更好的选择。

使用Underscore库，将所有月份的结果添加到订阅distanceByMonth中。最后，publish()函数通知客户端，订阅已经准备就绪。

代码清单7-6   发布内部的聚合

因为聚合没有Meteor官方的支持，所以需要使用Mongo的核心驱动

```
Meteor.publish('distanceByMonth', function(){
  var subscription = this;

  var db = MongoInternals.defaultRemoteCollectionDriver().mongo.db;

  var pipeline = [
    {
      $group: {
        _id: { $month: '$workoutAt' },
        distance: { $sum: '$distance' }
      }
    }
  ];

  db.collection('workouts').aggregate(
    pipeline,
```

聚合设置会创建文档，文档的_id字段与workoutAt字段的月份相等，距离为当月所有距离的总和

创建聚合

```
Meteor.bindEnvironment(
  function(err, result){
    console.log('result', result);
    _.each(result, function(r){
      subscription.added('distanceByMonth', r._id, {distance:
        r.distance});
    })
  }
)

subscription.ready();
});
```

因为不能在发布中使用异步代码，所以需要使用 meteor.bindEnvironment

将数据添加到这个订阅

订阅已准备好将数据发送给客户端

在客户端，你只在需要此数据的客户端上创建一个可用的集合。在客户端文件夹下的 workouttracker.js文件中创建这个集合：

```
DistanceByMonth = new Mongo.Collection('distanceByMonth');
```

这看起来和其他任何集合的行为完全一样，但是数据来自你自定义的发布而不是服务器端的 MongoDB。你可以像通常那样使用这个集合内的数据。你可以创建新的模板和辅助函数来显示聚合发布中的数据。更多的细节可参考示例代码。

这种方法的一个缺点是，这个数据不是响应式的，因为聚合框架只是个哑的数据源。这意味着如果有人在四月添加了一个8英里的新的锻炼记录，客户端四月的汇总数据不会自动增加8。当页面重新加载时，订阅将被重新初始化，使得屏幕正确地更新。这绝对不是Meteor应用的合理行为，Meteor应用内的客户端应该是响应式的。下一步，你将会看到如何改进这个聚合发布，使它也具有响应性。

7.1.6 将聚合发布变成响应式数据源

聚合发布不是响应式的，不像通常的`Collection.find()`那样。然而，你希望客户端的汇总数据在数据更改时能够响应性更新，就像增加锻炼数据会自动更新列表那样。要将聚合变成一个响应式的数据源，缺少的是一个观察者，它将监控锻炼集合，并在添加新的锻炼记录时执行一个动作。

每个集合的游标，比如调用`WorkoutsCollection.find()`返回的游标，都能够在集合内观察那些添加、删除或更改的文档。哪些文档被观察将取决于`Collection.find()`方法中所使用的查询。

通过限制某个`find()`的查询，你可以只关注`jogging`类型的锻炼。如果一个新文档被添加、更改或删除，应用将会作出响应。在今后某个时候，我们可以添加不同运动类型的锻炼，如`chess`或`aerobics`。用于监视数据源更新的函数是`observeChanges()`。

有三种情况你可以进行观察，每种情况都有相关的回调函数，带有一个或多个属性。这里的回调函数类似于那些用于设置发布状态的回调函数，但是它们不需要集合名参数。

❑ `added(docId,fields)`——创建一个新文档时，第一个参数是文档编号，第二个参数包含文档的所有字段（不包括_id字段）。

❑ changed(docId,fields)——用于更改的文档，ID依然作为第一个参数，第二个参数只包含更新的字段（值为undefined的字段已从文档中删除）。

❑ removed(docId)——它需要一个参数：从集合中删除的文档的ID。

说明   虽然有相同的名字，但发布中的添加、更改和删除函数使用的语法稍有不同。

下面的代码清单显示了它们的语法，在一个监视WorkoutsCollection的查询中，三个回调函数都被使用到了。

代码清单7-7   观察集合中的变化

```
WorkoutsCollection
  .find( query )
  .observeChanges({
    added: function(id, fields){
        //在查询中添加一个文档时做一些事情
    },
    changed: function(id, fields){
        //查询中的某个文档被修改时做一些事情
    },
    removed: function(id){
        //查询中的某个文档被删除时做一些事情
    }
  });
```

你知道如何在发布中聚合数据，以及如何在集合中添加文档时创建回调函数。这就是让一个聚合发布具有响应性需要的所有技术。其技巧是在发布中创建一个对象，该对象通过observe-Changes()来跟踪所有的汇总数据。在这个例子中，workoutHandle用于监视集合并观察是否有新的文档被添加。如果有新文档，你可以在跟踪汇总数据的对象中更新该月的总距离。然后最近更新的数据被发送到客户端，告诉它订阅已被更改（参见下面的代码清单）。

代码清单7-8   使用observeChanges来更新汇总数据

```
Meteor.publish('distanceByMonth', function () {
  var subscription = this;
  var initiated = false;                          你需要这个，因为最初订
  var distances = {};                             阅的第一个文档不应该影
                                                  响添加的回调函数
  // existing aggregation code                    这个对象跟
                                                  踪每个月的
                                                  所有距离
  var workoutHandle = WorkoutsCollection
    .find()                                                      创建文档
    .observeChanges({                                           的ID。+1
      added: function (id, fields) {                            是因为月
        if (!initiated) return;                                 份的索引
        idByMonth = new Date(fields.workoutAt).getMonth() + 1;  从0开始
```

```
        distances[idByMonth] += fields.distance;    ◁──  如果有新的锻炼记录添加,
        subscription.changed('distanceByMonth',  ◁──       更新这个月的距离
          idByMonth, {
            distance: distances[idByMonth]               通知客户端订阅内
          }                                              容已更改
        )
      }
    });

    subscription.ready();
  });
```

现在,每当一个新的锻炼被添加到Workouts时,跟踪汇总数据的对象(workoutHandle)会被更新,并且更新会被发送到客户端。回到你的浏览器,通过控制台添加一个新的锻炼。你将看到相应汇总数据的更新。

最后但很重要的一件事是,清理发布。如果你不停止观察方法,它们会不断运行。停止集合观察的正确时机是客户端订阅停止的时候。

```
                                              订阅有一个onStop回
                                              调函数,在客户端订
                                              阅关闭时会被调用
subscription.onStop(function(){        ◁──
  workoutHandle.stop();
});                        ◁──                observerChanges() 函
                                             数返回的句柄(handle)
                                             用来停止观察
```

当客户端停止订阅时,观察将被停止。

说明 如果想发布单个文档,你仍然需要使用collection.find({_id: options._id})而不是findOne()。这是因为发布必须返回一个游标,而findOne()将返回实际结果。

7.1.7 通过用户 ID 限制数据可见性

你现在可以控制发送给客户端的数据,确保不是每个锻炼数据都会被发送。不过,你还需要一种方法来决定某个用户可以看到多少文档,他只能看到自己的锻炼记录,而不是其他用户的(见代码清单7-9)。为此,你将添加本章前面提到的账户(accounts)包。在一个发布中,你可以使用this.userId来访问当前登录用户的userId,如果用户未登录,它的值则为空。

代码清单7-9 只发送允许用户看到的数据

```
Meteor.publish('workouts', function (options) {
  check(options, {
    limit: Number,
    sorting: Number
  });
```

```
    var qry = {
      userId: this.userId
    };
    var qryOptions = {
      limit: options.limit,
      sort: {
        workoutAt: options.sorting
      }
    }

    return WorkoutsCollection.find(qry, qryOptions);
});
```

← 查询属于当前登
录用户的所有锻
炼数据

重要的是要将用户信息存储在锻炼文档中。如果这样做的话，只需在WorkoutsCollection.
find(qry...)函数的查询中简单地添加{ userId: this.userId }就可以了。另外请注意，
如果你登录或登出，数据会响应式更新。

聚合的数据则需要稍微复杂一些的调整，因为你需要匹配聚合本身和需要观察的查询（参见
下面的代码清单）。

代码清单7-10　一个用户文档的聚合

```
Meteor.publish('distanceByMonth', function () {
  var subscription = this;
  var initiated = false;
  var distances = {};
  var userId = this.userId;
  var db = MongoInternals.defaultRemoteCollectionDriver().mongo.db;
  var pipeline = [{
    $match: {
      userId: userId
    }
  }, {
    $group: {
      _id: {
        $month: '$workoutAt'
      },
      distance: {
        $sum: '$distance'
      }
    }
  }];

  db.collection('workouts').aggregate(
    pipeline,
    Meteor.bindEnvironment(
      function (err, result) {
        console.log('result', result);
        _.each(result, function (r) {
          distances[r._id] = r.distance;
          subscription.added('distanceByMonth', r._id, {
            distance: r.distance
          });
```

← 聚合应该只发生在
与userId匹配的文
档上

```
            })
          }
        )
      )

    var workoutHandle = WorkoutsCollection
      .find({
        userId: userId
      })
      .observeChanges({
        added: function (id, fields) {
          if (!initiated) return;

          idByMonth = new Date(fields.workoutAt).getMonth() + 1;

          distances[idByMonth] += fields.distance;

          subscription.changed('distanceByMonth',
            idByMonth, {
              distance: distances[idByMonth]
            }
          )
        }
      });

    initiated = true;
    subscription.onStop(function () {
      workoutHandle.stop();
    });
    subscription.ready();
});
```

在这个发布中，只有匹配登录用户userId的文档会被观察

要更新聚合发布，使它只依赖于某个用户，不需要做很多事情。只需要汇总具有正确`userId`的文档。最后，应该观察的文档必须是查询`{userId: this.userId}`的结果。

7.2 Meteor 的方法

Meteor使得从客户端发送数据到服务器很容易。但在Web上，你永远不要相信来自客户端的数据。你永远不能肯定是不是有一个恶意黑客在另一端试图访问或修改敏感数据。因此，来自客户端的一切数据都必须在处理之前进行验证。使用浏览器的控制台，每个验证都可以被绕过。这适用于所有的Web应用，不管它们是用Java还是JavaScript写的。

解决方案是在服务器端处理所有写操作时实现一个安全保护。Meteor使用了一个类似于远程过程调用（remote procedure call，RPC）的概念，它可以从客户端调用，先在客户端执行，然后再在服务器端执行。它们被称为方法（method），不仅有助于让应用更加安全，也能够使用延迟补偿让应用对用户更加友好。

把数据存储到数据库中需要相对较长的时间，它取决于网络连接和写入的速度。图7-4说明了如何使用方法来提高安全性和写操作的感知速度。首先，用户提交一个新的锻炼。事件处理程

序接收数据并将其传递给客户端方法。此方法将执行数据验证，以检查输入的距离是否有效。如果所有检查都通过了，它将模拟数据库存储过程，即将数据添加到本地的Minimongo实例并更新用户的屏幕。这些将在一个很短的时间内发生，因为所有的事件都发生在本地计算机或移动设备的内存中。然后数据被发送到服务器，在那里将执行相同的方法。可能会添加一些服务器特定的检查，比如确保用户ID是正确的。如果所有的验证通过，数据将存储在数据库中并向客户端确认操作成功。

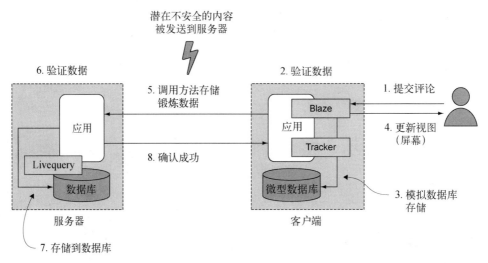

图7-4   用户生成的内容必须总是在服务器上进行验证，因为绕过在客户端上执行的验证代码是可能的

方法不仅可以用于数据库操作，也可以用于其他需要在服务器上发生的任何事情，如发送电子邮件或触发进程。

在本节中，你将使用方法替换默认的insecure包（它可以让任何人访问每个数据库文档），它将允许细粒度的安全控制。用户将能够在集合中添加自己的锻炼记录。为此，你将使用一个方法调用发送写操作，而不是直接进行插入和更新。

7.2.1 删除 insecure 包

正如autopublish功能是以包的形式提供一样，有个名为insecure的包允许客户端向服务器端数据库发起写入。顾名思义，它的目的不是用于生产环境，而是要加快开发的过程。要从应用中删除这个包，请停止"Meteor服务器"，并发出以下命令：

```
$ meteor remove insecure
```

在浏览器控制台可以更新和插入数据，这在开发过程中是很有用的，所以是在开发的早期阶段删除insecure包还是利用它的功能来进行快速开发将取决于你。无论哪种方式，生产环境下部署应用都不应该让insecure包依然有效。

　　一旦insecure包被删除，服务器重新启动后，任何试图更新、插入或从客户端删除文档的尝试都会导致错误，控制台中会输出错误信息（参见图7-5）。

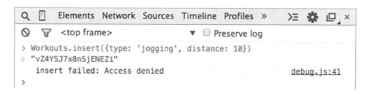

图7-5　当insecure包被删除时，在浏览器中的任何写操作都会被拒绝访问

说明　数据的读取访问由发布定义，所以删除insecure包不会保护任何敏感数据。它只是禁止客户端直接写入服务器端的数据库。

7.2.2　使用方法将数据写入集合

　　在哪里使用方法取决于你想做什么。如果把一个方法放在服务器文件夹中，你仍然可以从客户端调用它，但该方法只会在服务器而不会在客户端上执行。如果该方法在服务器和客户端之间共享，则该过程类似于Collection.insert()函数。这意味着这个方法调用将在客户端上立即执行。如果一切顺利的话，它也会在服务器上执行；如果有什么问题，客户端会返回到该函数调用前的样子。这样，你也可以用方法来获得延迟补偿。

提示　如果方法在客户端上执行，它将是一个模拟执行。你可以通过在方法上下文中使用this.isSimulation()进行一个检查，以确定该代码是用于触发远程方法还是只作为存根运行。如果该方法在客户端上运行，这个函数将返回true，模拟也可以在服务器上使用。

　　现在你希望用户能够通过添加一个简单的表单自己添加锻炼记录。如果表单提交，则从表单中提取数据，然后用这个数据调用方法。在方法调用中，要确保数据是有效的，并且来自已登录的用户——客人是不能添加锻炼数据的。最后，你在这个方法中创建一个新的锻炼记录。

　　Meteor.call()需要一个强制参数：方法名称。此外，你可以无限制地添加其他需要的参数，它们将在该方法中可用。你提供的最后一个参数是一个回调函数，用来处理方法返回的结果（参见代码清单7-11）。回调本身需要两个参数：error和result。如果方法像预期那样完成，error的值将保持为undefined。result中包含方法的返回值，在这种情况下，其值为新插入锻炼文档的ID。

代码清单7-11　从客户端调用方法

表单提交的默认行
为应该被阻止，因为
它将重新加载页面

使用
jQuery从
距离输入
框中抽取
数据，并将
其转换为
一个整数

像通常一
样监听表
单的提交
事件

```
Template.addWorkout.events({
  'submit form': function (evt, tpl) {
    evt.preventDefault();

    var distance = parseInt(tpl.$('input[name="distance"]').val());

    Meteor.call('CreateWorkout', {
      distance: distance
    }, function (error, result) {
      if (error) return alert('Error: ' + error.error);
    });
  }
});
```

该方法使用它的
名称和附加参数
来调用

该方法有一个回调函数，如
果发生错误或从服务器返回
结果，回调函数将会被调用

　　方法总是有一个名称，可以有不定数目的参数。这样，你可以使用一个方法将数据从客户端发送到服务器。下一步，你必须定义这个方法，它的目的是创建一个锻炼文档。让我们把它放到方法（methods）文件夹下的一个新文件中。它应该可以在客户端和服务器端访问，这样就可以利用延迟补偿（见下面的代码清单）。

代码清单7-12　使用一个方法来创建新文档

创建方法遵循辅助函数的规
则：方法函数以一个键–值对
对象为参数

对象的键
是方法的
名称

```
Meteor.methods({
  'CreateWorkout': function(data) {
    check(data, {
      distance: Number
    });

    var distance = data.distance;
    if(distance <= 0 || distance > 45){
      throw new Meteor.Error('Invalid distance');
    }

    if(!this.userId){
      throw new Meteor.Error('You have to login');
    }

    data.workoutAt = new Date();
    data.type = 'jogging';
    data.userId = this.userId;

    return WorkoutsCollection.insert(data);
  }
});
```

使用检查以确
保该方法中只
使用数据

做距离
验证

如果验证失败，抛出一个新
的Meteor.Error。它像一个正
常的JavaScript错误，但是会
自动传播到客户端

在方法中通过this来
访问当前登录用户的
userId

向要创建的
文档添加一
些数据

你现在可以肯定，添
加到集合的数据已被
保存

　　如果看看这个方法，你会看到data参数是最后传递给WorkoutsCollection.insert方法的。正因为如此，确保你准确地知道这个来自客户端的数据对象中包含了什么是非常重要的。如果没有进行任何安全检查，用户可以在`WorkoutsCollection`集合中添加任何数据。我们将再次使用`check()`函数，并更加详细地来看看它。

使用`audit-argument-checks`来验证所有的用户输入

发送到方法的每个参数在处理之前都应该进行检查。使用的表单域越多，就越难跟踪用户的每个输入是否已被检查过。Meteor中带有一个包`audit-argument-checks`，可用于检查每个参数确实在使用前检查过。通过下面的命令将它添加到你的项目中：

```
$ meteor add audit-argument-checks
```

每次客户端向服务器发送一个参数进行处理，`audit-argument-checks`将确保它首先被检查。你需要为所有的方法添加检查。如果没有检查，方法仍然会执行，但你将会在服务器上看到一个异常，如下面的代码清单所示。

代码清单7-13 方法中未检查的值将产生的控制台消息

```
Exception while invoking method 'CreateWorkout' Error: Did not check() all arguments
    during call to 'CreateWorkout'
    at _.extend.throwUnlessAllArgumentsHaveBeenChecked (packages/check/match.js:
    352)
    at Object.Match._failIfArgumentsAreNotAllChecked (packages/check/match.js:108)
    at maybeAuditArgumentChecks (packages/ddp/livedata_server.js:1596)
    at packages/ddp/livedata_server.js:648
    at _.extend.withValue (packages/meteor/dynamics_nodejs.js:56)
    at packages/ddp/livedata_server.js:647
    at _.extend.withValue (packages/meteor/dynamics_nodejs.js:56)
    at _.extend.protocol_handlers.method (packages/ddp/livedata_server.js:646)
    at packages/ddp/livedata_server.js:546
```

根据期望的参数类型，你需要使用不同的检查。虽然`Match.Any`可接受来自客户端的任何值，但其他检查会更严格。表7-1列出了用于检查变量内容的可用匹配模式。

表7-1 检查变量内容的匹配模式

模　　式	匹　　配
`Match.Any`	匹配任何值
`String,Number,Boolean,undefined,null`	匹配给定类型的一个变量
`Match.Intger`	匹配一个有符号的32位整数。不匹配无穷大、负无穷大或NaN
`[pattern]`	单元素的数组匹配一个元素数组，数组中的每个元素和模式匹配。例如，`[Number]`匹配一个（可能是空的）数字数组，`[Match.Any]`匹配任何数组
`{key1:pattern1,key2:pattern2,...}`	键的值与给定模式匹配。如果有模式为`Match.Optional`，则该键不需要在对象中存在。值不能包含模式中没有列出的任何键。值必须是一个没有特殊原型的普通对象
`Match.ObjectIncluding({key1:pattern1,` `key2:pattern2,...})`	匹配一个包含给定键的对象，值可以包含其他的键及任意键值
`Object`	匹配包含任意键值的普通对象；等价于`Match.ObjectInclu-ding({})`

（续）

模　式	匹　配
Match.Optional(pattern)	匹配undefined或和模式匹配的值。如果用在一个对象中，仅仅匹配于下列情况，如果该键未定义或该键值不是undefined并且和给定的模式匹配[①]
任意构造函数（例如，Date）	匹配给定类型的任何实例
Match.Where(condition)	使用该值作为参数调用condition函数。如果condition返回真，匹配成功。如果condition抛出一个Match.Error或返回假，则匹配失败。如果condition抛出任何其他错误，则在调用检查时抛出该错误

7.3　总结

在本章中，你了解了以下内容。

☐ 发布/订阅是Meteor从服务器发送数据到客户端的方式。

☐ 为了应用的安全性，autopublish和insecure包必须删除，发布和方法应取代其位置。

☐ 发布可以从数据库返回数据或发布定制的数据。

☐ 发布可以通过文档字段（比如用户/所有者ID）来安全地限制所发布的数据。

☐ 订阅可以是全局的或者只在单个模板中使用。

☐ 通过服务器端方法写入数据库是安全的，比使用允许/拒绝模式更灵活。

☐ audit-argument-checks包有助于确保客户端提供的所有数据在使用前都进行了验证。

---

① 原文的表述很难理解，这里没有按照原文翻译，而是按照我的理解给出了一个解释。以下是官方文档给出的一个例子，看看这个例子应该比较清楚了。

```
//在对象中
var pattern = { name: Match.Optional(String) };
check({ name: "something" }, pattern) // 验证通过
check({}, pattern) // 验证通过
check({ name: undefined }, pattern) //抛出异常
check({ name: null }, pattern) //抛出异常
// 在对象以外
check(null, Match.Maybe(String)); // 验证通过
check(undefined, Match.Maybe(String)); // 验证通过
```

参考：http://docs.meteor.com/api/check.html#matchpatterns。

——译者注

第8章

路　　由

本章内容
- ❏ 在Meteor应用中添加路由功能
- ❏ 创建布局
- ❏ 使用`Iron.Router`改进代码结构
- ❏ 用控制器、钩子和插件扩展`Iron.Router`
- ❏ 创建服务器端路由和接口

随着应用的规模和复杂性不断增加，你将不得不处理大量的订阅、发布、集合和模板。因此需要一种方法组织这些东西，指定要呈现什么以及在渲染的模板中什么是可用的数据上下文。

一个处理这种复杂性的好方法是使用路由（route）。这意味着你可以根据唯一的URL来决定订阅什么、渲染什么以及指定数据上下文。路由器处理所有这些任务。Meteor中最常用的路由包是`Iron.Router`。

`Iron.Router`是一个社区包，由Chris Mather和Tom Coleman维护。Tom为Meteor开发了第一批路由中的一个，称为`meteor-router`，而Chris创建了一个名为`meteor-mini-pages`的路由项目。然而Meteor社区是幸运的，他们将各自的工作合并，开发了一个新的路由器，最终成为`Iron.Router`包。

Meteor开发小组曾经在开发路线图中计划自己的路由包，虽然路由是每个Web框架的一个重要方面，但后来他们决定不再开发了。因为由社区力量构建的路由器非常好，没有必要再开发一个。

8.1　Web 应用中的路由

如果在一个正常的网站上单击一个链接，浏览器中的URL就会发生变化。然后，浏览器从新URL的服务器上请求资源。Web服务器从给定路由接收请求后所做的第一件事就是遍历一个字典，该字典中包含服务器所知道的所有路由。如果请求的路由与字典中某个已知的路由相匹配，则执行预定义的动作。每个动作结束时会创建一个响应并将其发送回浏览器，然后浏览器会渲染它从新路由接收到的HTML。路由器通常用于处理所有这些功能（图8-1）。

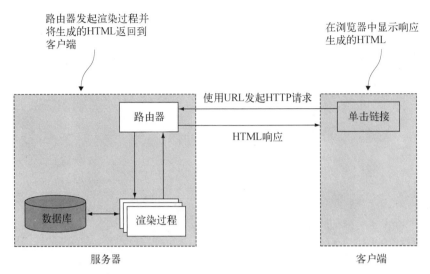

图8-1   服务器端的路由器处理客户端HTTP请求并以HTML格式进行响应

假定你在一个社区网站上，看到一个用户个人信息列表。其中一个是Manuel。如果你单击Manuel的链接，浏览器的URL将发生改变，一个请求会被发送到服务器。服务器执行该路由预定义的动作，生成Manuel档案的HTML。最后，响应被发送回来。

使用Meteor创建客户端的Web应用。这意味着，如果单击一个链接，将不会请求服务器上的另一个HTML文档。在Web应用中，如果单击一个链接，视图会在浏览器中直接改变，不需要发送一个新的HTTP请求到服务器。这意味着，从技术上说，你不需要任何路由，因为你可以把改变DOM的函数和特定锚元素单击事件的事件处理程序直接连接起来（图8-2）。

当用户个人信息的链接列在网站上时，其处理过程和静态网站是完全不同的。如果你单击Manuel的个人信息链接，URL不会改变，一个JavaScript事件处理函数会在浏览器中直接处理单击。DOM在单击时可以直接改变并显示一个加载指示器，比如一个简单的字符串`Loading...`。同时，应用会从服务器提取需要的数据，用以显示个人信息。在Meteor中，可通过更新或创建一个新的订阅来做到这一点。如果新的数据在客户端可用，DOM会进行更新，新的个人信息会被显示。

如果像这样基于单击事件修改当前的HTML而不改变浏览器的URL，它会影响应用的可维护性。如果要快速找到去哪里看你的代码，让URL结合一个应用能够理解的路由字典将是一个很好的起点。假设你要加入一个项目，该项目中创建了一个复杂的应用，而且它对你来说是全新的。如果你单击社区网站的一个个人信息链接，URL变为profiles/manuel，你可以从所定义的路由开始，查看它执行了什么动作。可以使用这个URL作为第一提示来寻找相关的代码，这是非常重要的。

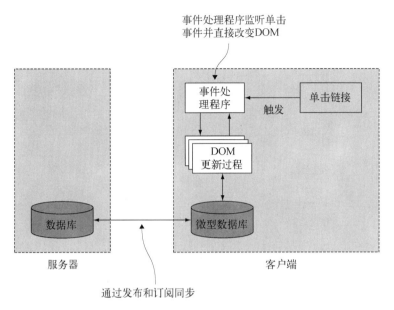

图8-2 客户端的Web应用可以在事件处理程序中处理DOM操作

为什么即使在客户端应用中也应该总是使用URL？其主要原因在于Web本身的体系结构。URL定义了可以在Web上获取的每个资源。它使你能够与朋友分享内容。如果你的社区应用只包括一个URL，你将不能与任何人分享一个有趣的个人信息。如果要执行某些操作，如对表进行过滤或排序，将这些操作反映在URL上是很好的。考虑一个你需要经常访问的大数据集，该数据访问需要特殊但非常重要的过滤和排序组合。如果能通过一个URL来访问这个精确的数据集，你就很容易把它添加到书签，和你每次需要访问时都进行配置比起来，这要快得多。

URL不仅对人类浏览网页很重要，对应用本身也很重要。搜索引擎抓取网站时，它总是试图理解关联到某个特定URL的文档内容。如果用户在搜索栏输入要搜索的短语，搜索引擎将尝试给出最佳匹配的URL作为响应。如果你的应用包含的所有内容只有一个URL，搜索引擎就不能正确地将访问者重定向到与用户搜索的短语相关的确切视图。

因为路由对Meteor应用是如此重要，所以Iron.Router实现了一个路由器。该路由器在客户端和服务器端都可用。在客户端，路由器可以基于给定的URL帮助你建立新的订阅，结束旧的订阅。此外，它基于当前的URL渲染指定的模板(图8-3)。正如你在这一章中会看到的，Iron.Router还有更多的功能。

8

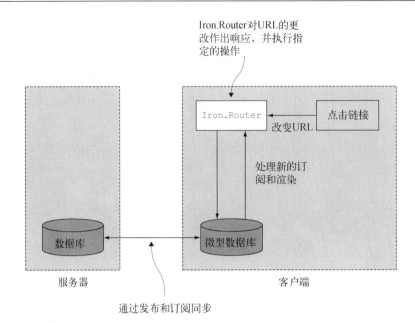

图8-3　Iron.Router监听URL的更改并执行路由定义的操作

你也可以将Iron.Router作为一个正常的服务器端路由使用。这意味着你可以创建一个Meteor应用的REST接口。Iron.Router的主要用例是客户端路由，这是本章的重点。但在本章结束时，我们也会看看服务器端的路由。

8.2　客户端路由

在这一节中，我们将向你展示如何使用Iron.Router实现客户端路由。路由器组件将只运行在客户端上，让你可在无需与服务器联系的情况下进行导航。

你将创建一个社区应用，在其中你可以看到用户的个人信息和该页面上的评论。这样一个应用（几乎任何Web应用）的一个重要方面是URL分享。想想你在我们新社区网站上的个人信息页面。如果该页面没有独特的URL，你将不能与任何人分享它，甚至连你自己也无法访问它。

在本章的最后，你将建立一个应用，它可以包含无限数量的个人信息页面，每个页面都有唯一的、可共享的URL。每个个人信息页面都将有一个专用的URL来显示其内容，如图8-4所示。我们的应用将含有多个路由，不仅用于静态页面，也用于那些需要数据来渲染模板的动态页面。

图8-4　单页面社区应用的一个简单的个人信息页面

8.2.1　添加 `Iron.Router`

Meteor的核心不带有路由器，但如前所述，`Iron.Router`是一个高质量的包，由Meteor社区开发并且维护得很好。对你的Meteor项目而言，必须首先添加`Iron.Router`包：

```
$ meteor add iron:router
```

一旦添加了`Iron.Router`，你就可以在应用的客户端和服务器环境中访问Router对象。因此，你也可以使用它来执行服务器端路由。我们稍后会回到服务器上使用Router。

在应用文件夹的根目录下创建一个路由器（router）文件夹。这个文件夹里面，将存放所有路由相关的文件，让我们从routes.js文件开始，它包含所有的路由定义（图8-5）。

图8-5　`Iron.Router`在客户端和服务器上都能工作，所以要把routes.js文件放在客户端或服务器以外的文件夹，使它在各种环境下都可访问

routes.js文件将定义应用应该包含的所有路由。把应用的所有路由都放在一个文件中是个很好的做法，这让你可以快速地浏览路由。

8.2.2　创建第一个路由

下一个目标是建立两个基本路由。一个是标准的主页（home）路由，它应该在应用的根进行渲染。此路由与路径/有关。第二个路由是简单的关于（about）页面，这是当用户访问/about URL时应该呈现的页面（参见图8-6）。

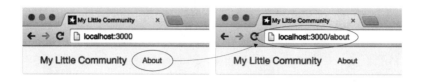

图8-6   单击顶部导航中的About链接将把URL改为/about

说明   为了减少代码的复杂性，我们不会显示任何bootstrap标记。本章可供下载的代码中包含所有相关的bootstrap代码，以实现更漂亮的外观。要添加Bootstrap CSS框架，你必须添加twbs:bootstrap包。

第一步中将要使用的文件结构如图8-7所示。

图8-7   要创建两个简单的路由，你必须定义每个路由以及每个路由应该渲染的模板

当用户在根路径/上时，home.html文件（见代码清单8-1）中包含了应该渲染的模板。从/.导航到/about页面将进入一个静态页面，其中显示了该应用进一步的信息。为实现这个，你将使用一个存储在静态文件夹中的about模板。index.html文件包含一些通用的模板以及应用的<head>元素。

代码清单8-1   社区应用的初始模板

```
// index.html
<head>
  <title>My Little Community</title>
</head>

<template name="header">
  <nav>
    <ul>
      <li><a href="/">My Little Community</a>
      </li>
      <li><a href="/about">About</a>
      </li>
    </ul>
```

头模板包含导航，这样它可以包含在其他模板中

```
  </nav>
</template>

// home.html
<template name="home">
  {{> header}}

  <h1>Home</h1>
</template>

// about.html
<template name="about">
  {{> header}}

  <h1>About</h1>
</template>
```

模板包括头模板，
这样导航将在每
一个视图的顶部

没有什么太花哨的模板。header模板内部的导航包含两个锚元素。一个链接到根路径<a href="/">My Little Community</a>，另一个链接到关于页面<a href="/about">About</a>。下一步，你要将这些路由添加到Iron.Router，并使用下面代码清单中的代码显示适当的模板。

代码清单8-2   设置不同的路由

```
// routes.js
Router.route('/', function(){
    this.render('home');
});

Router.route('/about', function(){
    this.render('about');
});
```

渲染指定
的模板

定义一个路径, URL匹配
这个路径时, 将它与一个
函数调用联系起来

Router对象有一个route函数，它需要两个参数：路径和相关的函数。如果URL改变并且其路径和指定的路径匹配，相关函数将被调用。在调用函数的范围内，你可以通过this访问所谓的RouteController对象的当前实例。在RouteController的帮助下，你可以渲染模板到DOM中的指定位置。在这种情况下，因为没有其他的定义，所以this.render('templateName')函数的字符串参数所指定的模板将被渲染在<body>元素内。

8.2.3 基于路由定义布局

对于整个应用，你要保持一致的布局，例如，保持主导航菜单在顶部。因此，可以为所有路由设置默认布局。另外，一些路由可能需要不同的布局。首页将并排显示多个图像，而个人信息页使用更大的单个图像文件。

1. 单一的布局

在前面的示例中，我们应用中渲染的每个模板都包含了顶部的导航（参见图8-8）。

8

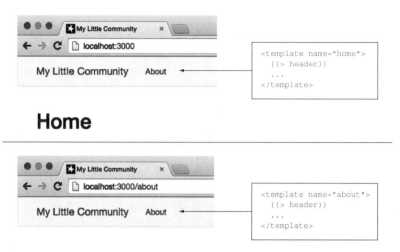

图8-8　在每个路由中重用模板而不使用布局

　　一个更有效重用头模板的方法是对每个路由使用布局模板，然后只基于当前路由来改变布局的一部分。如果布局变得更加复杂，或者在单个应用中必需使用多个布局时，这个方法特别有用。

　　正如你在图8-9中看到的，对于这两个路由，masterLayout模板都应该被渲染，所以header模板总是在顶部。动态部分根据当前路由更改。如果当前路径是/，则布局的动态部分应该用home模板来替换；如果路径更改为/about，则布局的动态部分必须由about模板进行替换。

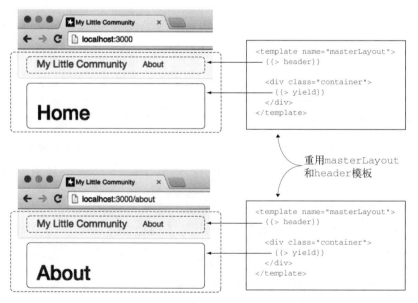

图8-9　{{ > yeild}}是一个动态区域，应该由当前路径需要渲染的模板来替换

在布局模板中，你使用了{{> yield}}模板辅助函数，它由Iron.Router包定义。使用{{> yield}}，你可以确切地指定需要渲染路由模板的地方，它是一个内容的占位符。这就是所谓的区域（region）。

记住，把你视图模板中的代码合并到masterLayout模板，如下面的代码清单所示。

代码清单8-3 将布局相关的标记移动到公共的布局模板

```
// masterLayout.html
<template name="masterLayout">
  {{> header}}

  <div class="container">
    {{> yield}}
  </div>
</template>


// home.html
<template name="home">
  <h1>Home</h1>
</template>
```

要指定每个路由的布局，必须在Router对象内通过configure()函数来设置。为了把这个配置和路由定义分开，把下面的内容放在一个新的文件router/config.js中：

```
Router.configure({
  layoutTemplate: 'masterLayout'
});
```

2. 使用多个布局

你需要两个布局来区分个人信息页面和首页，而不是对所有的路由使用单个布局模板。首先，让我们看看老的masterLayout模板和新的profileLayout模板（图8-10）。

正如所见，个人信息布局有两列。左列显示图片，右列为个人信息。还有一个主要的内容区域由{{> yield}}模板辅助函数指定。左边的第二个区域需要一个名称，这样它就可以在后面的route函数中引用。为此，你可以使用一个命名的区域，就像这样：{{> yield "name"}}。

在route函数中可以指定要使用的布局，如果不指定，将使用configure函数设置的布局。如果configure函数中也没有指定布局，那么该模板将直接渲染到<body>（见下面的代码清单）。

代码清单8-4 在route函数中设置布局

```
Router.route('/profiles/manuel', function () {        设置布局
  this.layout('profileLayout');        ←
  this.render('profileDetail');        ←  布局模板用于渲染指定
});                                         的profileDetail模板
```

8

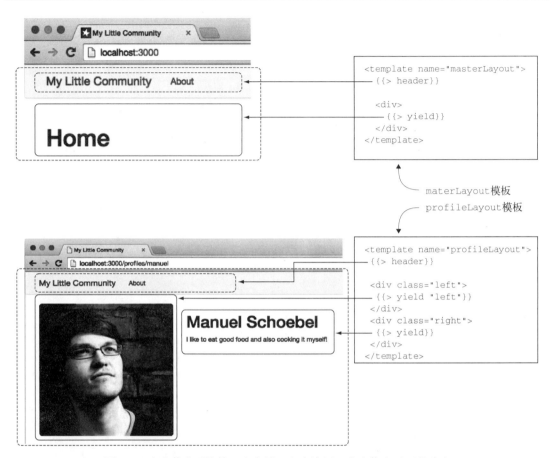

图8-10　个人信息页的第二个布局，它应该用于个人信息页面的路由

3. 为命名区域定义内容模板

如果你如前面的{{> yield "left"}}那样，命名了几个区域，你需要指定在那里渲染什么模板。可以在以下的几种方式种选择一个来做这件事。

最简单的方法是在模板内部。Iron.Router使用名为contentFor的模板辅助函数，让你定义特定区域的内容（见代码清单8-5）。这块区域以外的任何东西都被渲染到主区域。

代码清单8-5　使用模板辅助函数在一个命名区域内渲染模板

```
// profileDetail.html
<template name="profileDetail">
  {{#contentFor 'left'}}              块的内容将渲
    <img src="...">                  染在命名区域
  {{/contentFor}}                     left中

  <h1>Manuel Schoebel</h1>                       这些将渲染
  <p>I like to eat good food and also cooking it myself!</p>   到主区域
</template>
```

你也可以使用contentFor直接指定要渲染的模板：

```
{{> contentFor region='left' template="profileImage"}}
```

定义区域内容最灵活的方法是在路由定义中。render()函数有个to选项，可以指定要渲染模板和数据的区域（见下面的代码清单）。

代码清单8-6　使用JavaScript在一个命名区域中渲染一个模板

```
// profileDetail.html
<template name="profileDetail">
  {{> contentFor region='left' template="profileImage"}}        ←── 使用模板辅助函数设置模板和区域

  <h1>Manuel Schoebel</h1>
  <p>I like to eat good food and also cooking it myself!</p>     | 这将渲染
</template>                                                        | 到主区域

<template name="profileImage">
  <img src="...">
</template>

// routes.js
Router.route('/profiles/manuel', function () {                     选项"to"指定
  this.layout('profileLayout');                                    在哪里渲染给定
  this.render('profileImage', {to: 'left'});          ←──         的模板
  this.render('profileDetail');
});
```

你以静态方式定义了一个特定个人信息的路由，原因是使用了路由/profiles/manuel。当然，你希望定义一个通用的详细个人信息页面的路由，接下来你将会看到。

8.2.4　根据路由设置数据上下文

在我们应用的主页路由上，你希望有多个个人信息的链接指向他们的详细信息页面。个人详细信息页面应该有一个模板，该模板渲染通过该URL指定的单个个人信息。这意味着路由/profiles/stephan应该使用Stephan的数据来渲染个人详细信息模板。路由/profiles/manuel也应该渲染个人详细信息的模板，但使用的是Manuel的个人信息数据（图8-11）。

图8-11显示了本章中将实现的核心功能。它需要在主页路由上显示的个人信息列表，一个将重定向到个人信息URL的more...链接，以及一个显示详细个人信息的动态路由。

主页路由的数据上下文必须是一组应渲染的个人信息。在个人信息的详细页面上，你只需要一个用户的数据作为profileDetail模板的上下文。因为该URL已经定义了数据上下文，所以需要使用Iron.Router来设置它。

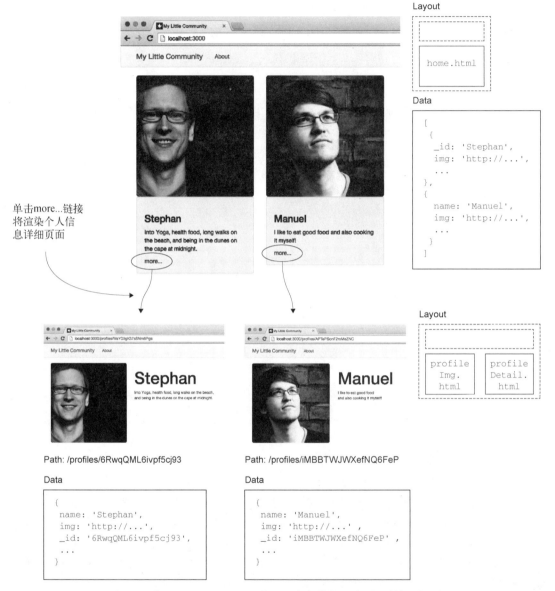

图8-11　使用Iron.Router，你可以定义模板、布局和数据上下文

　　为了让事情更简单，让我们假设autopublish包仍然有效，以便在客户端上访问所有的个人信息数据。你还需要所有的个人信息数据在ProfilesCollection中可用。可回到第7章学习如何设置数据的发布和订阅以限制客户端上的数据访问。

　　相关的逻辑位于routes.js文件（见代码清单8-7）。你现在有三个路由：home或/、/about和一个动态的/profiles路由，它接收一个用户ID作为URL参数，用户ID用于确定哪个个人信息需要显示。/about路由保持不变，但其他两个需要更新。

现在，home路由设置home模板的数据上下文。它返回一个对象，对象中包含在客户端上可访问的所有个人信息，并使它们可以通过profiles访问。这使得在home模板中的{{#each profiles}}...{{/each}}结构中可以访问所有的个人信息。没有必要定义返回数据的模板辅助函数；Iron.Router可以处理这件事情。

代码清单8-7　使用Iron.Router设置数据上下文

```
// routes.js
Router.route('/', function(){
  this.render('home', {
    data: function(){
      return {profiles: ProfilesCollection.find()};
    }
  });
});

Router.route('/about', function(){
  this.render('about');
});

Router.route('/profiles/:_id', function(){
  profile = ProfilesCollection.findOne({_id: this.params._id});
  this.layout('profileLayout');
  this.render('profileDetailLeft', {
    to: 'left',
    data: function(){
      return profile;
    }
  });
  this.render('profileDetail', {
    data: function(){
      return profile;
    }
  });
});
```

个人信息可在主页模板中通过{{profiles}}访问

设置渲染模板的数据上下文

冒号表示路径变量

通过this.params.key访问路径变量

数据可直接访问，例如，通过个人信息模板中的{{name}}

设置渲染模板的数据上下文

对于个人信息的详细页面，你期望的路径是/profiles/:_id。前面的:（冒号）表示_id是一个变量，它是从URL读取的。它的内容可以通过当前路由控制器实例的params属性来访问。使用this.params._id来访问该URL的当前值。这样就可以确定需要从数据库中提取哪个文档。让我们仔细看看data选项。

8.2.5　使用 Iron.Router 订阅数据

你已经看到依赖于当前路由的几个方面：应该使用的布局、需要进行渲染的模板以及要查看的数据。通常，autopublish包无法在一个包内使用，所以必须根据当前路由动态订阅数据。

在社交社区的主页上，假设你想展示一些随机的个人信息，但最多10条。这就涉及数据订阅。

但你只想在主页路由上订阅它，而不是在所有时间都订阅这个数据。如果导航到一个个人信息的详细页面，就不需要这10个个人信息了。

首先，你会从应用中删除autopublish包。在服务器上，为了模拟网络延迟，你将创建一个包含轻微延迟的发布。下面的代码清单显示了服务器上的发布代码。

代码清单8-8   使用一秒延迟发布个人信息集合

```
// publications.js
Meteor.publish('profiles', function () {
  profiles = Meteor.wrapAsync(function (cb) {      ← 此代码模拟
    Meteor.setTimeout(function () {                   等待时间
      cb(null, ProfilesCollection.find({}, {       ← 到MongoDB的实际查询在这
        limit: 10                                     里发生，结果存储在个人信息
      }));                     ← 限制发布为10          变量中
    }, 1000);                     个个人信息
  })();

  return profiles;          ← 从发布中返回
});                            MongoDB查询的
                               集合游标
```

下一步，你需要从客户端订阅该发布。让我们从home路由开始。你将传递一个对象作为第二个路由参数，而不是使用简单的this.render()调用。其结果是相同的，但语法不同（见下面的代码清单）。

代码清单8-9   仅通过选项定义路由的行为

```
Router.route('/', {          ← 模板选项指定要渲
  template: 'home',            染的模板          ← 使用data选项设置数
  data: function() {                               据上下文
    return {
      profiles: ProfilesCollection.find({}, {limit: 10});  ← 从 ProfileCollection
    }                                                         返回10个个人信息
  }
});
```

正如你看到的，通过使用选项而不是route函数，你节省了一些代码，对于这种简单的用例它可以完美地工作。

在等待数据时，你希望应用渲染一个加载指示器。Iron.Router带有一个waitOn选项，它可以用来定义所有需要的订阅（代码清单8-10）。使用waitOn选项的时候，一个加载模板会自动显示。可以通过loadingTemplate选项来修改默认的加载模板。你可以在路由选项中做这件事，也可以在全局的路由配置中为整个应用配置加载模板。

代码清单8-10   基于路由的订阅

```
Router.route('/', {
  waitOn: function () {
```

```
    return Meteor.subscribe('profiles');
  },
  template: 'home',
  data: function () {
    return {
      profiles: ProfilesCollection.find({}, {
        limit: 10
      })
    };
  }
});
```

如果等待多个订阅，
你也可以使用一个
数组

当home路由被请求时，你会看到一个加载指示器，如图8-12所示。一旦订阅准备好，home
模板将以正确的数据进行渲染。

图8-12　使用waitOn时，Iron.Router将自动渲染加载指示器

同样的技术可用于显示单个个人信息。要告诉应用需要显示的个人信息，你还必须包括所请
求的个人信息ID。如前所述，你可以使用this.params._id将其传递给订阅。在不使用render()
函数时，路由看起来如下面的代码清单所示。

代码清单8-11　等待单个个人信息的订阅

```
Router.route('/profiles/:_id', {
  layoutTemplate: 'profileLayout',
  waitOn: function() {
    return Meteor.subscribe('profile', this.params._id);
  },
  template: 'profileDetail',
  yieldTemplates: {
    'profileDetailLeft': {
      to: 'left'
    }
  },
  data: function() {
    return ProfilesCollection.findOne({
      _id: this.params._id
    });
  }
});
```

8

这些都是创建单页应用所需的基本构建组件。`Iron.Router`不仅可以帮助你组织代码，而且还可以让你准确地定义需要渲染哪些模板、哪些订阅是必需的、哪些数据应该在模板的数据上下文中可用。

准备好更进一步了吗？让我们来看一些更高级的用例。

8.3   高级的路由方法

在本章的其余部分，我们将看看应用中常用的高级技术。它们和下面的这些内容相关。

❑ 可维护性——使用命名的路由，以便于在控制器和插件中方便地引用和组织代码

❑ 外观——以不同的类[1]突出显示活动的链接

❑ 性能——仅为特定路由加载外部库

❑ 功能——使用钩子添加视图计数器，防止匿名用户访问路由

8.3.1   使用命名路由和链接辅助函数

不要在应用中硬编码任何链接，如锚元素的`href`属性。因为如果路由更改，你必须手动编辑所有硬编码链接，所以链接路径最好依赖于路由名称并使用辅助函数来生成。与模板一样，你可以给路由一个名称，并使用它来引用路由。路由的名称是路由定义中的一个选项。要链接到一个命名的路由，可使用`pathFor`模板辅助函数。

代码清单8-12显示了如何链接到命名的路由。一个个人信息页需要一个个人信息ID来正确地显示它的内容。在这种情况下，路由名`profile`必须填充一个`_id`变量，`{{pathFor}}`模板辅助函数必须可以访问它。通过`Iron.Router`来设置数据上下文，或使用`{{#with}}`块辅助函数来传递`_id`值是可能的。代码清单8-12使用`Iron.Router`来设置上下文。

代码清单8-12   使用命名的路由

```javascript
// routes.js
Router.route('/', { name: 'home' });
Router.route('/about', 'about', { name: 'about' });
Router.route('/profiles/:_id', { name: 'profile.details' });

// index.html
<template name="header">
  <nav>
...
    <ul>
      <li><a href="{{pathFor 'home'}}">My Little Community</a></li>    链接到/
      <li><a href="{{pathFor 'about'}}">About</a></li>    链接到/about
    </ul>
  </nav>
</template>
```

----

① 此处的类指CSS中的class。——译者注

```
// profilePreview.html
<template name="profilePreview">
    <img src="{{profileImg}}">
    <div>
        <h3>{{name}}</h3>
        <p>{{profileText}}</p>
        <a href="{{pathFor 'profile.details'}}">more...</a>  ◄──┐
    </div>
</template>
```

个人信息路由需
要：_id，它继承了
profilePreview模板
的数据上下文

使用{{pathFor}}时，它返回一个相对URL，使其在不同的部署环境中都能工作得很好。如果需要一个绝对的URL，你应该使用{{urlFor}}。第三个选择是{{#linkTo}}，它在这一章前面也使用过。它渲染锚元素，并允许在它的标签之间包含内容，比如提供一个链接文本时（见下面的代码清单）。

代码清单8-13　使用linkTo块辅助函数来渲染锚元素

```
{{#linkTo route='about'}}About{{/linkTo}}

// 渲染到
<a href=""/about">About</a>

{{#linkTo route='home' class='navbar-brand'}}
    My Little Community
{{/linkTo}}

// 渲染到
<a class="navbar-brand" href="/">
    My Little Community
</a>
```

任何添加到{{#linkTo}}块辅助函数的属性都将被渲染到锚元素。这样，你就可以添加属性，比如class、data-*或id。

8.3.2　让活动路由有更好的导航链接

为了让用户知道他们目前正在处理应用的哪个部分，你应该突出显示与当前路由相关联的链接。这样，用户可以直接看到他们在应用上的位置（图8-13）。

对于这个功能，你需要一个可用于任何模板和导航链接的全局模板助手。全局辅助函数的目的是检查当前活动的路由是否匹配链接的路由。要知道哪些路由当前处于活动状态，你将使用Iron.Router的命名路由功能：

```
Router.route("/about", {name: "about"});
```

每个路由都可以有一个可选的名称，这使它更容易引用。代码清单8-14定义了一个模板辅助函数，用于确定当前路由的名称并将其返回到模板。在HTML文件中可以实现一个简单的检查，并为当前路由的li元素设置active CSS类。

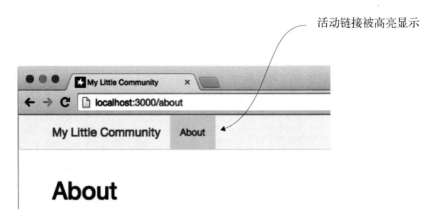

图8-13   活动的导航项目有活动的CSS类和高亮的UI

代码清单8-14   用于高亮显示一个活动链接的全局模板辅助函数

```
// helpers.js
Template.registerHelper("isActiveRoute", function(routeName) {
  if (Router.current().route.getName() === routeName) {
    return 'active';
  }
});
```

如果当前活动路由的
名字等于routeName，
返回active

```
// index.html
<nav>
  <ul>
    <li class="{{isActiveRoute 'about'}}">
      {{#linkTo route="about"}}About{{/linkTo}}
    </li>
  </ul>
</nav>
```

模板辅助函数以一个
路由名称作为参数进
行检查

linkTo辅助函数为
/about路由创建实际
的链接标签

你可以在每个想设置为活动的导航链接上使用这个模板辅助函数，活动类取决于当前路由的名称。也可以将此辅助函数用于任何需要检查当前活动路由名称的其他地方。

8.3.3　等待外部库加载

Meteor在初始页面请求时会在客户端加载每个JavaScript。如果你的应用包含很多外部的JavaScript库，那么不把所有的东西都放在主应用文件夹是一个好主意，因为这样做会增加第一次访问页面时需要传输的数据量，因而导致页面加载时间将比静态渲染的页面长。如果你需要使用初始页不需要的外部库，最好将它们从初始加载请求中拆分出来。

Iron.Router使基于路由来加载外部库成为可能。当添加一个地图或日期选择器时，库必须在渲染之前加载，这也可以通过Router实现。

wait-on-lib包将提供必要的功能：

```
$ meteor add manuelschoebel:wait-on-lib
```

这个包使你可以使用一个名为IRLibloader的对象，它可以用于路由中的waitOn函数，就像在Meteor.subscription中那样。假设你只想为/profiles/:_id URL加载jquery.fittext.js库。一旦加载，它会使文本的大小更加灵活。该库位于公用文件夹中，即public/jquery.fittext.js[①]。

有了wait-on-lib包，waitOn函数可以像代码清单8-15所示那样使用。你定义一个完整的URL或文件名，wait-on-lib将在公用文件夹中查找文件。

代码清单8-15　等待外部库加载

```
// router.js
Router.route('/profiles/:_id', {
  // ...
  waitOn: function() {
    return [
      Meteor.subscribe('profile', this.params._id),     ← 你可以订阅发布，
      IRLibLoader.load("/jquery.fittext.js")                就像通常那样去做
    ];                                                ← IRLibLoader的行为就像
  },                                                      一个订阅，它还包括一个
  //...                                                   加载指示器
});
```

即使Meteor被作为一个完整的应用加载，你仍然可以加载那些不是应用中每个访问都需要的库，这样可以减少初始页面加载时必须传输的数据。

8.3.4　将路由组织为控制器

到现在为止，你在route()方法中直接添加了所有的路由功能。如果在一个大型的应用中这样做，routes.js文件很快就会变得太大而难于管理，你不能一眼快速了解应用的路由。作为一种组织代码更好的手段，Iron.Router引入了控制器的概念（见下）。

路由控制器简介

　　许多Web框架建立在MVC原则之上，它包括**模型**（model）、**视图**（view）和**控制器**（controller）。因此，控制器术语有很多相关的内容。Meteor不依赖MVC模式，这意味着这些假设可能是不准确的。那么，在Iron.Router中，什么是控制器？

　　路由控制器是常用共享路由指令的蓝图。每个路由可以建立在这些默认设置上，并根据需要进行扩展。从技术上说，路由控制器是一个对象，它在URL改变时保存状态信息。当应用越来越大时，控制器主要提供了以下两个好处。

　　❑ 继承——路由控制器可以建立在另一个路由控制器之上，用来模拟应用的行为，遵从**不要重复你自己**（Don't repeat yourself，DRY）原则。

　　❑ 组织——将路由逻辑分离到不同的文件有助于更好地维护实际路由和业务逻辑的结构。

　　[①] 公用文件夹内的所有内容都会被原样提供。这意味着即使一个JavaScript文件位于public中，它也不会被Meteor缩小，即使使用--production参数运行也不例外。

默认情况下，所有的路由函数，比如route()和render()，依赖于默认的Route-
Controller对象。

你可以为每个路由指定一个控制器，并放在它自己的文件中。这样，你可以从routes.js文件
删除所有逻辑，并把它分割到多个文件，类似于处理模板的方法。

比如说，你想为主页路由使用一个控制器。它应该等待一个profiles集合的订阅并设置数
据上下文，以便所有可用的个人信息都可在home模板中显示。

要为路由指定一个控制器，可以显式地将其设置为一个字符串或控制器对象。控制器本身通
常和路由有相同的名字，并且有后缀Controller。你需要组织你的代码，将每个控制器放在一
个专用的文件中。对于HomeController，你需要定义waitOn、template和data属性，如代
码清单8-16所示。

代码清单8-16　使用Iron.Router控制器

```
// routes.js
Router.route('/', { controller: 'HomeController' });        ←    利用控制器使
                                                                 routes.js文件
// homeController.js                                              更具可读性
HomeController = RouteController.extend({        ←
  waitOn: function () {
    return Meteor.subscribe('profiles');                    每个控制器扩展默认的
  },                                                        RouteController对象
  template: 'home',
  data: function () {
    return {
      profiles: ProfilesCollection.find({}, {
        limit: 10
      })
    };
  }
});
```

RouteController可以和route()有相同的属性。这意味着你也可以创建自定义的action
函数或指定一个layoutTemplate。将路由分割到单独的控制器中使得routes.js文件简短而干净
（见下面的代码清单）。

代码清单8-17　使用控制器的路由声明

```
                                                      基本的路由不需
                                                      要控制器
Router.route('/', { controller: 'HomeController' });        ←
Router.route('/about', 'about');
Router.route('/profiles/:_id', { controller: 'ProfileController' });
```

如果使用的是命名路由，你甚至不必再指定一个控制器。如果有一个名为home的路由，
Iron.Router将会自动寻找一个名为homeController或HomeController的控制器。下面的
代码和代码清单8-17中的代码实现了一样的工作：

```
Router.route('/', { name: 'home' });
Router.route('/about', { name: 'about' });
Router.route('/profiles/:_id', { name: 'profile.details',
                                 controller: 'ProfileController'});
```

如果需要,你可以将一个名称和一个控制器ID传递给路由

8.3.5 使用钩子扩展路由过程

钩子基本上就是一个可以添加到路由过程中的函数。使用路由钩子最常见的要求之一是防止匿名用户访问内部路由。另一个用例是跟踪一些统计或计数视图,比如某个个人信息被查看的次数。要跟踪每一个视图,你可以使用onRun钩子。这个钩子只确切地运行一次,不管是否发生计算无效以及重新运行等事件。因此,onRun是用来增加视图计数的完美钩子。

> **Iron.Router钩子**
>
> 对于每一个钩子,你可以创建一个函数或多个函数组成的数组,它们都将会被调用。
>
> onRun——当路由第一次运行时调用。它只运行一次!
>
> onRerun——每一次计算无效都会被调用。
>
> onBeforeAction——在action或route函数运行前调用。如果有多个函数,你必须确保next被调用,因为在onBeforeActions中下一个函数的调用不会自动发生。如果你想要下一个onBeforeAction函数被调用,就必须调用this.next。
>
> onAfterAction——在action或route函数运行之后调用。
>
> onStop——如果一个路由停止,比如运行一个新的路由,这个钩子将被调用。

在代码清单8-18中,你添加了一个onRun钩子到ProfileController。现在,每当路由被访问时,ProfilesCollection的一个update都会被执行,它将当前个人信息的views字段增加1。

8

代码清单8-18 添加一个钩子到RouteController

```
// ProfileController.js
ProfileController = RouteController.extend({
  layoutTemplate: 'profileLayout',
  template: 'profileDetail',
  yieldTemplates: {
    'profileDetailLeft': {to: 'left'}
  },
  onRun: function() {
    ProfilesCollection.update({
      _id: this.params._id
    }, {
      $inc: {
        views: 1
      }
    });
    this.next();
  },
```

这个路由每次运行时,视图属性将增加1

使用next()继续路由

```
...
});
```

现在，每个个人信息的查看都被计算在内，你可以在一个个人信息的数据上下文中使用
{{views}}来添加它。

在我们的社区应用中，有几个路由只有会员能够访问。这可以通过onBeforeHook来方便地
实现。其代码可参考代码清单8-19。在onBeforeAction钩子内，你对当前用户的ID进行检查。
如果没有可用的用户ID，你将把请求重定向，显示一个membersOnly模板。结合对用户ID进行
检查的数据发布，这将足以阻止用户看到他们没有被授权的内容。

代码清单8-19　特定路由需要用户登录才能访问

```
// profileController.js
ProfileController = RouteController.extend({
  // ...
  onBeforeAction: function() {
    if (!Meteor.userId()) {
      this.render('membersonly');
    } else {
      this.next();
    }
  },
//...
});
```

把这些钩子放在控制器中或封装成插件可以让它们可重复使用。

8.3.6　创建 `Iron.Router` 插件

如果你想创建一个用于多个应用或可在社区共享的钩子，那么创建Iron.Router插件将是
正确的作法。这些插件使得一些易于移植的功能很容易共享，并可在应用和包中使用。让我们把
需要用户登录的钩子变成一个插件。

每个Iron.Router插件都可以作为配置的一部分添加。你可以在所有的或某些特定的路由
中包含它。因为在/profiles路由中已经有了一个onBeforeAction钩子，所以你可以把代码从
这里移动到一个新的router/plugins/membersOnly.js文件中。创建一个插件类似于定义模板辅助函
数的方式。插件有两个参数：router和options。插件不是简单地读取传递给它的参数，它使
用lookupOption函数来访问Iron.Router中所有可用的配置选项。你可以按照这里访问
membersOnlyTpl设置的方式，使用该函数访问layoutTemplate。正如代码清单8-20所示，插
件的大部分代码与实际路由相当类似。

要使用插件，你不会从一个特定的路由或控制器来调用它，而是在路由配置文件
router/config.js中设置它（见代码清单8-20）。插件通过Router.plugin('name',options)来加
载。这个options对象包含两个设置：membersOnlyTpl，当一个匿名用户试图访问需要用户ID
的路由时，它定义需要渲染的模板；only设置包含一个受影响的路由数组。你有一个需要保护
的路由/profile。如果你的大多数路由都需要一个插件，那么你可以使用except而不是only

来定义不需要用户登录的所有路由。

代码清单8-20　创建一个可重用的 `Iron.Router` 插件

该插件名为
membersonly

它作为一个
onBeforeAction
钩子运行

```
// membersOnly.js
Iron.Router.plugins.membersOnly = function(router, options) {
  router.onBeforeAction(function() {
    if (!Meteor.userId()) {
      this.render(this.lookupOption('membersOnlyTpl'));
    } else {
      this.next();
    }
  }, options);
}

// config.js
Router.plugin('membersOnly', {
  membersOnlyTpl: 'membersonly',
  only: ['profile.details']
});
```

this.lookupOption
也可以访问
Router.configure()
设置的全局选项

继续，如果有
用户ID

用户没有登录的
情况下，应该渲
染的模板

该插件只适用于
profile.details路由

　　请记住，此插件仅在客户端检查用户ID。任何恶意用户都可以伪造一个用户ID，所以依靠路由功能作为唯一的安全措施是不够的。应该在使用路由的同时，在服务器端的发布中对用户ID进行检查，这样才可以确保你的应用在生产环境中是安全的。即使用户可以得到单个个人信息的布局和模板，他们仍然无法访问任何数据，因为数据没有首先发布到客户端。

8.4　用于 REST API 的服务器端路由

　　如果你需要非Meteor客户端的API就不能使用DDP，所以你可能需要一个传统的HTTP接口。在一个自动化的过程中，你可能想让脚本来基于ID查找他们的用户名。这样所有的路由都发生在服务器上，因为你面对的是一个愚蠢的客户端，它只知道一个URL。如果客户端需要的只是一个名字字符串，那就没有必要首先发送所有JavaScript过去。

　　服务器端路由的实现需要为 `route()` 函数传递 `where` 选项。你使用此选项来限制路由仅在服务器端使用。要提供HTTP接口来有效地绕过大多数Meteor的功能，你可以依靠Node.js的基本功能，即 `request` 和 `response` 对象（见代码清单8-21）。无需定义所有的头，也无需使用 `response.write()`，你的代码短到只使用了 `response.end()`。在 `response.end()` 函数中，你使用给定的ID进行数据库查询并返回 `name` 属性（图8-14）。

图8-14　当给定一个有效的ID时，该接口的响应为成员的名称

代码清单8-21　服务器端的简单路由

```
Router.route('/api/profiles/name/:_id', function() {          Node.js的请求对象
  var request = this.request;
  var response = this.response;                                Node.js的响应对象

  response.end(ProfilesCollection.findOne({
    _id: this.params._id                                      此路由应该只在服务器上
  }).name);                                                   运行,而不应在客户端上运
}, {                                                          行
  where: 'server'
})
```

如果你发出一个请求,以查询字符串和消息为关键字,服务器将返回相关的值。

对于更高级的应用,甚至可以使用route()函数来确定是否收到了GET、POST或PUT请求。对于更多的RESTful路由,可以看看代码清单8-22。它为/api/find/profiles定义了一个GET方法,从个人信息集合中返回所有的数据库记录;它也为/api/insert/profile定义了一个POST方法,用于通过API来创建一个新的个人信息。请记住,当把这个用于自己的API时,为确保API的安全,你需要一个登录系统。

代码清单8-22　RESTful路由

```
// routes.js
Router.route('/api/find/profiles', {                          这是仅在服务器端
    where: 'server'                                           使用的路由
  })
  .get(function() {                                           定义GET请求需要
    this.response.statusCode = 200;                           做什么
    this.response.setHeader("Content-Type", "application/json");
    this.response.setHeader("Access-Control-Allow-Origin", "*");
    this.response.setHeader("Access-Control-Allow-Headers",
             "Origin, X-Requested-With, Content-Type, Accept");
    this.response.end(JSON.stringify(
      ProfilesCollection.find().fetch())                      所有REST响应都应该
    );                                                        是JSON格式的
  })

Router.route('/api/insert/profile', {
    where: 'server'                                           这是仅在服务器端
  })                                                          使用的路由
  .post(function() {
    this.response.statusCode = 200;
    this.response.setHeader("Content-Type", "application/json");
    this.response.setHeader("Access-Control-Allow-Origin", "*");
    this.response.setHeader("Access-Control-Allow-Headers",
             "Origin, X-Requested-With, Content-Type, Accept");
    // 为新人的个人信息返回ID
    this.response.end(JSON.stringify(                         所有REST响应都应该
      ProfilesCollection.insert(this.request.body)            是JSON格式的
    ));
  })
```

定义POST
请求需要做
什么

提示 如果你需要建立一个REST接口，不要直接使用Iron.Router，你应该考虑使用nimble:restivus或simple:rest包，它们都提供了一个更简单的方法来创建路由和服务端点。

Iron.Router是一个非常灵活、高度可配置的路由器，是专为Meteor平台打造的。它使应用能够在特定的路由请求上作出反应，也可以用于很好地优化代码结构。

8.5 总结

在本章中，你已经了解到：

❑ URL使应用可以访问和共享；

❑ Iron.Router是Meteor中路由的事实标准；

❑ 可以使用路由定义模板、订阅和数据上下文；

❑ 路由功能可以通过使用命名路由、控制器、钩子和插件来结构化和分组；

❑ 可以为客户端和服务器创建路由。

8

第 9 章

包

本章内容

❑ 查找并添加核心和社区包

❑ 整合npm包

❑ 编写、测试和发布自定义包

活跃的包生态系统是Meteor最强大的一个方面。包的使用贯穿本书，我们利用包扩展应用的功能只需要几行代码（例如使用twbs:bootstrap或iron:router），也通过包操作删除不需要的功能（例如使用autopublish和insecure）。本章将仔细看看Meteor可以使用什么类型的包以及它们如何一起工作。

在一个系统中，涉及的组件越多，要考虑的所有组件的依赖关系就越复杂。使用第三方库时，调用一组已知的API是很重要的。在最坏的情况下，第三方库会在不同版本之间改变接口，这将导致应用中的小部分更新，可能会破坏整个应用的功能。包管理器可识别应用中各部分之间的依赖关系。它们的工作也包括将可能的不兼容尽可能降到最低，这样，部分的改变不会意外地破坏某块代码。

读完这一章，你将能够使用现有的包，也能够创建自己的包，从而以更有效的方式来构建Meteor应用。

9.1　所有应用的基础

你在Meteor中创建的所有应用，包括最简单的"Hello World"示例，都已经依赖于几十个包。这些包是Meteor的组成部分，没有它们，Meteor就只剩下纯粹的Node.js。虽然你可以用那种方式写出惊人的应用，但包系统可以让你更容易、更快地实现结果，就像站在巨人的肩膀上。这就像使用普通的JavaScript而不是jQuery来访问DOM，它可以工作，但它需要你付出更多的努力，而这些努力如果用于增强其他功能会更好。

应用由业务逻辑和许多提供功能的基本包组成（参见图9-1）。

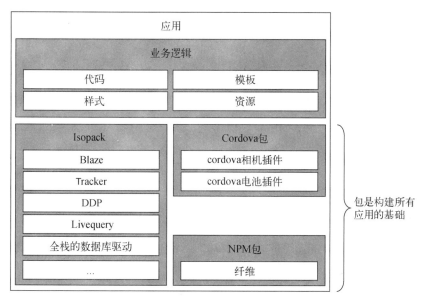

图9-1 在Meteor应用中，包是所有业务逻辑的基础

包可分为三种类型：

❑ Isopack包，这是Meteor自己的包格式；

❑ Cordova包，提供移动功能；

❑ NPM包，它是Node.js封装的模块。

Isopack是Meteor自己的包格式，这将是本章的重点。我们也将看看如何以包的形式整合npm模块。如果想找到更多关于使用Cordova包的内容，可以跳到第11章，在那里我们将详细讨论移动应用和包。

9.2 使用 Isopack

因为它们的同构性，Meteor包被称为Isopack包[①]。与npm模块比起来，它们不局限于服务器，它们可以应用于服务器、浏览器甚至是移动端代码。它们提供单一的接口，而基于特定架构的功能对用户是不可见的。例如，HTTP.get()函数可以在代码中的任何地方调用。从技术上讲，它在服务器上和浏览器上应该有不同的实现。因此，这个提供了HTTP功能的http包，在浏览器环境使用XMLHttpRequest，而在Node.js环境中则使用http.request。

Isopack并不限于JavaScript代码，它们还可以包括样式、模板（例如，在accounts-ui包中包含登录对话框），甚至静态资源，如图像或字体。有些包也可以修改构建过程，比如支持CoffeeScript或LESS样式。我们讨论Isobuild（第11章）时会仔细介绍这些包。

---

① Isopack是isomorphic package（同构包）的简写。——译者注

9.2.1 版本求解器和有语义的版本号

Isopack很少独立存在，它们通常会依赖于其他的包。这样避免了代码的重复，但需要一个复杂的方法来确定哪些包可以很好地在一起工作。Meteor版本求解器（Meteor Version Solver）是包依赖关系的优化约束求解器。它超越了简单的约束求解，因为它不是去找一个可能的解决方案，它的目标是去找最好的解决方案。

一个可工作应用的任何更新都有破坏现有功能的风险。添加新的包也一样，这就是为什么版本求解器在添加新包时试图维持现有的包版本。如果这是不可能的，它就会去寻找一个解决方案，其中只改变该包的直接依赖关系，基于新的API进行向后兼容的升级。版本求解器采用某些解决方案而不是一个可能的方案，这使它成为一个优化的约束求解器。

所有的Isopack包都遵循语义版本规则，这使版本求解器能够确定引入一个包是否是破坏性的。所有为其他包提供公共接口的包，其版本号都由三个部分组成：

```
MAJOR.MINOR.PATCH
```

语义版本

版本号必须使用语义版本号。这基本上意味着你必需使用三个数字，其间用点分开，比如`version: "1.2.3"`。

第一个数字是主要版本号。如果包的变化显著，包含不兼容的API变化，你就需要增加这个数字。这给使用这个包的开发人员一个信号："如果从版本1.x.x更新到2.x.x，必须修改代码，使用新的API。"

增加第二个数字的情况是，包中增加了新的功能，但是没有破坏性的变化。这样，使用该包的开发人员知道他可以从版本1.2.x更新到1.3.x，并且应用可继续运行。他可以决定新的功能是否对他有用，并在必要时使用它。

第三个数字是补丁版本号，增加它的情况是修复了包中的错误但不破坏任何API。使用这个包的开发人员几乎总是要更新到这种版本，因为这样包将更稳定，而且不会破坏应用中的任何东西。

你可以在http://semver.org/阅读更多关于语义版本的内容。

在处理包约束时，开发人员现在可以采取下面的某种方法：

❏ 一个包需要某个确切的版本；
❏ 一个包需要某个最低版本；
❏ 一个包需要某个确切的版本或最低版本。

这将给版本求解器设定各种选项，让它确定最佳的包组合。当一个包需要的最低版本是2.0.0版本，任何以2打头的版本都将是有效的选择，因为所有的版本共享相同的特征集。但如果一个包最低需要2.2.0版本，则只有更高的版本号是可以接受的选择，因为在增加一个次要版本号时，它有可能引入新的功能，只要现有的功能和API仍然可用就可以。需要某个包的2.x.y版本时，可能3.x.y也能工作。但版本求解器在约束求解时不会考虑更高（或更低）的主要版本号。当我们向你展示如何逐步开发自己的包时，你将了解更多关于版本定义的知识。

请记住，Meteor不像Node.js，它的每个应用只支持单一版本的包，这是很重要的。它不可能安装同一个包的不同版本，比如jquery或http包。虽然它可以在服务器上工作，但这种方法在客户端上将导致不可预知的行为。因此，约束解析器必须总是返回包的一个满足所有要求的版本。

9.2.2　查找包

Meteor开发小组维护着一个公共的包服务器，其中保存了所有可用的Isopack。这个包服务器是一个DDP服务，可以通过packages.meteor.com来访问。你可以建立自己的客户端来搜索包，但最好的方法是通过CLI工具。一个更方便的方法是使用Web界面https://atmospherejs.com。包服务器中包含Meteor开发小组开发的核心包，也包含由其他组织或个人开发的社区包。

1. Isopack的类型

Isopack有两级命名空间。大多数包都有一个前缀（如twbs或iron）用于标识维护者。这些都是社区包。没有前缀的Isopack是由Meteor开发小组开发的，被认为是核心包。

核心包由Meteor开发小组本身创建和维护。如果你新建一个Meteor项目，你会立即添加Meteor的很多核心包，虽然只有三个包被显式添加，但其余的包都是这三个包所依赖的。这三个包分别如下。

❑ metero-platform——大概有近50个包的库，包括跟踪器（Tracker）、Blaze、Minimongo和jQuery。要查看所有包含在meteor-platform中的包，可以运行meteor show meteor-platform。

❑ autopublish——自动发布所有集合。

❑ insecure——允许从客户端写入数据库。

要查看Meteor开发小组维护的所有包，可以使用命令行工具进行搜索。确保不要忘记搜索命令最后的点号，它将显示所有的包：

```
$ meteor search --maintainer=mdg .
```

你可以通过$ meteor add package添加核心包。

一个包有前缀，这一事实并不包含任何关于其稳定性或可接受程度的信息，它只是说明了谁负责处理可能出现的问题。

说明　一些包有mrt:前缀，这表明它们已经被自动迁移到Meteor 0.9.0新引入的包系统。它们可能不再被积极维护了。使用这些包时要小心。

---

2. 通过命令行工具搜索包

使用meteor命令行工具，你可以直接访问包库并进行搜索。使用search命令可以在包名中查找任何字符串，例如，ddp：

```
$ meteor search ddp
```

搜索返回的10个包显示在图9-2中。

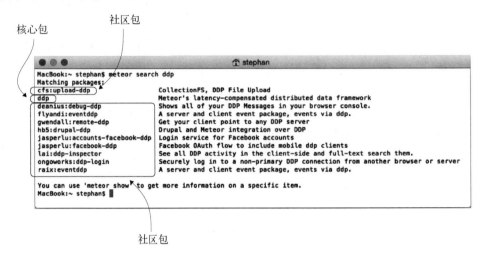

图9-2　使用CLI工具在包库中搜索ddp

正如你看到的，结果集合中列出了多个包，其中一个是名为ddp的核心包。其他包是以创建包的组织的名称开始的社区包。

search命令只列出了一些简要的信息，总结了一个包是做什么的。要查看某个包的详细信息，可使用show命令。其输出包括包的自述文件（README）内容以及现有版本的列表（参见图9-3）。

```
MacBook:~ stephan$ meteor show ddp
Package: ddp@1.1.0
Maintainers: mdg
Exports: DDP, DDPServer (server)

DDP (Distributed Data Protocol) is the stateful websocket protocol
that Meteor uses to communicate between the client and the server. For
more information about DDP, see the [DDP project
page](https://www.meteor.com/ddp) or the [DDP
specification](https://github.com/meteor/meteor/blob/devel/packages/ddp/DDP.md).

This package is used by nearly every Meteor application and provides a
full implementation of DDP in JavaScript. API documentation is on the
[main Meteor documentation page](http://docs.meteor.com/), under
"Publish and subscribe", "Methods", and "Server connections". Note in
particular that clients can use
[`DDP.connect`](http://docs.meteor.com/#ddp_connect) to open a DDP
connection to any DDP service on the Internet.

Recent versions:
  1.0.11  October 28th, 2014     installed
  1.0.12  December 9th, 2014     installed
  1.0.13  December 19th, 2014    installed
  1.0.14  January 20th, 2015     installed
  1.1.0   March 17th, 2015       installed

Older and pre-release versions of ddp have been hidden. To see all 54 versions, run
'meteor show --show-all ddp'.
MacBook:~ stephan$
```

图9-3　Meteor的show命令显示了包的自述文件内容和可用版本

3. 在atmospherejs.com搜索包

atmospherejs.com是Meteor包服务器的客户端，由Percolate工作室开发。它使用一个独特的用户界面来搜索包。与命令行工具不同，它不仅可以搜索匹配的包的名字，也可以搜索自述文件的内容。因此，在atmospherejs.com搜索ddp将返回23个而不是10个结果（参见图9-4）。

图9-4　在atmospherejs.com搜索ddp

使用Web界面还有一个显著的优势：每个包都有一个受欢迎程度的指标，它的计算根据的是包被更新的频率以及有多少用户下载包。此外，也可以为包点赞（添加星星）以显示它们很有用。特别地，当有大量包做类似的事情时，这个受欢迎的指标对于在两个或多个包中选用一个时有很大帮助。另外，每个包的详细信息页有两个链接：一个是相关的GitHub库，另一个是错误报告。

> **流行的Meteor包**
>
> Meteor平台上有成千上万的包可用，这样就很难发现新的包。但有一些包在很短的时间内就会很流行，所有的Meteor开发者都应该知道它们。
>
> ❑ alanning:roles——提供基于角色的授权。
> ❑ aldeed:autoform——可以让你轻松创建表单，可以自动插入和更新，以及提供自动的响应式验证。

- aldeed:collection2——在客户端和服务器上提供插入和更新操作的自动验证。
- bengott:avatar——提供了一个统一的用户头像模板（Twitter、Facebook、Gravatar等）。
- cfs:standard-packages——包含一个用于Meteor的文件管理系统。
- ecwyne:polymer-elements——让你可以把聚合元素添加到Meteor。
- Iron:Router——让你可以在应用中添加路由。
- meteoric:ionic——为Meteor提供了离子用户界面组件（Ionic UI components）的移植，其中不需要Angular。
- meteorsteam:meteor-Postgres——允许你在Meteor中使用PostgreSQL数据库。
- msavin:mongol——在开发过程中提供了一个方便的方法来检查集合内容。
- numtel:mysql——在你的应用中添加MySQL支持，并带有响应式SELECT订阅。
- ongoworks:security——为面向客户端的MongoDB集合操作实现了逻辑安全。
- splendido:accounts-meld——链接来自不同OAuth提供者的账户到同一个用户。
- tap:i18n——为应用增加了本地化/国际化支持。

9.2.3　添加和删除 Isopack

在这本书中，你已经添加和删除包好几次了，所以我们现在专注于处理特定的版本。添加一个包最新、最好的版本，使用meteor add。要添加Twitter Bootstrap，使用以下命令：

```
$ meteor add twbs:bootstrap
```

如果你想使用一个特定的版本，如v3.3.2，可以使用@=操作符：

```
$ meteor add twbs:bootstrap@=3.3.2
```

检查一下.meteor/packages文件。现在，你将看到其中不仅列出了包的名称，也列出了版本约束（参见图9-5）。即使有更新的版本，它也不会考虑，因为这个项目固定使用v3.3.2版本。

```
MacBook:packagesApp stephan$ meteor add twbs:bootstrap@=3.3.2

Changes to your project's package version selections:

twbs:bootstrap  added, version 3.3.2


twbs:bootstrap: Bootstrap (official): the most popular HTML/CSS/JS framework
for responsive, mobile first projects
MacBook:packagesApp stephan$ cat .meteor/packages
# Meteor packages used by this project, one per line.
# Check this file (and the other files in this directory) into your repository.
#
# 'meteor add' and 'meteor remove' will edit this file for you,
# but you can also edit it by hand.

meteor-platform
autopublish
insecure
twbs:bootstrap@=3.3.2
MacBook:packagesApp stephan$ █
```

图9-5　在项目中添加一个包的特定版本

很遗憾，这让版本求解器几乎没有什么选择，我们仅应在少数情况下才需添加包的特定版本，例如，当你试图解决与某些包联合使用的问题时。否则，通常最好还是定义一个最小版本。定义一个最小版本，使用@：

```
$ meteor add twbs:bootstrap@3.3.2
```

此代码告诉版本求解器总是使用Twitter Bootstrap包的版本3，但不能低于3.3.2。

Twitter Bootstrap包是一个相当简单的包，在项目中添加它时不会引入额外的依赖关系。如果你使用更复杂的Isopack，如Iron:Router，一些被依赖的包将被添加到项目中。这些依赖关系是会传递的，这意味着开发人员没有明确地添加它们，但是某个包却要求添加它们。确定和解决这些依赖关系是包管理器的工作。Meteor会在幕后处理这些依赖关系的传递。

删除一个包不需要任何版本信息，使用包的名称就够了：

```
$ meteor remove twbs:bootstrap
```

如果包带有传递的依赖性，删除它的同时，那些在剩下的Isopack中不直接需要也不被依赖的包，也会被删除。

9.2.4　更新包

每次在项目文件夹中发出update命令，版本求解器就会自动确定是否有必要更新什么包。虽然版本求解器在添加新的包时会进行保守的操作，试图避免任何更新，但update命令告诉它，它的目标是最新的可用版本：

```
$ meteor update
```

update命令的默认行为是查找新发布的Meteor并更新核心包，但有时这可能是不需要的，比如你正在修复一个错误的时候。通过向命令提供一个包名，可以将其操作限制在一个包上。要更新项目中的所有社区包，使用--packages-only参数：

```
$ meteor update --packages-only
```

因为所有的核心包都会和某个Meteor发布绑定，所以它们不会被这个命令更新。

9.3　使用 npm 包

Meteor是建立在Node.js之上的，因此也可以使用所有的Node.js包。npm管理这些包，它的存储库中有超过100 000个包。庞大的JavaScript开发社区为几乎所有的用例创建了包，而把这些包整合到Meteor项目中也很简单。

有两种方法可以在一个项目中添加npm包。第一种方法是把它封装进一个Meteor包，这通常是比较好的方法。大多数npm包的设计只在服务器环境中工作，所以它们不遵循Isopack的同构性。第二种方法是使用meteorhacks:npm包，它可以让你像通常的Node.js项目那样使用packages.json。

为npm模块写一个同构的封装器是相当高级的主题，这超出了本书的范围，所以我们将专注于直接引入模块。让我们从添加所需的Meteor包开始：

```
$ meteor add meteorhacks:npm
```

这个包增强了Meteor应用，使npm模块可以直接使用。在添加模块之前，这个包需要进行一些配置，因此在项目中添加`meteorhacks:npm`包以后，必须使用`meteor run`命令来运行项目。作为运行的结果，一个新的文件夹packages将被添加到项目中。它包含一个`npm-container`包，这个包将负责添加npm模块。

要指定需要添加到项目中的模块，需要使用packages.json文件。npm包添加以后，packages.json文件在第一次运行Meteor项目时会被创建，它位于应用文件夹的根目录。如代码清单9-1所示，所有需要添加到应用中的模块被列为键，而所需的版本为值。我们使用gravatar模块作为例子。

代码清单9-1   通过packages.json添加npm包

```
{
  "gravatar": "1.1.1"
}
```

调整packages.json文件的内容并重新启动Meteor，npm模块将会自动添加。因为npm不提供客户端功能，所以模块在服务器端代码中使用`Meteor.npmRequire()`来加载。一旦模块被加载，就可以像在普通Node.js应用中那样使用它。可以参考模块的文档学习更多相关的内容。对于gravatar模块，你可以通过调用`gravatar.url(email)`来获取用户头像的URL，这里的email需要是一个Gravatar账户的有效电子邮件地址（见下面的代码清单）。

代码清单9-2   从Meteor的方法中使用Gravatar npm模块

```
Meteor.methods({
  getGravatar: function(email){
    var gravatar = Meteor.npmRequire('gravatar');
    var url = gravatar.url(email);
    return url;
  }
});
```

这种方法可以从代码的任何地方调用，它使用下面这个熟悉的语法：

```
Meteor.call('getGravatar', 'mail@example.org', function(err, res) {
  return res;
});
```

9.4 创建 Isopack

所有可在不同应用中使用的功能都应该实现为一个包，以实现最大的可移植性。此外，对构建单个应用而言，把不同的功能视为组件是一个好的做法。这有助于将各个关注点清楚地分开，是维护可扩展性的一个基石。通常大的代码库都会被拆分为许多包，它们也大大受益于此。

创建包涉及多个步骤。Meteor还不支持私有的包存储库，所以所有的包必须是公开的，或者在一个项目的包文件夹中供本地使用，这也通常是包开发开始的地方。每个包在发布到官方包存储库之前，必须经过测试。tinytest包是专门为包的单元测试而设计的。

为演示Isopack的创建过程，我们将向你展示如何把第5章介绍的通知功能封装成一个包，这样你就可以使用一行代码轻松地创建错误、警告或成功的消息。

9.4.1 创建包

每个包都有一个由前缀标识的维护者。Meteor开发者可以使用他们自己的用户名或组织名（允许多个人工作在同一个包上）。如果你是一个注册的Meteor开发者，应该使用你的用户名作为前缀创建新包。如果你还没有注册账号，可以在meteor.com网站上注册。

决定把一个新包放在哪里时你有两个选择：在现有应用之中或之外。如果选择在一个现有应用中创建新的包，你必须使用meteor add命令。最干净的解决方案是在任何应用的上下文之外创建新的包。因此，你应该在当前应用之外创建新的包。

创建一个新包的语法如下：

```
$ meteor create --package <prefix>:<name>
```

你将创建一个新的notifications包，前缀为meteorinaction，如图9-6所示。该命令创建包的文件结构模板，包括一个readme.md文件。

图9-6 使用meteor create --package创建notification包

这个基本结构假定所有的代码都放在一个单独的JavaScript文件中，所有的单元测试都在一个专门的*-tests.js文件中，元数据，如包的名称、版本和依赖关系，放在package.js文件中。和常规的Meteor项目一样，你不需要保持给定的结构，唯一的强制性文件是package.js，所以让我们从这里开始。

9.4.2 声明包的元数据

文件package.js包含三个重要的块。

- ❏ `Package.describe()`——包的名称和描述，以及一个git仓库的链接。
- ❏ `Package.onUse()`——包的实际定义，使用的Meteor API版本，使用了哪些文件，等等。
- ❏ `Package.onTest()`——包的测试定义。

使用这些块可以对某些任务进行细粒度的控制，比如声明文件的加载顺序。这个文件中的所有设置都可以对项目中是否能使用某个包有影响。主要成分是带语义的版本号，就像上一节中解释的那样。

如果一个包依赖于npm包，可使用第四个块：`Npm.depends()`。对于使用npm的包，你不需要添加`meteorhacks:npm`包。

1. `Package.describe`

describe块决定一个包的实际名称。无论路径名称是什么，设置的name值会优先使用。下面的这些属性在描述中设置。

- ❏ name——一个独特的包名，使用Meteor的开发者账户/组织作为前缀。
- ❏ version——使用major.minor.patch格式的版本号。使用连字符，你可以在补丁号后添加预发布信息，如`1.1.0-rc1`。
- ❏ summary——使用`meteor search`命令时显示出来的一行文字。
- ❏ git——包含该包源代码的Git仓库URL。
- ❏ document——你要使用的文档文件，如果没有文档可使用，它必须设置为null。
- ❏ debugOnly——如果设置为true，build命令打包的时候就不会包含这个包。

2. `Package.onUse`

这个块是包的核心，没有它，包不会完成任何事情。`Package.onUse()`以一个函数作为参数。它拥有包控制api的对象，可对依赖性和输出对象进行跟踪。

通过`api.versionsFrom()`进行的第一个设置应该是这个包所依赖的Meteor API的版本。这个版本设置了该平台上所有版本依赖的基础。如果一个包需要其他包，这些包将被列在`api.use()`的声明中。通常所有的包必须包含一个版本声明，比如`templating@1.0.11`。因为模板包是Meteor核心的一部分，并且我们已经使用`api.versionsFrom()`设定了一个基准，所以我们可以省略这个版本字符串。所有的社区包必须包括版本约束。其形式可以为`package@=1.0.0`（要求准确版本1.0.0）或`package@1.0.0`（要求版本至少为1.0.0）。甚至有可能使用这样的组合：

```
api.use('package@1.0.0 || =2.0.1');
```

在这个例子中，求解器将尝试使用确切的2.0.1版本。如果这是不可能的，它将会使用这个包的任何1.x.y版本。

如果一个包依赖于多个其他包，这些包以一个数组的形式提供。`api.use`的第二个参数指定了体系结构，即`server`、`client`、`web.browser`或`web.cordova`。尽管包是同构的，但这些设置将会生成更精简的输出。如果一个包只在服务器上使用，它的生成过程将不会包括浏览器端的捆绑，从而减少了需要通过网络发送数据的大小。

要从业务逻辑中访问包的功能，可通过api.export()导出全局对象，它们在所有的代码中可用。再次，有可能指定这个全局对象在什么上下文中可用。对于显示通知而言，你将导出一个仅在客户端使用的Notification全局对象。

使用多个源文件时，api.addFiles()接受一个列出所有文件名的数组；否则，一个字符串就足够了。和Meteor的应用相反，只有那些在这里列出的文件会被自动加载，而不是所有的文件。它们传递给addFiles的顺序也指定了它们的加载顺序。

meteorinaction:notifications包使用三个文件：一个JavaScript、一个HTML和一个CSS文件。完整的onUse()定义如下所示。

代码清单9-3 定义通知（notifications）包

```
Package.onUse(function (api) {
  api.versionsFrom('1.1.0.2');
  api.use([
          'templating',
          'ui'
        ],
        'client'
      );
  api.export(
          'Notification',
          'client'
        );
  api.addFiles([
          'notifications.html',
          'notifications.js',
          'notifications.css'
        ],
        'client'
      );
});
```

3. Package.onTest

默认情况下，所有的包都使用tinytest包进行测试，因此它是onTest()块内第一个要声明的依赖关系。需要测试的包也必须被声明为一个依赖，即使它是当前包。正如你在下面的代码清单中所看到的，整体的语法类似于Package.onUse()。

代码清单9-4 为notifications包定义单元测试

```
Package.onTest(function(api) {
  api.use('tinytest');
  api.use('meteorinaction:notifications');
  api.addFiles('notifications-tests.js', 'client');
});
```

现在，我们有了所有的元数据定义，也就可以实现包功能了。

npm包的依赖

   如果一个包需要npm包的功能，其依赖声明如下：

```
Npm.depends({package: 'version'})
```

   此代码将使npm包在应用中可用。要使用它的功能，不用使用普通Node.js语法的`require`，简单地给它添加一个Npm前缀就可以了：

```
Package = Npm.require('package');
```

9.4.3 添加包的功能

   `notifications`包由三个文件组成。
   ❑ 样式（style）
   ❑ 模板（template）
   ❑ JavaScript代码

   在样式文件中，你定义了三个类：`error`、`success`和`warning`。每个类都有不同的`background-color`和`color`属性，用于区分错误的类型。你可以复制第5章的模板代码到`notifications.html`文件，如代码清单9-5所示。你将对它进行一点改进，以使用一个按钮来解除通知。

代码清单9-5 `notifications`包的模板代码

```
<template name="notificationArea">
  {{#with notification}}
  <p class="{{type}}">{{text}}</p>
  <button>{{buttonText}}</button>
  {{/with}}
</template>
```

   所有通知都将存储在一个`Session`变量中。因此，我们需要一个模板辅助函数来显示`Session.get('notify')`的内容。另外，你可以重用第5章的代码。当用户单击按钮时，你还需要一个事件函数来清除变量内容（见下面的代码清单）。

代码清单9-6 用于`notifications`包的模板辅助函数和事件

```
Template.notificationArea.helpers({
  notification: function () {
    return Session.get('notify');
  }
});

Template.notificationArea.events({
  'click button': function () {
    Session.set('notify', '');
  }
});
```

   在使用该包之前，必须通过package.js文件中定义的全局`Notification`对象来暴露包的功能。你将添加四个函数来设置和清除消息。

- ❑ setSuccess
- ❑ setWarning
- ❑ setError
- ❑ clear

这里的每个函数都将Session对象的内容设置为不同的值（见下面的代码清单）。

代码清单9-7 通过全局的Notifications对象暴露包的功能

```
Notification = {
  setError: function (text) {
    Session.set('notify', {
      type: 'error',
      text: text,
      buttonText: 'Oh, no.'
    });
  },
  setWarning: function (text) {
    Session.set('notify', {
      type: 'warning',
      text: text,
      buttonText: 'Good to know...'
    });
  },
  setSuccess: function (text) {
    Session.set('notify', {
      type: 'success',
      text: text,
      buttonText: 'Cool!'
    });
  },
  clear: function () {
    Session.set('notify', '');
  }
};
```

这就是需要做的，现在你有了一个功能齐全的包。但在一个项目中使用它之前，你需要添加它，就像添加其他包一样：

```
$ meteor add meteorinaction:notifications
```

Meteor希望在项目packages目录下本地包是可用的。但是，如果你在应用之外创建了一个包呢？你总是可以在文件系统中创建一个链接，但这不能在各种工作站上都很好地工作。最好是通过环境变量PACKAGE_DIRS来指定本地包的位置。

在这个例子中，包放在/Users/Stephan/code/packages/notifications目录，这就是我们的应用需要的包目录。因此，我们要将PACKAGE_DIRS设置为/Users/Stephan/code/packages/。它会自动找到notifications包。设置这个全局的环境变量的方法是，使用$ export PACKAGE_DIRS=/Users/Stephan/code/packages（Linux 和 Mac）或C:\>set PACKAGE_DIRS=c:\code\

packages（Windows），或调用meteor命令直接设置（如果你在Windows上，一定要调整路径）：

```
$ PACKAGE_DIRS=/Users/stephan/code/packages meteor add meteorinaction:notifications
```

说明 记住，如果在调用meteor时设置了环境变量，你也必须在每次调用meteor run命令时设置它，这样才能找到包的位置。

如果你在添加包时遇到问题，请检查它是否确实存在并在package.js文件中声明了正确的名字。

在开始包的单元测试之前，让我们快速地进行一个手动测试。在你的应用中添加notificationArea模板，并通过全局的Notifications设置一个消息。为了保持事情的简单性，你可以使用默认的Meteor应用并扩展按钮点击，如代码清单9-8所示。图9-7显示了结果。

代码清单9-8　通过notifications包添加一个通知

```
Template.gravatar.events({
  'click button': function (evt, tpl) {
    // ...
    Meteor.call('getGravatar', email, function (err, res) {
      // ...
      Session.set('gravatarUrl', res);
      Notification.setSuccess('I found a gravatar image!');
    }
  });
});
```

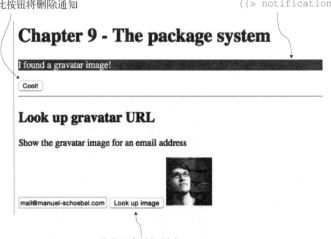

图9-7　使用notifications包

现在，你知道这个包可以工作，接下来将实现单元测试，以确保你在未来升级包时其核心功能不会被破坏。

9.4.4 使用 `tinytest` 测试 Isopack

`tinytest`包的设计是为了使包的测试尽可能简单。它配备了一个很好的Web界面，用于呈现所有的测试结果，使其一目了然，也使运行和分析测试更简单。再次，运行包测试可使用meteor CLI工具：

```
$ meteor test-packages
```

此代码将在localhost:3000启动一个Meteor应用，在这里你可以看到所有的测试结果（图9-8）。

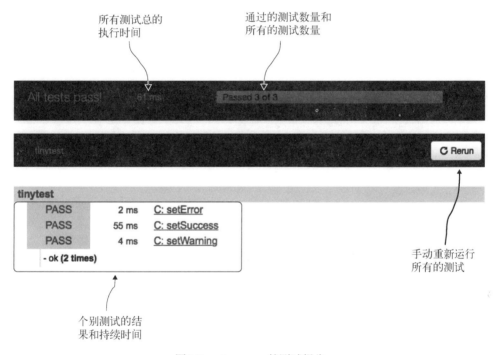

图9-8 `tinytest`的测试报告

如果你改变了任何测试，测试将自动重新运行，就像一个普通的Meteor应用那样。如果想在开发应用的同时也运行tinytest测试报告，可以为测试报告指定一个不同的端口：

```
$ meteor test-packages --port 4000
```

这样，你可以在http://localhost:4000运行测试报告，在http://localhost:3000运行正常的Meteor应用。notifications包的一个简单的tinytest单元测试显示在下面的代码清单中。

代码清单9-9 用tinytest测试Notification.setError

```
Tinytest.add('setError', function (test) {          ←  首先，在tinytest中添加
  var msgText = 'An error message';                     一个有名字的测试
```

```
Notification.setError(msgText);
test.equal(Session.get('notify').text, msgText);
test.equal(Session.get('notify').type, 'error');
});
```

| tinytest暴露了一些测试
| 函数，比如equal

如果想让你的测试更加结构化，可以在测试名称中使用连字符。这样，你可以把测试分组，在测试报告中看到更好的结构。你使用Msg把所有消息相关的测试分组，然后再通过消息类型（success/warning/error）进行分组，如下所示：

```
Tinytest.add('Msg - Error - setError', function(test) {
  //...
});
```

这可以让你折叠和展开各组测试，这对于较大的包尤为重要（如图9-9所示）。

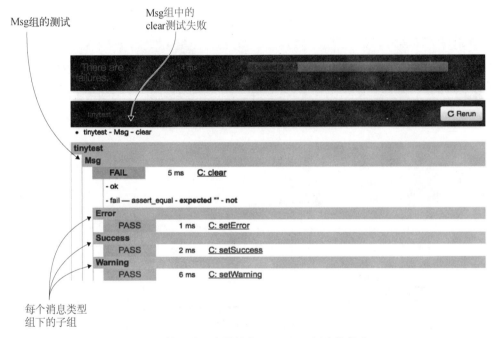

图9-9　使用分组来结构化tinytest报告的输出

让我们再来看看package.js中定义的测试设置：

```
Package.onTest(function(api) {
  api.use('tinytest');
  api.use('meteorinaction:notifications');
  api.addFiles('notifications-tests.js', 'client');
});
```

最后一行声明这个测试仅在客户端上运行。如果你把这行改为api.addFiles('notifications-tests.js');，测试将在应用构建目标的每个环境中运行。对默认的应用而言，这包括

client和server。

如果通知测试在服务器端运行，它们将全部失败，因为全局的Notification只暴露给客户端。该Web报告将显示所有的测试，无论它们在哪个平台上运行。每个测试以一个S或C来显示它是在服务器还是在客户端上运行（参见图9-10）。

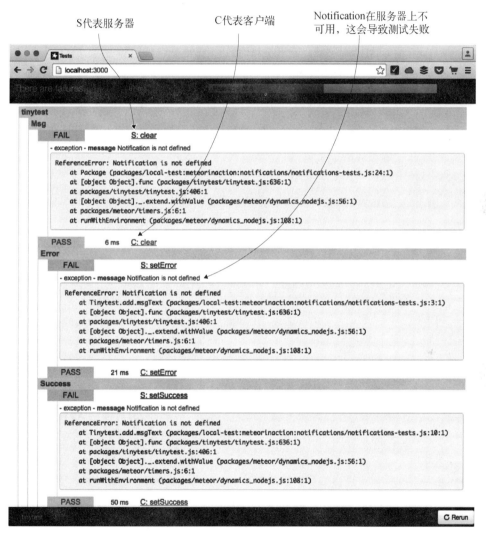

图9-10   在客户端和服务器上运行相同的测试

你还可以指定要在服务器上和客户端上运行的单个测试。你应该使用tinytest对包进行单元测试，尤其是当你想发布包并让其他人也可以使用它们的时候。

tinytest API的简明参考

不幸的是，`tinytest`包没有很好的文档，但大多数API调用是很简单的，因为它们遵循基本的测试操作。下面是编写单元测试时可以使用的操作列表。

❏ `test.equal(actual, expected, message, not)`

❏ `test.notEqual(actual, expected, message)`

❏ `test.instanceOf(obj, class)`

❏ `test.matches(actual, regexp, message)`

❏ `test.isTrue(actual, msg)`

❏ `test.isFalse(actual, msg)`

❏ `test.isNull(actual, msg)`

❏ `test.isNotNull(actual, msg)`

❏ `test.isUndefined(actual, msg)`

❏ `test.isNaN(actual, msg)`

❏ `test.length(obj, expected_length, msg)`

9.4.5 发布

每个新的包都始于本地包。虽然这是不错的，但也有缺点。首先，为了在应用之间共享包，你必须手动复制并粘贴它的文件夹。无法通过`meteor update`命令进行自动更新，因为版本求解器无法访问本地的存储库。另一方面，使用本地包是保持代码私有的唯一选择。一旦一个包被发布，任何人都可以在他们的Meteor项目中使用它，所以了解什么时候不使用publish命令也是重要的。

在Meteor支持私有包存储库之前，发布包并利用版本求解器的唯一方法是使它公开。要做到这一点，你需要有一个Meteor开发账户。

发布到Meteor库的每个Meteor包都和一个用户或组织相关联。用户名或组织名始终是包的一部分，它提供和命名空间一样的功能。你可以用它来建立你作为一个高质量包开发者的声誉。

1. 首次发布

一旦包在可用的状态并且通过了所有的测试，它就可以发布到Meteor的包基础设施中。使用publish命令可做到这一点。发布新的包还必须包括一个`--create`参数：

```
$ meteor publish --create
```

包的所有后续更新可以使用`meteor publish`命令。在你发布包后，可以使用`meteor add authorname:packagename` CLI命令把它添加到任何Meteor应用中。

发布错误

当你发布包时，可能出错的事情不会有很多。最常见的一个错误是试图发布一个已有包的相同版本或是旧的版本。

　　一些用户已经报告，发布位于实际Meteor项目下packages目录中的包时会有问题。如果你遇到发布包的问题，请尝试将它们从现有的项目中移出。

　　一个包发布以后，它对meteor search命令是可见的，也将在atmospherejs.com上出现。记得包含一个有用的自述文件，说明如何使用这个包。要使atmospherejs.com显示自述文件的内容，你还需要在package.js文件中配置一个有效的Git仓库。

2. 更新

　　更新一个包基本上需要两个步骤。首先，在你的package.js文件中增加版本号。然后，在包文件夹中使用meteor publish命令发布更新。与最初的publish命令相比，此时没必要使用--create参数。

3. 取消发布

　　没有办法删除一个已发布的包。其中的原因是，你不知道是否有人已经在使用你的包，删除包将破坏每个使用该包的应用。

　　取消发布或删除包相近似的唯一一件事是对search和show命令隐藏一个包。为此，你可以设置一个包为unmigrated。在一个包的根文件夹中发出以下命令，将其从公共存储库的所有搜索结果中排除：

```
$ meteor admin set-unmigrated
```

9.5　总结

在本章中，你已经了解到以下内容。

- ❑ Meteor应用利用了一个强大的包系统，其中包含了Isopack、npm包和Cordova插件。
- ❑ 公共包存储库是由Meteor托管的，可以通过meteor search或在http://atmospherejs.com访问，你可以在那里浏览包。
- ❑ 所有的包都有一个语义版本号，这允许版求解器来确定一个项目所有包的版本优化组合。
- ❑ 创建包有助于让应用有更好的结构。
- ❑ tinytest是专为测试Isopack功能的单元测试库。
- ❑ 任何一个具有Meteor开发账户的人都可以将包发布到公共库中。
- ❑ 一个包一旦发布，就不能删除，但它可以被设置为不可见的状态。

9

高级服务器方法

10

虽然Meteor是一个同构的平台，但有些事情只能在某些环境中完成。本章向你介绍服务器上的一些高级概念。Node.js在后台运行，现在是时候来仔细看看事件循环和使用异步代码的正确方式了。如果打算让你的应用与外部API进行通信，这将特别有用。

在讨论服务器端的细节时，我们还将讨论一个上传文件到服务器的简单方法。除非另有说明，否则本章中的代码应该在服务器上运行。

10.1 再次介绍 Node.js

Meteor栈的基础是Node.js（参见图10-1）。从技术上讲，它是V8 JavaScript引擎的服务器端实现，你也可以在谷歌的Chrome浏览器中找到这个引擎。因此，Node.js显示出和浏览器一样的特点并不会令人惊讶。这是因为有以下两个原因：

❑ Node.js是事件驱动的；
❑ Node.js使用非阻塞I/O。

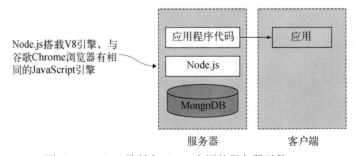

图10-1 Node.js是所有Meteor应用的服务器引擎

这两个特点使得Node.js从其他服务器技术（如PHP或Rails）中脱颖而出，这些技术通常以线性或同步方式执行代码。但即使Node.js本质上是非阻塞的，你仍然可以写出阻塞的代码。

JavaScript是为特定环境而设计的，其中的动作可能需要很长的时间，比如通过56K调制解调器连接服务器查询额外的数据。它不会因为等待一个返回值而阻止所有其他动作的执行。想象一下打电话到呼叫中心然后等待。你是听着音乐等待，还是边等待边做一些其他的事情，比如整理你的办公桌、四处走走或浏览一下网页？如果你在等待的时候做任何其他的事情，那么你的呼叫就不会阻止其他活动，这可以认为是异步的。

回调函数通常用于JavaScript中，一旦结果可用就回到这个任务。如果呼叫中心是由JavaScript支持的，那么他们就不会让你等待，而是会给你一个回调函数，一旦代理人有时间和你说话就可以调用。然而他们常常并没有这样做，可能是因为跟踪大量的回调函数很困难。

10.1.1 同步代码

虽然Meteor基于Node.js的单线程事件循环架构（还记得第1章中比萨的例子吗），但其方法的一般编程风格是同步的而不是典型的Node.js异步回调风格。线性运行模型更容易学习和理解，尤其是在服务器上。这意味着函数依次执行，然后返回最终的值。Meteor保留了Node.js的可扩展性，并将其与一种简化的编码方式相结合（见下面的代码清单）。

代码清单10-1 方法中阻塞的同步代码

```javascript
addSync = function(a, b){
  return a + b;
}

blockFor3s = function(value) {
  var waitUntil = new Date().getTime() + 3000;
  while(new Date().getTime() < waitUntil) {};
  return value;
}

Meteor.methods({
  'blockingMethod': function(value){
    console.log('Method.blockingMethod called');
    var returnValue = 0;
    resultComputation = blockFor3s(value);
    returnValue = addSync(resultComputation, 1);
    return returnValue;
  }
});
```

将两个值相加的同步函数

阻塞CPU 3秒

同步相加

这两个函数完成后返回结果

代码清单10-1使用一个简单的方法来处理两个同步函数并返回结果。`blockFor3s`函数的调用方式完全占用了服务器的CPU，直到它完成，这有效地阻止了CPU处理所有其他的请求。它们必须等待，直到阻塞函数完成。你很容易就能测试这一点——打开两个浏览器，并在两个浏览器的控制台中使用下面的方式调用该方法：

```javascript
Meteor.call('blockingMethod', 1);
```

你会注意到，第一个浏览器会导致这个方法运行并且console.log消息会在终端输出。如果在3秒内，你从第二个浏览器中调用该方法，它不会立即被调用，也没有控制台消息打印到终端。一旦第一个方法调用完成，第二个方法调用将会执行，console.log消息最终输出到控制台。如果你以最快的速度调用这个方法四次，并依次传递值1到4到该方法，结果将会和图10-2所示相同。该方法在每个请求之间暂停3秒。

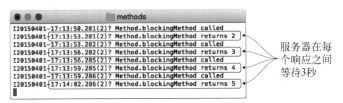

图10-2　调用阻塞的方法会导致各响应之间停顿3秒

现在想象有数百个用户向应用发送请求，每个都需要运行一个不能并行运行的方法。像交通堵塞一样，这些请求会堆积起来，让应用反应迟钝，导致用户体验差。在事件循环中，你需要一种可以为其他人让路的方法，以避免单个用户用一个长期运行的请求阻塞整个应用。其答案是使用异步代码。

10.1.2　异步代码

为了防止单个操作阻塞所有其他活动，你应该将长时间运行的任务转移到另一个进程。计算密集的任务可以在同一台机器或远程服务器上的另一个处理器上执行。Node.js通常使用回调函数来实现这一目标。这意味着你调用一个函数，同时注册另一个函数，一旦长时间运行的阻塞函数完成，第二个函数将会运行一次。这里的第二个函数就是回调函数。这样，在等待长时间运行函数的结果的同时，CPU不会被阻塞，它可以继续处理其他请求（参见图10-3）。

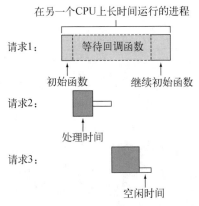

图10-3　当请求1等待另一个进程结束时，两个其他的请求会被处理

在代码清单10-1中的阻塞方法中，简单地添加一个回调函数到Meteor不会改变我们观察到的

行为，因为方法在完成之前不会等待回调函数。相反，方法将从上到下处理，并将结果返回到方法的调用方。代码清单10-2显示了更新过的函数setTimeoutFor3s，它使用setTimeout来将自己的执行延迟3秒。

代码清单10-2 使用模拟延迟的非阻塞方法

```
setTimeoutFor3s = function(value) {              ◁———  这需要一些
  var result = value;                                  时间来完成
  setTimeout(function(){
    result += 3;
    console.log('Result after timeout', result);
  }, 3000);
  return result;
}

Meteor.methods({
  'nonBlockingMethod': function(){
    console.log('Method.nonBlockingMethod');

    var returnValue = 0;                          这将总是打印0，因为
    returnValue = setTimeoutFor3s(returnValue);   Meteor不会等待
    console.log('resultComputation', returnValue); ◁—— setTimeout完成

    return returnValue;
  }
});
```

首先，这个方法调用将被添加到事件循环中并被处理。setTimeout函数也被添加到事件循环，但它会被延迟，并且在原来的方法已经完成以后才会被处理。这解释了为什么该方法的返回值为0，只有在3秒以后正确的结果3才会被打印出来（图10-4）。因为该方法已经运行完成，所以它不能返回结果。因此，该方法不能基于返回值做任何事情。

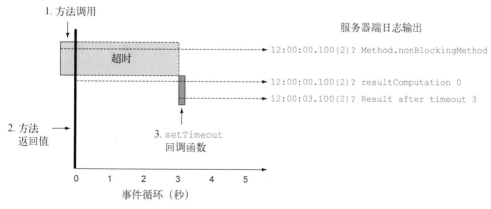

图10-4 setTimeout回调函数是事件循环的一个新函数

现在你已经看到什么是行不通的。下一节介绍了在服务器端使用异步函数的一些不同方法。

通常你需要能够在方法调用中执行一个异步任务并能够处理结果，然后将其发送给客户端。Meteor有一些不同的方法来实现异步代码，它们都依赖于纤维（fiber）。

10.2　使用纤维的异步功能

在Meteor中，每个方法都在一个纤维内运行（参见10.2.1节的定义），其中的原因是：和正常的Node.js编程比起来，它有更多的同步编码风格。Node.js的一个问题是，你经常碰到所谓的金字塔厄运或回调地狱。这是因为在事件循环中，每个函数调用都被注册为一个异步回调。例如，如果你创建一个到数据库的连接、执行一个查询、调用一个外部API，然后保存结果并返回一个值，最后你会有五个回调函数叠在一起。让我们来看看以下代码清单中的伪代码。

代码清单10-3　厄运金字塔

首先，你创建一个到数据库的连接，然后查询数据库中的文档。这可能会返回用户的Twitter句柄。接下来是一个API查寻，让我们假设你要获得花的数量。这个数字将被存储在数据库中，最后结果返回给发起请求的用户。现在想象一下，如果要添加额外的代码来执行一些处理，代码清单10-3看起来会是什么样子？这将是一个维护的噩梦。幸运的是，Meteor会防止你使用这种复杂的结构。

10.2.1　将多任务引入事件循环

本质上Node.js使用一个线程来做所有的事情。这是伟大的，因为它避免了多线程环境中所有丑陋的方面，但它需要一个解决方案来并行处理事情。像和尚一样做完一件事再做另一件事，作为个人生活的选择是伟大的，但服务器通常需要在同一时间处理多个请求，尤其是有多个处理器在等待做事情的时候。

纤维是在Node.js中低开销引入轻量级线程特性的一种可能。有几个用于处理长时间运行任务或并行任务的概念，如future、promise或前面看过的回调函数。由于Meteor严重依赖于纤维，我们将把讨论限制在它们之上。事实上，纤维是Meteor流行的主要原因之一。为了解释它们是如何工作的，我们先来看看两个主要的多任务模式。

1. 抢占式和协同式多任务

为了协调多任务，通常使用一个中央调度程序来为线程分配CPU时间。调度程序有权在合适的时候暂停和恢复线程。有了这种抢占式多任务处理方法，资源可以在进程之间平衡地使用。不幸的是，调度程序不知道什么时候该暂停一个任务，恢复另一个任务。如果一个线程需要大量的处理器资源，但调度程序切换到另一个线程，而另一个线程却需要等待一个I/O操作完成，这样就不是很有效。

在一个进程的上下文中，很容易确定一个任务是否正在等待另一个操作的结果（例如，调用一个远程API或写入数据库）并将CPU时间转移给另一个就绪的任务。这就是所谓的协同式多任务。每个合作线程可能会在需要等待的时候为别的线程让路（也就是说，把资源给别的线程）。这不同于通常使用的抢占式多任务（例如，当操作系统的调度程序决定一个线程必须给另一个线程资源时）。

2. 纤维和事件循环

纤维在事件循环中引入协作式多任务处理。它们只用在服务器端，不能在浏览器中使用。纤维有时被称为绿色的线程，因为纤维不像普通线程那样由操作系统调度，而是由单线程的Node.js服务器管理的。

你基本不需要在Meteor应用中创建纤维，因为它们内置在这个平台上，纤维会被自动使用。默认情况下，Meteor为每个DDP连接创建一个专用的纤维。由于每个客户端使用一个DDP的连接，你可以说它为每个客户创建一个纤维。

代码清单10-3显示了每个回调函数如何使金字塔变得越来越大。为了避免这种情况，你可以把所有的函数封装在一个纤维内（见下面的代码清单）。

代码清单10-4　使用纤维以避免厄运金字塔

```
Fiber(function(){
  var connection, document, apiResult, saveResult = null;

  DB.connect(options, function(err, con){
    connection = con;
  });

  connection.query(something, function(err, doc){
    document = doc;
  });

  ExternalAPI.makeCall(document, function(err, res){
    apiResult = res;
  });

  connection.save(apiResult, function(err, res){
    saveResult = res;
  });

  request.end(saveResult);

}).run()
```

10

代码清单10-4中的代码看起来更容易明白。即使使用异步函数，一个纤维内的执行也是同步的。同步执行不会影响或阻塞其他纤维（参见图10-5）——再也看不见金字塔了。Meteor在幕后使用了完全相同的方法。

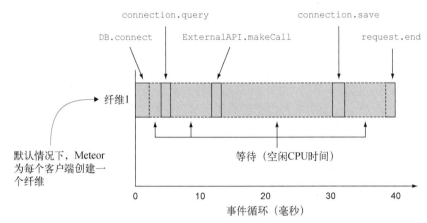

图10-5　对每个DDP连接，Meteor在事件循环中使用一个纤维

即使你没有意识到，你每次在一个服务器方法中使用find()查找集合记录时，实际上执行了一个非阻塞的数据库查询：

```
var user = Meteor.users.findOne({name: 'Michael'});
return user.name;
```

要访问数据库并返回结果，Meteor会自动地将指令包在纤维中。这样做的缺点是：使用异步的外部API变得更加复杂。在10.1.2节，我们看了一个简单的例子，在那里我们使用setTimeout来模拟一个异步函数调用。不幸的是，在异步调用之前，该方法已经完成并返回了一个值。要改变这一点，可以使用纤维。

你可以通过三个命令与Meteor内部使用的纤维进行交互（参见图10-6）。

❑ wrapAsync——为当前纤维附加一个回调函数。

❑ unblock——允许单个纤维内的多个操作并行执行。

❑ bindEnvironment——创建一个新的纤维来维持当前的环境（例如，全局变量的值）。

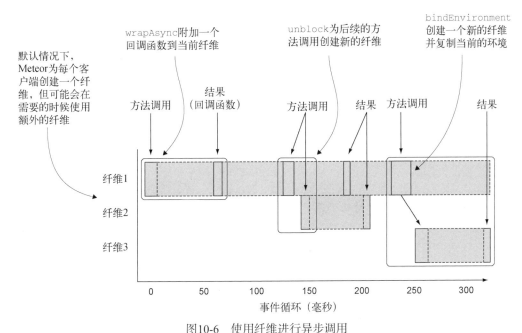

图10-6   使用纤维进行异步调用

10.2.2   使用 **wrapAsync** 为纤维绑定回调函数

Meteor为每个客户请求创建一个新的纤维，所以你可以假设所有的代码都已经在纤维内运行了。但回调函数跑出了纤维，在它返回结果的时候已经没有以前的上下文了（比如哪个用户最先发出请求）。因此，在Meteor中一个常见的错误消息是 "Meteor的代码必须始终在一个纤维中运行"。处理回调函数时，你可以使用Meteor.wrapAsync函数以确保从回调函数返回的结果依然存在于一个给定的纤维内。可以使用函数wrapAsync把其他任何函数封装到一个纤维中。如果没有传递一个回调函数作为参数，它将同步地调用函数。否则，它实际上是异步的。只有提供一个回调函数时，Meteor才能恢复原始函数被调用时的环境，有效地将结果放在同一个纤维中。

代码清单10-5显示了一个更新的方法wrapAsyncMethod，我们即将要调用它。在该方法中调用了一个带有回调函数的异步函数。在纤维的帮助下，等待异步函数完成，然后运行方法，返回正确的值，这是可能的。这个辅助函数在当前纤维自动运行异步函数（参见图10-7）。

代码清单10-5   使用wrapAsync调用函数

```
setTimeoutFor3sCb = function (value, cb) {
  var result = value;
  Meteor.setTimeout(function () {
    console.log('Result after timeout', result);
    cb(null, result + 3)
  }, 3000);
}
```

```
Meteor.methods({
  'wrapAsyncMethod': function () {
    console.log('Method.wrapAsyncMethod');

    var returnValue = 0;

    returnValue = Meteor.wrapAsync(setTimeoutFor3sCb)(returnValue);
    console.log('resultComputation', returnValue);

    return returnValue;
  }
});
```

等待函数
完成

返回3

说明 wrapAsync以一个标准的回调函数为最后一个参数，回调函数有错误和回应两个参数：
callbackFunction(err, result){}。

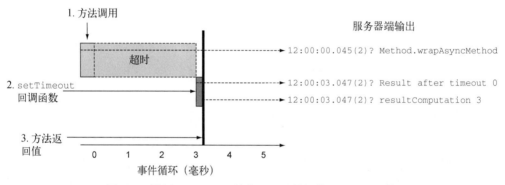

图10-7 使用wrapAsync等待回调函数提供方法的返回值

10.2.3 为单个客户端解除方法调用阻塞

如果你调用一个方法，它可以执行几个任务。另一方面，很多时候多个任务由不同的方法执行，你希望在同一个客户端并行调用多个方法。正如你所知道的，每个客户端都有一个相关的纤维，每个方法在纤维中同步运行，即某个时间只有一个在运行。如果客户端调用methodA然后调用methodB，默认的行为是在调用methodB之前等待methodA完成。

让我们假设你两次调用一个方法（在同一个浏览器中），而被调用的方法是一个阻塞的长时间运行的方法，如下面的代码清单所示。

代码清单10-6 顺序执行方法

```
block = function(value, cb) {
  Meteor.setTimeout(function(){
    cb(null, true);
  }, 3000);
}
```

```
Meteor.methods({
'sequential': function (value) {
    console.log('Method.sequential', value);
    Meteor.wrapAsync(block)(value);
    console.log('Method.sequential returns', value);
    return true;
  }
});
```

在浏览器控制台中，你现在可以这样发出两个方法调用：

```
Meteor.call('sequential', 'first', function(err,res){
  console.log('done first');
});

Meteor.call('sequential', 'second', function(err,res){
  console.log('done second');
});
```

　　你注意到什么了吗？在这个例子中，方法被顺序调用。第一个回调函数在3秒后执行，第二个回调函数在那以后的3秒之后被执行。要以并行的方式立即执行这两个方法，你可以在该方法中使用this.unblock()，如代码清单10-7所示。如果一个方法仍然在等待结果，而同一个客户端进行了额外的方法调用，使用unblock将允许Meteor创建一个新的纤维。

代码清单10-7　使用unblock让其他函数继续运行

```
Meteor.methods({
  unblock: function(value){
    console.log('Method.unblock', value);

    this.unblock();                              ◁──── 调用this.unblock
                                                        允许客户端立刻
    Meteor.wrapAsync(block)(value);                     运行另一个纤维
    console.log('Method.unblock returns', value);
    return value;
  }
});
```

　　在这种情况下，两个方法将立即运行，两个回调函数将在3秒后运行。两个方法都不需要等待另一个完成。可在浏览器中利用Meteor.call来调用这个方法进行测试。

　　正如你在图10-8中看到的，调用sequential方法将运行第一个请求，3秒后运行第二个请求，而unblock方法能立即运行两个请求。

10

当第一个方法完成时，第二个方法调用开始

这两个函数都在同一时间被调用

图10-8　顺序运行方法和使用unblock运行方法

10.2.4　使用 bindEnvironment 创建纤维

对于某些操作，访问进行异步函数调用的环境是很重要的。让我们假设你添加了accounts包，你想在一个简单的方法中访问当前userId。只要以异步的方式来做这件事，容易这样做：

```
Meteor.userId()
```

在一个方法的范围中可以读取userId的值就够了，因为Meteor会自动将各种变量附加到纤维上。方法允许你通过this来访问它被调用时的环境。通过这个调用对象，可以访问不同的属性和函数，比如this.userId，它和调用这个方法的用户相关。如果调用一个在当前纤维之外运行的函数，你将失去对这些环境变量的访问。

调用异步函数setTimeoutFor3sCb时，它需要3秒的时间返回结果，原始的调用环境在回调函数中已经丢失了。突然this失去了对userId的访问，因为它涉及全局对象而不是调用对象[1]。这就是第一个console.log可以在终端打印出当前用户ID而第二个打印导致错误的原因："Meteor.userId只能在方法调用中使用。"为了说明这个问题，看看下面的代码清单。

代码清单10-8　在方法的回调函数中使用Meteor.userid()

```
Meteor.methods({
  'unboundEnvironment': function () {
    console.log('Method.unboundEnvironment: ', Meteor.userId());

    setTimeoutFor3sCb(2, function () {
      console.log('3s later: ', Meteor.userId());
    });
  }

});
```

打印调用该方法的用户ID

生成一个错误消息

在方法中使用异步函数时，如果需要访问当前的环境，可以使用Meteor的bindEnvironment

---

[1]　对于JavaScript中this关键词更深入的解释，可参考http://stackoverflow.com/questions/133973/how-does-thiskey-word-work-within-a-JavaScript-object-literal。

函数。bindEnvironment创建一个纤维并自动地附加正确的环境。在我们的例子中，如代码清单10-9那样修改方法就足够了。整个回调函数被包在一个Meteor.bindEnvironment()块中。

代码清单10-9 在方法中，在绑定的回调函数中使用Meteor.userid()

```
Meteor.methods({
  'bindEnvironment': function () {
    console.log('Method.bindEnvironment: ', Meteor.userId());

    setTimeoutFor3sCb(2, Meteor.bindEnvironment(function () {     ◄── 将方法的当前环境绑定到回调函数
      console.log('Method.unboundEnvironment (3s delay): ', Meteor.userId()); ◄──
    }));
  }                                                                打印调用方法的用户ID
})
```

图10-9显示了未绑定和已绑定环境的调用。因为Meteor.userId的值在回调函数中丢失了，所以未绑定的例子抛出一个错误消息，而第二调用绑定的方法调用成功。

图10-9 在一个没有绑定环境的回调函数中访问Meteor.userId会导致错误

大多数时候，对调用异步函数而言，使用wrapAsync就足够了。只有当你需要访问给定的环境，但不能将所有需要的变量传递给函数调用时，才应该使用bindEnvironment。大多数时候，使用wrapAsync就可以了。

回头看看第7章，在那里我们讨论了将汇总数据发布到客户端。在这种情况下，为了确保发布不会被等待MongoDB的结果所阻塞，我们也不得不使用bindEnvironment。

10.3 整合外部 API

许多应用依赖于外部的API来获取数据。从Facebook获取关于你朋友的信息、查询你所在地区目前的天气，或简单地从另一个网站获取头像——整合额外的数据有许多用途。它们都面临一

个共同的挑战：如果必须从服务器调用API，调用API通常比运行该方法要花费更多的时间。你已在前一节看到如何在理论上处理这个问题，现在我们通过HTTP整合一个外部API调用。

基于访问者的IP地址，你可以获得他们当前位置的各种信息，如坐标、城市或时区。有一个简单的API，可通过IPv4地址返回一个包含所有这些内容的JSON对象，这就是所谓的Telize（www.telize.com）。

10.3.1 使用 HTTP 包进行 RESTful 调用

要与外部RESTful API（如Telize）进行沟通，你需要添加`http`包：

```
$ meteor add http
```

虽然`http`包可以让你从客户端和服务器端进行HTTP调用，本例中的API调用将只在服务器端进行。许多API要求你提供ID及密钥以识别发送API请求的应用。虽然在此例中你不需要任何凭证，但在许多其他情况下你会需要这些，然后才能从服务器上发出请求。这样，你永远不必在客户端共享密钥。图10-10解释了其中的基本概念。一个用户请求某IP地址的位置信息（步骤1）。客户端应用调用一个服务器方法`geoJsonforIp`（步骤2），它使用`HTTP.get()`方法异步调用外部的API（步骤3）。响应（步骤4）是一个与IP地址相关的地理位置信息的JSON对象，它通过回调函数被发送回客户端（步骤5）。

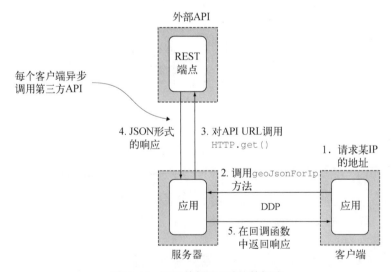

图10-10　调用外部API时的数据流

10.3.2 使用同步方法查询 API

让我们添加一个方法在telize.com中查询某个给定的IP地址，如代码清单10-10所示。此示例只包括查询一个API的基本要素。

代码清单10-10　使用同步方法查询外部的API

```
Meteor.methods({
  'geoJsonForIp': function (ip) {          ◁── 该方法接受一个
    console.log('Method.geoJsonForIp for', ip);    合法的IPv4地址
    var apiUrl = 'http://www.telize.com/geoip/' + ip;   ◁── 构建
    var response = HTTP.get(apiUrl).data;   ◁──          API URL
    return response;                            查询
  }                                             接口
});
```

一旦该方法在服务器上可用，就在客户端调用带有回调函数的方法来查询一个IP地址的位置：

```
Meteor.call('geoJsonForIp', '8.8.8.8', function(err,res){
  console.log(res);
});
```

虽然这个解决方案看起来是可以工作的，但它有两个主要的缺陷。

❑ 如果该API的响应速度慢，那么请求将开始排队。

❑ 如果这个API返回一个错误，就没有办法返回到用户界面。

要解决排队的问题，可以在方法中添加一个unblock()语句：

```
this.unblock();
```

正如你从前面的章节中知道的，调用一个外部API应该总是异步完成。这样，你也可以将可能的错误值返回到浏览器，这将解决第二个问题。让我们创建一个专用的函数用于异步API调用，如此以保持方法本身的干净。

10.3.3　使用异步方法调用 API

代码清单10-11显示了如何调用`HTTP.get`方法并通过回调函数返回结果。它还包括可以在客户端上显示错误的处理程序。

代码清单10-11　用于异步API调用的专用函数

```
var apiCall = function (apiUrl, callback) {
  try {                                        ◁── try...catch允许
    var response = HTTP.get(apiUrl).data;           你处理错误
    callback(null, response);    ◁── 一个成功的API调用不会返回错误，
  } catch (error) {                 但是会返回JSON响应的内容

    if (error.response) {          ◁── 如果API响应是一个错误，
      var errorCode = error.response.data.code;     其中包含了错误代码和错
      var errorMessage = error.response.data.message;   误消息
    } else {                       ◁── 否则使用一个通用
      var errorCode = 500;              的错误消息
      var errorMessage = 'Cannot access the API';
    }

    var myError = new Meteor.Error(errorCode, errorMessage);   ⎫ 创建一个错误对象
    callback(myError, null);                                   ⎬ 并通过回调函数返
  }                                                            ⎭ 回它
}
```

10

在try...catch块中，你可以区分成功的调用（try块）和失败的调用（catch块）。成功的调用中，回调函数的错误对象可能是null；失败时将返回错误（error）对象，而实际响应将为null。

错误有各种类型，你想区分以下两种错误：一是API访问错误，另一个是API调用返回的响应中包含错误。这就是if语句检查的目的：如果error对象有response属性，可以从中获得错误代码和错误消息；否则，你可以显示一个通用的错误500，即无法访问该API。

对于每种情况，无论成功还是失败，都将返回一个可以回传到用户界面的回调函数。要进行异步API调用，你需要如代码清单10-12显示的那样更新方法。改进的代码对方法进行解锁，并把API调用包在wrapAsync函数中。

代码清单10-12　更新过的进行异步API调用的方法

```
Meteor.methods({
  'geoJsonForIp': function (ip) {          避免阻塞其他
    this.unblock();              ◁─────   方法调用
    var apiUrl = 'http://www.telize.com/geoip/' + ip;
    var response = Meteor.wrapAsync(apiCall)(apiUrl);    ◁──
    return response;                                          异步调用专用
  }                                                           的API调用函数
});
```

最后，为了允许来自浏览器的请求并显示错误消息，你应该添加一个类似于下面代码清单中的模板。

代码清单10-13　用于API调用和显示错误的模板

```
<template name="telize">
  <p>Query the location data for an IP</p>
  <input id="ipv4" name="ipv4" type="text" />     设置数据
  <button>Look up location</button>                上下文         如果位置有一个错
                                                                 误属性，显示错误
  {{#with location}}                            ◁──             类型和消息
  {{#if error}}                        ◁──
    <p>There was an error: {{error.errorType}} {{error.message}}!</p>

  {{else}}
    <p>The IP address {{location.ip}} is in {{location.city}}
       ({{location.country}}).</p>
  {{/if}}
  {{/with}}
</template>
```

代码清单10-14显示了连接模板和方法调用的JavaScript。Session变量location用于存储API调用的结果。单击按钮将获取输入框的内容，并将其作为参数发送给geoJsonForIp方法。最后Session变量设置为回调函数的返回值。

代码清单10-14　用于API调用的模板辅助函数

```
Template.telize.helpers({
```

```
location: function () {
    return Session.get('location');
  }
});

Template.telize.events({
  'click button': function (evt, tpl) {
    var ip = tpl.find('input#ipv4').value;
    Meteor.call('geoJsonForIp', ip, function (err, res) {
      if (err) {
        Session.set('location', {error: err});
      } else {
        Session.set('location', res);
        return res;
      }
    });
  }
});
```

API响应存储
在会话变量中

方法调用将会话变量设
置为回调函数的返回值

10.4　将文件上传到集合

虽然上传文件是在网络上最常用的功能之一，但实现这一功能却不简单。你可以在不同的地方存储上传的内容（参见图10-11），每个选项都有它的优点和缺点。

❑ 本地文件系统
❑ 远程存储
❑ 应用的数据库

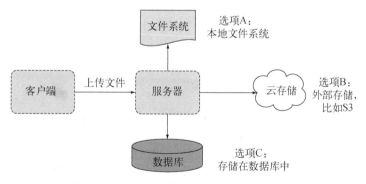

图10-11　Meteor应用中的文件存储和上传选项

大多数开发人员发现，本地文件系统是存储文件的自然解决方案（选项A）。它已经在那里了，也相当快，而且只要空间允许可以容纳尽可能多的内容。由于安全性和性能的原因，许多托管服务提供商不允许访问本地文件系统。想象一个恶意脚本开始写几百兆字节来填满磁盘空间，这将有效地导致该实例上托管的所有应用拒绝服务。在实践中，这意味着部署应用到meteor.com这样的服务上时，你将无法在本地磁盘上存储数据，你需要把文件上传到一个不同的位置。对

Web应用而言，一个更好的解决方案是应用和数据存储的分离。

现在云存储提供商（选项B）是常见的，因为他们提供了很多的优势：快速而且高度可用，而且冗余存储让你的文件更安全。与此同时，使用它们建立应用有点复杂，而且可能是昂贵的。云存储提供商对于扩大生产环境下应用的规模是个好的选择，但如果想快速地看到结果，你可能要考虑另一个选项。

第三种可能是在应用的数据库中存储文件（选项C）。不像文件系统，你总是可以访问它，并且在一个地方存放所有的数据使备份很容易。不幸的是，使用数据库存储文件是非常低效的，因为它很缓慢，而且与保存到文件系统相比需要大得多的空间。MongoDB被设计用来存储文件，但文件最大不能超过16MB。在集合中存储文件需要一些开销，所以实际的最大文件大小约为12MB。MongoDB可以配置为使用GridFS文件系统，它允许你使用任何大小的文件。无论哪种方式，它仍然是一个存储文件低效但方便的方式。

对于小的文件（如头像）或构建原型的时候，数据库是一个可行的选择，它给了开发人员一个最具移植性和最简单的解决方案。在下一节中，你将实现选项C（对于实现上传的其他方式，请参见附注栏）。

有用的文件上传包

虽然在数据库中存储文件方便并且易于实现，但它在大多数的生产方案中几乎是不可取的。为了更好的性能和可扩展性，使用本地文件系统和云存储服务都是更好的选择。

`tomi:upload-server`允许用户将文件上传到本地文件系统，它和`tomi:uploadjquery`一起使用时，可提供一个在移动设备上工作良好的完整的用户界面（这个包实现了选项A）。

`CollectionFS`带有各种存储适配器，允许你在本地文件系统中存储文件（`cfs:filesystem`），在MongoDB中使用GridFS文件系统（`cfs:gridfs`）或在S3桶中存储文件（`cfs:s3`）（`CollectionFS`可以用来实现三个选项中的任何一个）。

将文件上传到云服务时，你可能不希望先将文件上传到你的服务器，然后再将其转发到实际存储中。客户也可以直接上传文件到谷歌云、Rackspace或其他云。`edgee:slingshot`包实现了所需的功能，并可与选项B一起工作。

将文件上传到数据库

在这个例子中，你将创建一个模板用于选择文件，文件将被直接上传到MongoDB集合。然后，文件就可以被发布和订阅，就像任何其他的数据库内容一样。图像数据将以Base64编码格式存储，这样在浏览器中显示图像会很简单。

每个文件文档都将有一个name属性，文件内容在字段base64中。

1. 要求和限制

除了通常的Meteor组件——应用和数据库外，上传文件到数据库没有额外的要求。你将使用浏览器中的HTML5 FileReader API上传文件，所以不是所有的浏览器都会支持，比如Internet

Explorer 8和Internet Explorer 9[①]。

2. 模板

上传文件需要的只是一个input元素。你甚至不需要按钮，因为一个文件被选中时可以立即开始上传（代码清单10-15）。

代码清单10-15　上传文件的模板代码

```
<template name="upload">
  <h2>Upload a file</h2>
  <input type="file" id="file-upload" />
</template>

<template name="file">
  {{#with file}}
    <h2>{{name}}</h2>
    <img src="{{base64}}" />
  {{/with}}
</template>
```

为了正常显示图像，你需要向img标签的src属性传递一个URL。因为这个图像不能从URL访问，所以你也可以直接传递Base64编码的内容到src属性。要从集合中显示多个图像，可以使用{{#each}}块，就像处理任何其他数据库内容一样。

3. 将发布限制为单个文件

第一步是创建用于存储文件的新集合：

```
FilesCollection = new Mongo.Collection('files');
```

此集合应在客户端和服务器上都可用。运行meteor remove autopublish避免将所有文件发送给所有客户。这个集合将变得非常大！

> **说明**　从集合中发布文件时，注意，要把发布限制在一个文件上，以避免发送数百兆字节到每个连接的客户端。

代码清单10-16中显示了建立单个文件发布所需的代码。所请求的文件名通过一个Session变量传给发布。这意味着一次只有一个图像可以显示。如果需要从FilesCollection中显示多个图像，你必须调整函数，让它来处理一个名字数组。

代码清单10-16　发布和订阅单个文件的代码

```
if (Meteor.isServer) {
  Meteor.publish('files', function (file) {
    console.log("publish", file);
    return FilesCollection.find({
      name: file          ◁──── 发布是基于
    });                          文件名的
```

10

[①] 你可以在http://caniuse.com/#feat=filereader检查哪些浏览器支持FileReader API。

```
  });
}

if (Meteor.isClient) {
  Tracker.autorun(function (computation) {
    Meteor.subscribe('files', Session.get('file'));
  });
}
```

传递会话变量，
单个文件将被
返回

现在，数据库中的文件可以发送到客户端，是时候来实现上传过程了。

4. 使用FileReader API上传图片到集合

利用HTML5本身的功能，在客户端上传文件不需要任何Meteor相关的代码。选择一个文件将触发上传，文件的内容将上传到服务器端的方法并被存储在数据库中。正如你在下面的代码清单中可以看到的，这个代码看起来有点复杂，我们一行一行地来看。

代码清单10-17　使用FileReader上传文件

```
if (Meteor.isClient) {
  Template.upload.events({
    'change #file-upload': function (event, template) {
      var file = event.target.files[0];
      var name = event.target.files[0].name;

      var reader = new FileReader();
      reader.onload = function (file) {
        var result = reader.result;
        Meteor.call('saveFile', name, result);
      }
      reader.readAsDataURL(file);
    }
  });
}
```

该代码监听uploads模板中ID为file-upload的input字段的更改。虽然FileReader API允许多个文件同时上传，但这个代码只支持一次上传一个文件。实际的文件通过当前事件访问：event.target.files[0]。你可以通过该对象的name属性来访问文件名，然后文件名被赋给一个变量。创建一个FileReader的实例（reader）。当文件被成功读取时，onload事件被触发，此时文件内容发送到服务器的saveFile方法。该方法接受两个参数：文件名和一个Base64字符串，其中保存了文件的内容（result）。

为了让FileReader加载文件，使用了readAsDataURL()函数。这个函数读取二进制数据并自动将其编码为Base64格式。当这个动作成功完成时，onload()事件被触发。

如果你愿意，可以在调用服务器方法之前进行额外的验证，比如，验证正在处理的文件是一个图像：

```
if (!file.type.match('image.*')) {
  alert('Only image files are allowed');
  return;
}
```

相应的服务器方法saveFile（代码清单10-18）应该看起来很熟悉，同你以前看到的例子的唯一区别是buffer中拥有更多的数据，并且是Base64编码的。所有的数据通过DDP发送到方法，这次也不例外。上传完全通过WebSockets完成，而不是使用传统的HTTP。

代码清单10-18   在集合中存储文件的saveFile方法

```
if (Meteor.isServer) {
  Meteor.methods({
    'saveFile': function (name, buffer) {
      FilesCollection.insert({
        name: name,
        base64: buffer
      })
    }
  });
}
```

剩下要做的就是显示图像的内容。

5. 显示存储在集合中的图像

在这一点上，剩下的代码很简单。图像将像任何其他集合文档那样被返回：

```
if (Meteor.isClient) {
  Template.file.helpers({
    'file': function () {
      return FilesCollection.findOne();
    }
  });
}
```

前面已经增加了模板，所以你现在就可以测试新的上传功能了。

请记住，这个简单的解决方案不适合大文件和高流量环境，但它对于实现快速和可移植的上传功能是非常有用的。

10.5   总结

在本章中，你了解到以下内容。

- □ 尽管Node.js的设计是无阻塞的，但在Meteor应用中写阻塞的代码是可能的。
- □ Meteor引入纤维使得编写异步代码更加容易。
- □ 在服务器上写异步代码时，你可能会使用unblock()和wrapAsync。只在少数情况下应该使用bindEnvironment。
- □ 通过http包调用外部API时应该异步进行，以避免阻塞。
- □ 异步服务器函数可能会通过回调函数返回错误到客户端。
- □ 处理文件上传有多种选项。如果不使用社区包，最简单的方法是使用应用的数据库。

10

Part 3

走出陨石坑

本书的最后两章讨论了构建、调试和部署应用。第11章解释构建过程如何工作，并教你如何把一个Web应用变成手机和平板应用。在第12章你将了解Meteor应用成功部署的先决条件、简单的负载测试和缩放选项。

构建和调试

本章内容
- ❏ 自定义Meteor构建过程
- ❏ 使用服务器外壳和`node-inspector`进行调试
- ❏ 创建浏览器应用
- ❏ 创建移动应用

随着智能手机的兴起，Web应用可以不再需要Web浏览器，因为它们也可以作为移动应用。如果不提供移动平台的支持，Meteor将不是一个建立现代应用的合适工具。能够运行Meteor应用的平台可以是服务器、浏览器，甚至是iOS和Android这样的移动设备。

虽然没有必要创建应用的exe文件或二进制文件，但即使JavaScript这样的解释性语言都需要一些源码处理才能运行。创建JavaScript项目最熟悉的一个步骤是缩小，即将源文件减少到最小，以可读性为代价将网络流量降到最小。

把源代码转换成可执行的应用是构建工具的工作。Meteor的构建工具是Isobuild，主要工作在幕后，使你专注于编码而不是建立构建过程。

在这一章中，我们将对Isobuild的以下两个主要方面进行详细讨论：
- ❏ Meteor的构建过程如何工作；
- ❏ 如何建立各种平台的应用。

此外，本章还介绍了调试技术，它可让你更好地了解应用在运行时内部所发生的情况。

读完这一章，你将能够自定义工作流，使你的应用在iOS和Android设备上运行。

11.1 Meteor 的构建过程

每当Meteor项目运行时，Isobuild在幕后都很忙。它需要组合所有包含HTML和JavaScript源码的文件，将样式信息放在一起，并将这些与项目中所有包的内容进行智能地合并。输出一个可以在开发或生产系统上运行的应用。

让我们重新审视第1章中引入的图，其中显示了Meteor应用源码的各个部分（参见图11-1）。构建应用意味着处理左边框中的内容，使它们可以运行在右边显示的某个或所有的平台上。

Isobuild负责处理这个转变。它是一个完整的工具链，用于把源码转换成可以在不同平台上运行的程序。

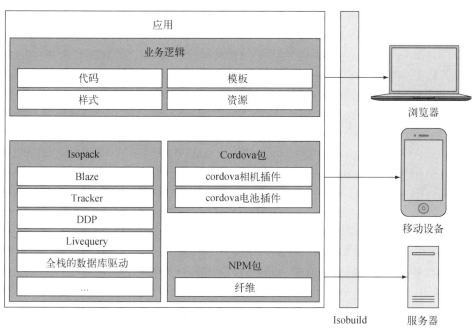

图11-1　Isobuild处理Meteor应用的各个组件并把它们转化为各平台上的应用

对一个同构的平台来说，通过包添加的所有功能，在技术栈的多个（理想的状态是所有的）组件中必须表现一样。当然也有例外，例如，在服务器平台上访问手机的电话簿几乎是不可能的。但大多数其他功能，如从Web服务中获取内容，必须以完全相同的方式调用，而不管它们发生在哪里。你不需要在浏览器中使用jQuery.get()而在服务器上使用http.request()，Meteor提供了一个抽象的API，使你可在任何地方使用HTTP.get()达到相同的效果。Meteor不仅仅在整个栈中使用相同的语言，它使用了相同的API使相同的代码可以在任何地方运行。

为什么Meteor有自己的构建系统

JavaScript世界里有大量的构建工具——npm、jake、bower、grunt和gulp。为什么Meteor没有使用其中的某一个而是使用了Isobuild？

构建Meteor应用需要一个对于服务器端和客户端代码都能很好工作的构建工具。大多数工具都只专注于这些环境中的某一个，所以它们不适合一个全栈的平台，尤其是当它们必须满足代码同构性的时候。

Meteor包不仅可以使用JavaScript、CSS、Spacebars，也可以使用CoffeeScript、Jade或LESS。这些需要一个额外的构建步骤将其内容翻译成前面的语言。此外，Isopack可能不仅包含代码，也包含字体文件或图像这样的资源。这意味着向客户端数据包注入资源成了必要的步骤。

软件包管理器的另一个缺点是**选择的悖论**。许多软件包提供了类似的功能，很难分辨哪一个是最好的（并且仍然在维护中）选择。Meteor开发小组通过使用包的两级命名空间来解决这个问题。像curator:packagename这种风格的包，即以管理者为前缀的包，被认为是一个社区包。一旦这些包被广泛测试和普遍接受，它们就可扔掉管理者前缀，被认为是相对安全的，从而使开发人员更容易从一系列的包中挑选出最可靠的包。

由于现有的解决方案没有一个能够满足全栈构建和包管理的所有要求，所以Meteor 0.9引入了Isobuild系统。

我们在前面章节写的所有代码和添加的所有资源（还记得我们在第2章用于显示冰箱的图像吗？）都被认为是业务逻辑。对于一些Meteor的功能，我们使用（Isopack）包，如果需要的话也使用npm包。所有Meteor应用的默认目标平台是服务器和浏览器，它们都不支持Cordova包。当你要为移动平台创建应用，需要访问移动设备的硬件，比如相机或手机通讯录中的联系人时，就需要Cordova包。因此，我们将在本章的后面看看Apache Cordova/PhoneGap的更多细节。

说明 Apache Cordova是一个开源项目，它将基于HTML5的应用变成移动应用，并且提供了JavaScript API来访问设备的某些功能，即那些对于本地应用可用但不能从Web浏览器中访问的功能。Adobe PhoneGap是这个项目的一个分支，提供了更多的需要付费的功能。在本书的上下文中以及使用谷歌搜索时，这两个名字可以交替使用。

11.1.1 构建阶段

每次使用meteor run命令运行一个Meteor应用时，构建过程都将被触发。Meteor服务器运行时，应用代码的任何更改都将触发应用代码的重新构建。直到现在我们都还没有仔细观察在构建过程中我们的代码上发生了什么事情，是时候来看一看了。

Meteor的构建过程有以下几个阶段。

(1) 读取项目元数据。

(2) 初始化目录。

(3) 解决约束。

(4) 下载缺失的包。

(5) 构建本地包。

(6) 保存更改的元数据。

让我们逐一看看这些阶段。

阶段1：读取项目元数据

在构建进程执行任何操作之前，它会读取当前项目的配置信息。每个Meteor项目都有一些元数据存储在.meteor目录中。其中有四个文件保存了构建过程的所有相关信息。你可以手动编辑它们，但修改它们的标准方法是用Meteor的CLI工具（参见表11-1）。

表11-1　用于存储项目元数据的文件及其相应的CLI命令

文 件 名	修改命令	包含有关……的信息

.meteor/packages	`meteor list`
	`meteor add`
	`meteor remove`
		这个项目所使用的Meteor包，每行一个

.meteor/platforms	`meteor list-platforms`
	`meteor add-platform`
	`meteor remove-platform`
		项目构建的目标平台

.meteor/release	`meteor create` `meteor update`	将用于此项目的Meteor版本
.meteor/versions	`meteor update`	项目需要的包和Isobuild版本求解器所确定的包的版本

每个项目都有一个Meteor框架[1]的基础版本存储在发布（release）文件中。当你第一次创建一个新项目，每次在项目的根文件夹中执行update命令时，这个版本号会被更新。这是版本求解器工作的起点，用以确定哪些版本的包可以一起工作（请参阅第9章有关版本求解器的详细信息）。

每当你使用meteor命令添加或删除一个包时，它会触发包（packages）文件的编辑。默认情况下，新建的项目从meteor-platform、autopublish和insecure三个包开始。包可以依赖于其他的包。例如，meteor-platform包由多个其他包组成，但它们不在包文件中列出。它们由Isobuild进行隐式管理。

添加一个新包将在文件的最后添加一行，所以该文件的内容是按时间而不是字母顺序排列的。

在版本（versions）文件中，Meteor跟踪建立当前项目所需的所有包，无论它们是显式地添加还是作为一个依赖添加。因此，如tracker这样的包没有在包文件中列出，但会在版本文件中列出。如果你想把项目中使用的所有软件包更新到最新版本，可使用meteor update。你不应该手动编辑此文件，它是由Isobuild维护的[2]。版本文件中的包是按字母顺序排列的，它们是第三阶段中处理包文件的结果。

说明　如果只需要将包更新到它们的最新版本，而不需要更新Meteor框架的版本，可在update命令中添加--packages-only选项。

当你发出一个meteor run命令时，发生的第一件事就是读取这四个文件。

阶段2：初始化目录

在构建上下文中，目录（catalog）基本上就是版本文件。其中列出了构建项目所需的所有

---

[1] 在这里我们将使用框架（framework）而不是平台（platform），以避免目标平台与Meteor平台的混淆。

[2] 当你使用meteor add添加一个有特定版本约束的包时，版本文件的内容将被更新。因为它不影响构建过程，所以我们不会详细讨论这个案例的细节。

11

Isopack。当一个新包从包文件中添加或删除，`meteor run`被调用时，版本文件中也需要添加或删除适当的包。如果一个包引入了额外的依赖关系，那么被依赖的包也需要被引入，这发生在下一阶段。

阶段3：解决约束

解决约束阶段的目的是确定包和版本的依赖关系。所有本地可用的包都存储在Meteor的安装文件夹中，而不是当前项目文件夹中。要解决约束，每个包的配置信息都会被读取。如果一个包的配置中引用了另一个包或一个本地不存在的版本，那么额外的包会被标记为必要的，并在下一阶段获取。

阶段4：下载缺失的包

如果包还不在磁盘上，Meteor会试图从网上自动下载它们。所有的包都将存储在Meteor安装文件夹中，而不是当前项目文件夹中。这样，同一台机器上的所有Meteor项目都可以共享这些包。

最终，所需的全部Isopack都可用了，构建过程就可以开始了。

阶段5：构建本地包

在构建系统上，当所有包都可用时，系统会为当前项目构建它们。代码和资源（字体、图像等）将被添加到项目中的.meteor/local文件夹。另外，它会为每个JavaScript文件创建源码映射图。源码映射图可让你在浏览器中查看源文件，即使文件是缩小过的。

阶段6：保存更改的元数据

一旦所有的构建步骤都已执行，当前状态将被保存在版本和包文件中。

更新和重复：观察变化

虽然技术上说这不是一个构建阶段，但run命令将继续监控应用文件的任何更改，在需要的时候再执行构建过程。Meteor用不同的方式处理客户端和服务器端的修改。客户端的修改在处理后使用热码推送直接发送到浏览器。所有服务器端的变化会导致应用的重新加载。请注意，这也将执行服务器上下文中的所有`Meteor.startup()`函数。

Meteor采用先进的方法来检测文件的修改，它类似于使用MongoDB的操作日志监控数据库变化的方法。在苹果的OS X上，用到了一个名为kqueue的内核扩展；在Linux上，`inotify`会把发生的所有文件操作告诉Meteor。在Windows上没有类似的机制可用。

当Meteor使用kqueue或`inotify`时，每隔5000毫秒就检查一次是否有变化发生，和500毫秒的缺省设置比起来，它对CPU和磁盘操作来说更容易。通过NFS挂载或通过虚拟机（比如Vagrant[①]）共享的远程文件系统，可能没有这个内核扩展。如果Meteor进程需要间隔5秒才能处理文件系统中的任何变化，这个监控可能不能正常工作。在这些罕见的情况下，你可以使用两个环境变量来定义轮询行为（即定期检查更改）。在开启meteor进程的同一个终端会话中，发出以下命令来强制轮询，无论kqueue或`inotify`是否存在，并设置轮询间隔为10秒：

```
$ export METEOR_WATCH_FORCE_POLLING=t
$ export METEOR_WATCH_POLLING_INTERVAL_MS=10000
```

---

① 关于如何使用Vagrant的更多细节可参考附录A。

说明 环境变量METEOR_WATCH_FORCE_POLLING期望值为t,这会把它设置为true,否则其默认值为false。轮询间隔以毫秒为单位,不设置时,它的默认值为5000毫秒(如果强制轮询间隔为500毫秒)。

11.1.2 使用--production 选项运行

如果在项目中使用了一个复杂的文件结构,你可以看到使用meteor run几乎不会改变文件的数量或结构。它们只会被复制到.meteor/local/build目录。

这种行为便于在本地系统上进行开发,因为简单的复制操作不会为每个文件的更改增加大量的开销。然而在生产环境中,需要提供的文件越少就越利于初始页的加载。因此,在Web环境中,同一类型的所有文件通常会被合并,这样就只有三个文件必须被发送到浏览器。

- ❑ 一个JavaScript文件
- ❑ 一个CSS文件
- ❑ 一个HTML文件

而且,这些文件的内容会被缩小,从而进一步减少数据的传输时间。不幸的是,合并和压缩源文件可能导致一些意想不到的后果,如混乱的风格或崩溃的应用。为了避免意外,在部署所谓已经完成的代码时,可使用--production参数运行一个本地项目:

```
$ meteor run --production
```

使用这个参数将触发额外的构建步骤。所有发送到客户端的代码将会按照类型(JS、CSS、HTML)进行合并,并被随机赋予一个41字符长的名字。但服务器端代码不会被合并,因为这些文件不会被发送到网络上,合并它们不会产生明显的性能优势。

额外的构建步骤将拖慢服务器重启和热码推送的速度,请在测试时使用--production,不要在开发过程中使用它。

仅用于调试的包

有些包添加的功能仅在开发环境中有用。如果它们暴露了用于访问内部数据或执行测试的接口,把它们部署到生产环境甚至会很危险。为了避免部署这些包,可以为这些包设置一个debugOnly标志。这一标志建议Meteor在使用--production选项运行时,不要在构建过程中包含这些包。

11.1.3 加载顺序

因为可以自由创建文件和文件夹、使用任何目录结构,所以了解Meteor加载过程中的优先级是很重要的。特别是使用--production参数进行客户端文件合并时,错误的加载顺序可能会导致错误和应用崩溃。

11

Meteor的加载顺序基于命名约定和文件夹的层次结构。此加载顺序只适用于应用的业务逻辑。包的加载顺序是在包定义中手动定义的（更多细节请参阅第9章）。

作为一个经验法则，子目录中的文件在父目录文件之前被Meteor加载。一个文件在项目目录中的深度越深，它将越早被加载。因此，根目录中的文件将被最后加载。在相同的层次级别或同一个目录中，文件按文件名的字母顺序加载。

这个通用规则有一些例外。

❑ lib/目录下的所有文件夹在所有其他文件夹内容之前被加载。如果有多个lib文件夹存在，它们按层次(深度优先)以及字母顺序加载。这样，client/lib/file1.js在client/scripts/views/file2.js之前加载，尽管通用规则认为file2在层次结构中有较深的位置，应该首先加载。

❑ client/compatibility/目录是保留目录，用于那些依赖于以var在顶层声明的变量的库，这些变量将输出为全局变量。这个目录中的文件被执行时不会被包在一个新的变量范围内。这些文件在其他客户端JavaScript文件之前执行，但在lib/内容之后执行。

❑ 所有名为main.*的文件在所有其他文件之后被加载。client/lib/validations.js在client/lib/main.helper.js之前加载。

❑ 所有private/、test/和public/目录下的任何内容都不会被自动加载，也不会被构建过程处理。

取决于Meteor在服务器还是客户端上下文中运行，有一些文件可能根本不会加载。Meteor忽略某些文件夹中的内容，以防止将所有代码发送到浏览器，即使它从来不会运行到那里。表11-2列出了服务器上被忽略的或不会发送到客户端的所有文件夹。

表11-2　在服务器和客户端上下文中被忽略的目录

在服务器上下文中排除	在客户端上下文中排除
client/	server/
public/	public/
private/	private/
tests/	tests/

图11-2和图11-3显示了实际的加载顺序。每个文件在加载后控制台都会打印它的名字。正如你看到的，服务器上只有两个文件被加载（common.js和server.js），而客户端共加载了八个JavaScript文件。同一层的所有目录将按字母顺序进行加载。所有的JavaScript代码加载都将特殊目录private、public和test排除在外。

图11-2 在服务器上通过控制台消息观察JavaScript文件的加载顺序

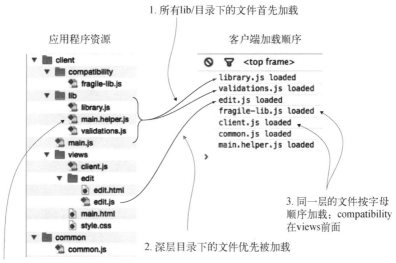

图11-3 在客户端通过控制台消息查看JavaScript文件的加载顺序

客户端使用了更复杂的文件结构。不管lib目录在什么位置,其下的所有内容都将首先被加载,这就是为什么lib下的文件在所有其他文件之前被发送。然后所有文件按目录层次由深到浅进行加载;同一层上的目录和文件按字母顺序加载。这意味着client/views/edit/edit.js比client/views/clients.js优先加载。所有名为main.*的文件都被移动到加载序列的最后。所以即使main.helper.js放在lib/中,它也会在所有其他文件之后加载。所有这些规则也同样适用于服务器环境。

11

11.1.4 通过包添加构建阶段

扩展构建过程最简单的方法是在项目中添加一个核心包以增加语言支持。

以下的核心包可用于在构建过程中添加新的阶段。

❏ `coffeescript`包增加了转换（transpiling①）*.coffee文件到JS的功能。

❏ `less`或`stylus`包增加了转换*.less或*.sty文件到CSS文件的功能。

对于额外的语言支持，也有各种社区包可用。可以检查一下官方的包存储库，看看你想要使用的语言是否已经可用。

作为第三个选项，你可以选择开发自己的包以增强构建过程。

1. CoffeeScript

很多JavaScript开发者喜欢使用CoffeeScript代替纯的JavaScript。CoffeeScript使用了不同的语法，它使用更少的括号和分号，需要用程序转换为普通的JavaScript才可以在浏览器内和Node.js中执行。

要在Meteor项目中使用CoffeeScript，简单地添加`coffeescript`包就可以：

```
$ meteor add coffeescript
```

一旦该包在Meteor项目中可用，所有以.coffee为扩展名的文件就可以使用了，每当它们被修改时就会被自动转换（翻译）成JavaScript。这样，JavaScript文件就可以和CoffeeScript写的代码一起使用，比如在添加一个外部库到lib/文件夹的时候。

事实上，Meteor除了支持另一种文件扩展名并增加了一个翻译阶段以外，其余的构建过程完全保持不变，包括文件的加载顺序也不变。

2. LESS或Stylus

Meteor本身就支持使用CSS静态样式文件。如果添加了相应的包，动态样式语言LESS和Stylus也可以使用。这些语言被称为预处理器，它们使用变量和混入（mixin）来增强样式。混入允许你使用很容易重用的样式片段，从而在整体上缩短必须要写的代码。结合变量的使用，它使得定制设计更加容易，这就是很多开发者比起普通CSS更喜欢动态预处理器的原因。

LESS和Stylus需要转换成纯CSS，这样浏览器才能够解释它们。让我们开始通过CLI来添加其中的一个包：

```
$ meteor add less
$ meteor add stylus
```

添加其中一个包的结果是，以.less或.sty为扩展名的文件将会被Meteor识别并处理。对构建过程来说，这两个预处理器的行为几乎完全一样。

Meteor将所有的样式文件合并成一个，按照上述的顺序进行加载。为了获得对加载顺序的更

---

① 术语transpiling用于描述源码到源码的编译。一般情况下，编译一个文件将导致抽象水平的降低，例如，当C代码转换成汇编时。而transpiling时，其抽象水平保持不变，比如从CoffeeScript到JavaScript。

多控制，你可以从一个样式文件导入特有的文件。如果一个文件的扩展名是*.import.less或.import.sty，Meteor不会在构建过程中处理它，除非它们在一个样式文件中被直接引用。

在实践中，最终你会有一个styles.less文件，它可能看起来类似于代码清单11-1。显然，引用的文件必须要存在才能导入。

代码清单11-1　使用LESS预处理器的样式文件示例

```less
@bg-color: #ff9900;                              ←─ 声明一个变量

.rounded_top_mixin {
    -webkit-border-top-left-radius: 5px;
    -webkit-border-top-right-radius: 5px;        ←─ 声明一个混入
    -moz-border-radius-topleft: 5px;
    -moz-border-radius-topright: 5px;
    border-top-left-radius: 5px;
    border-top-right-radius: 5px;
}
.tab {
    background: @bg-color;                        ←─ 使用一个变量
    .rounded_top_mixin;                          ←─ 使用一个混入
}

@import "variables.import.less";                 ←─ 导入额外的 .less文件
```

11.1.5　添加自定义构建阶段

在版本1.1中，扩展Meteor构建阶段的可能方法仅限于监视特定扩展名文件的更改。对文件的修改可能会触发监控程序中为特定文件扩展名配置的关联动作，例如将一种语言转换到另一种语言。

基本上，添加一个自定义构建阶段需要使用一个包。可在阶段5（构建本地包）中添加构建步骤。package.js文件中的`Package.registerBuildPlugin()`用于说明一个包扩展了构建过程。代码清单11-2显示了所使用的代码，其中以coffeescript包为例。

- ❑ `name`是构建阶段的标识。一个包可能包含多个构建插件，只要有唯一的名称就可以。
- ❑ `use`指出了这一构建阶段可能需要依赖的其他Isopack包，为一个字符串或字符串数组。
- ❑ `sources`包含一个字符串数组，定义哪些文件是该插件的一部分。
- ❑ `npmDependencies`是一个对象，其中包含该插件可能依赖的npm包的名称和版本。

如果你需要自己编写构建插件，比如说将TypeScript（JavaScript的另一种速记符号）转换为纯JavaScript，你需要将`coffee-script` npm的依赖性修改为`ts-compiler`模块。此外，你还需要相应地调整名称和源文件。

11

代码清单11-2　在package.json中注册一个支持CoffeeScript的构建插件

```javascript
Package.registerBuildPlugin({
```

```
name: "compileCoffeescript",
use: [],
sources: [
    'plugin/compile-coffeescript.js'    ←    只有一个源文件
],                                             用于此插件
npmDependencies: {"coffee-script": "1.7.1", "source-map": "0.1.32"}    ←
});
```

运行此插件需要两个npm模块

在构建插件的源文件中，可以使用 Plugin.registerSourceHandler() 来定义特定扩展名文件被修改后要执行的动作。如果该插件应该监视扩展名为.ts的文件，那么它必须被指定为一个源文件处理程序。代码清单11-3列出了构建插件的基本框架。使用 compileStep 可以对当前处理的文件进行读写①。

代码清单11-3　在构建过程中将TypeScript转换成JavaScript的框架代码

```
//file: plugin/compile-typescript.js        所需的npm模块必须
var typescript = Npm.require('ts-compile');   ←   通过npm.require包含


                                              使用文件扩展名
Plugin.registerSourceHandler('ts', handler);  ←   时没有前面的点


                                                   compileStep可以让处理
var handler = function (compileStep) {         ←    程序访问当前文件
    var fileContents = compileStep.read().toString('utf8');
    // transpiling logic, result stored inside jsCode
    compileStep.addJavaScript({
        path: outputPath,                        addJavaScript将构建步骤中生
        sourcePath: compileStep.inputPath,       成的结果写入一个JavaScript
        data: jsCode                             文件
    });
};
```

> **说明**　截至1.1版本，有一个对源文件处理程序的限制，就是对于每个文件扩展名只能使用一个构建插件。比如说，不能有多个插件为JavaScript文件添加构建步骤。

如果你在一个项目中添加一个包，用于将TypeScript或CoffeeScript转换为JavaScript，build 和 run 过程看起来是像下面这样的。

(1) Isobuild确定哪些文件发生了变化。

(2) 它查看文件扩展名并检查是否有 compileStep 与它联系在一起。每个文件扩展名可能只有一个步骤。

---

① 使用 compileStep 的官方文档可参考https://github.com/meteor/meteor/wiki/compilestep-api-for-build-plugin source-handlers。

（3）如果发现了相关的compileStep，Isobuild按照构建插件的定义执行它并保存输出。

（4）如果使用build命令或使用--production参数运行Meteor，在插件的所有构建步骤完成以后，合并和缩小步骤将独立运行。

11.2 访问正在运行的应用

在前面的章节中，你使用浏览器控制台发送命令到正在运行的应用，比如检查一个Session变量的值。在这一节中，我们将探索一些可能的方法来访问正在运行的应用的服务器端，以及怎样获得更好的调试能力。

11.2.1 使用交互式服务器外壳

在终端会话中发出meteor run命令时，你可以在同一终端窗口中看到所有的服务器输出。在服务器端发生的所有控制台日志记录将会被显示，但它不允许你发送任何命令。每当你需要检查变量的当前状态时，可以在JavaScript文件中添加一个console.log()，这将触发服务器的重启。

对于本地运行的应用，Meteor CLI工具可以打开一个交互式会话外壳，在那里你可以发送命令到服务器，就像在浏览器控制台中一样。

1. 调用交互式外壳

打开一个终端会话，进入到Meteor项目的文件夹。使用以下的命令启动Meteor服务：

```
$ meteor run
```

你现在可以看到项目启动时的所有服务器消息开始在终端滚动了。打开第二个终端会话，进入到同一个项目文件夹。现在发出以下命令：

```
$ meteor shell
```

这个命令将打开一个交互的外壳，如图11-4所示。

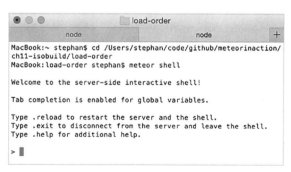

图11-4　使用meteor命令调用交互式服务器外壳

11

2. 使用交互式外壳

所有的外壳命令都以一个点开始。它们可以用来执行能够放在文件中的任何代码。例如，在开发过程中，你可以查询外部API、调用辅助函数或使用Collection.remove()从数据库中轻松删除内容。这样，你也可以使用Meteor语法而不是略有不同MongoDB语法，也不需要使用RoboMongo或meteor mongo来进行额外的MongoDB连接。

在外壳中，可使用Tab键对所有Meteor全局变量或函数进行自动补全。你也可以使用上下箭头键来访问所有命令的历史记录。外壳的历史记录保存在项目文件夹下的.meteor/local/shell-history文件中。使用.save和.load命令，可以存储一个可供重用的命令序列。此时，当前会话中的所有命令都将被保存。这对于保存诸如填充固定装置或将应用状态重置到某一点的情况来说，可能是有用的。保存和加载命令序列需要一个唯一的名称。要把一个命令序列保存为bootstrap，可以使用以下的命令：

```
> PostsCollection.insert({title: 'first test article'})
'i4xZb8WM8Lr63KwA4'
> PostsCollection.insert({title: 'second test article'})
'PvRkekuDuBn6Wx5kY'
> .save bootstrap
```

当你想重新执行这些命令时，可以在外壳中发出.load bootstrap命令。保存的REPL[①]文件放在project/.meteor/local/build/programs/server/文件夹中。同一个项目可以打开多个外壳。

说明　默认情况下，外壳历史文件和REPL文件会被Git忽略。如果你想将它们添加到源代码库，必须调整相应的.gitignore文件。

11.2.2　使用 node-inspector 进行调试

如果需要对应用执行更复杂的服务器端调试，node-inspector是一个方便的工具。它是Node.js中一个基于浏览器的调试接口，你可以在其中设置断点、检查源文件、单步执行程序、检查变量及相关的值。

meteor CLI工具的debug命令提供了一个简单的方法来使用node-inspector。请确保你在项目的根目录并且该项目目前没有运行。然后发出这个命令：

```
$ meteor debug
```

任何基于WebKit的浏览器都能够运行node-inspector，这意味着Chrome和Safari都可以用来访问调试URL。但是，你不能使用Firefox或IE。

说明　在调试模式下，使用http://localhost:3000访问应用仍然是可能的。此外，你也可以使用http://localhost:8080/debug?port=5858来打开调试接口。

---

① 它代表Read-Eval-Print-Loop，这说明它不是一个完全交互的外壳，例如，你的命令可以在运行时查询额外的用户输入。它们只是简单地读取和执行，结果打印到屏幕上。

一旦服务器启动，你就可以访问应用和调试接口。如果你没有看到应用启动，请转到调试网址检查当前的运行状态。如果代码暂停执行，可以在右边栏最上方看到一个消息图标，就像图11-5显示的那样。单击工具栏左侧的暂停箭头可继续程序的执行。

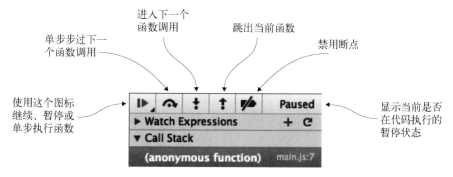

图11-5 右侧栏顶部的图标，可单步执行函数、暂停执行

该应用将照常运行，但你现在可以使用调试控制台检查服务器上代码执行过程中发生的情况。两个最重要的工具是设置断点和检查、修改变量内容。

断点是定义代码执行时应该暂停处的标记，这样每个步骤可以单独执行，以此确定函数或代码段的实际行为。你可以在浏览器窗口中通过单击文件的行号或者使用debugger;语句来设置断点。代码清单11-4显示了一个简单的例子，在代码执行暂停后，其中status变量立刻被赋值为initialized。使用node-inspector可以检查status变量的内容。

代码清单11-4 使用debugger;设置断点

```
if (Meteor.isServer) {
  Meteor.startup(function () {
    var status = 'initialized';
    debugger;
    if (status === 'initialized'){
      status = 'done'
    }
    console.log('status is now ' + status);
  });
```

使用meteor debug 运行时，这将导致应用暂停

将鼠标悬停在变量名上，它的内容将显示在一个黄色的弹出窗口中，右边的作用域变量（Scope Variables，在这里你可以修改变量的值）中也会显示。要在其他文件中设置断点或检查其他文件中的变量内容，可使用左上角的图标打开文件导航（参见图11-6）。

提示 如果node-inspector没有像预期的那样运行，请尝试刷新浏览器。如果这也无效，使用debug参数重新启动Meteor。

11

图11-6　使用node-inspector检查和更改变量的内容

node-inspector是一个强大的工具，使你能够获得宝贵的能力来洞察应用的行为。要了解它的所有功能，可看看该项目GitHub页面上的文档：https://github.com/node-inspector/node-inspector。

11.3　创建浏览器应用

应用可以支持一个或多个平台。默认情况下，所有的新项目都支持服务器和浏览器平台。如前所述，你可以通过下面的命令查看项目支持的所有平台列表：

```
$ meteor list-platforms
```

除非你已经添加了额外的平台，否则输出将显示browser和server。要把一个应用部署到服务器上，必须先将其打包。其输出和meteor run --production输出相似，但是没有必要连续运行以及监视文件的更改。

说明　在版本1.0中，Meteor项目必须包含服务器平台。不可能仅仅只构建浏览器平台。

11.3.1　使用 Meteor.settings 进行应用配置

早期我们讨论过只在服务器端存储配置数据，比如API密钥等。但也有多个服务器环境存在的情况，其中有专用的开发、测试和生产环境服务器。每个可能需要不同的设置，这就是为什么把配置数据存储在代码文件中是不高效的，它应该存储在一个配置文件中。Meteor可以有一个

JSON文件，它通过`Meteor.settings`对象来暴露其内容。这意味着你可以使用这样的代码`Meteor.settings.oauth.twitter.apikey`而不是一个字符串。下面的代码清单显示了Meteor设置的配置文件结构。

代码清单11-5　通过settings.json设置应用的配置选项

```
{
  "oauth": {
    "twitter": {
      "apikey": "123abc",
      "secret": "abc123"
    }
  },
  "public": {
    "version": "v1"
  }
}
```

默认情况下，Meteor不会使用设置文件。设置文件必须在命令行上通过`--settings`参数指定。要使用一个名为settings.json的文件，用下面的命令启动项目：

```
$ meteor run --settings settings.json
```

或者，你可以把JSON配置对象存储在`Meteor.settings`环境变量中。无论采用哪种方式，你都可以访问设置对象的属性，如代码清单11-6所示。

> **说明**　使用`Meteor.settings`的时候，在启动Meteor服务器时需提供设置对象，否则会遇到错误。

代码清单11-6　使用JSON配置文件中的值来设置`Meteor.settings`

```
if (Meteor.isServer) {
  console.log("Using the following API Key for Twitter");
  console.log(Meteor.settings.oauth.twitter.apikey);
}
```

配置文件在客户端上是不可用的，但你可以使用`Meteor.settings.public`来访问一个公共字段中存储的所有配置。该public字段以外的任何内容都不能在客户端上访问，因此可以安全地用于敏感的配置。

使用不同的设置文件，你可以轻松地在不同阶段以及生产环境中运行应用，在不同的环境中使用不同的数据库和应用接口。

11.3.2　构建 Meteor 项目

可以使用Meteor的`meteor build`命令创建一个应用的包[1]。输出是格式为压缩文件的完整

---

① 此处的包指bundle，它指一个应用，而不是前面提到的Meteor包或npm包。——译者注

Node.js应用。如果需要的话，build命令可以改为创建一个和压缩文件具有相同内容的目录。

创建包很简单，只需进入应用的根目录，调用命令时使用一个参数说明要创建的输出文件。

提示　当你创建一个压缩文件时，将输出放在当前项目文件夹中通常没问题，但由于各种原因，最好把它放在别处。首先，你可能不小心把它添加到源代码库，除非你显式地添加一个规则来忽略这个文件。第二，如果你决定创建一个目录而不是一个文件，或者为另一个平台构建应用时，所产生的文件在你使用meteor run时会被解释为额外的源文件，因此会产生错误消息。

要将Meteor应用的压缩包文件放在当前项目父文件夹中的builds目录下，请使用以下命令：

```
$ cd myMeteorProject
$ meteor build ../builds
```

生成的tar.gz文件中包含编译过的Meteor应用，你可以把它放在一个服务器上，解压并运行（更多细节可参考第12章）。

你会注意到，整个目录结构相对于原来的项目组织结构已经有了很大的变化（参见图11-7）。你现在将看到两个主要文件夹：程序（programs）和服务器（server），而不是客户端（client）、服务器和公共（public）文件夹。所有相关的代码都位于程序文件夹中，按照平台进行组织。在服务器文件夹中，所有模块、包和资源都存储其中。资源（assets）和私有（private）文件夹的内容被以不同的方式处理，因为它们被移动到了压缩包的资源目录中。其他内容都被移动到应用（app）目录，测试（tests）文件夹是一个例外，因为它不会被放进生产包中。

所有需要发送到浏览器的资源存储在web.browser文件夹。运行meteor build意味着使用--production选项，所以这里有三个重要的文件：HTML、CSS和JavaScript。此外，公共目录的静态资源被复制到客户端平台，可以在应用目录中找到。

你会注意到一些其他的文件，它们之前并不存在，比如main.js。这些文件是自动生成的，其中包括将该项目作为普通Node.js应用来运行时所需的主要构件。

虽然meteor build使用简单，但它在可移植方面有一定的局限性。只要你不依赖于平台相关的二进制npm模块，把一个应用从Mac OS X开发系统移植到Ubuntu Linux服务器时，应该不会遇到任何问题。在某些高级的用例中，如果需要真正可移植的Node.js应用，demeteorizer是个比较灵活的工具。可参考第12章进一步了解如何使用它。

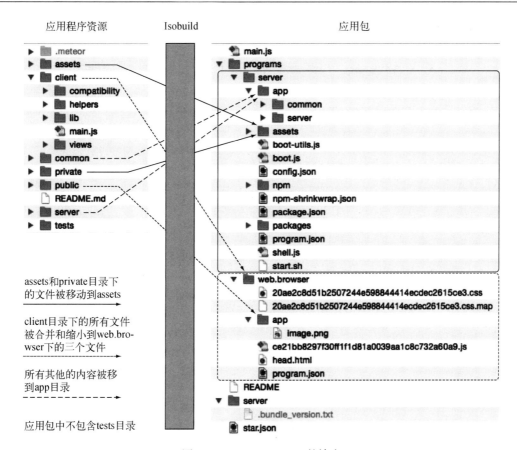

应用程序资源　　　　　　Isobuild　　　　　　　　　　应用包

assets和private目录下
的文件被移动到assets

client目录下的所有文件
被合并和缩小到web.bro-
wser下的三个文件

所有其他的内容被移
到app目录

应用包中不包含tests目录

图11-7　meteor build的输出

11.4 创建移动应用

在智能手机和平板电脑上运行的应用通常类似于Web应用。它们在一个应用容器中嵌入应用，而不是使用浏览器。这样，它们将基于HTML5的客户端/服务器型网站和原生应用组合在一起，这也是它们被称为混合（hybrid）应用的原因。Meteor利用Cordova的功能来提供对移动平台的支持。

11.4.1 使用 Cordova 的混合应用

Cordova[①]是一个框架，它将HTML、JavaScript和CSS转换为一个原生的应用，可以在iOS或Android这样的移动平台上运行。它提供了Web视图的一个原生封装（可以认为它是一个嵌入式浏

11

———————

① 如果你想了解更多关于Cordova的内容，可以参考Raymond K. Camden的*Apache Cordova in Action*。

览器），并可以访问如相机或全球定位系统这样的硬件功能。对用户来说，创建在Cordova之上的应用，其外观和行为完全和原生应用一样。它们通过应用商店分发，所以为了出售Meteor的移动应用，你必须是苹果或谷歌的开发者。

Cordova是一个开源的Apache项目，可以免费使用。另外PhoneGap也通常用来指代这个工具。从技术上说，PhoneGap是由Adobe维护的一个Cordova发行版本，提供了一些需要付费的功能。为把让Meteor应用运行在移动设备上，从现在开始，我们将仅仅使用Cordova，但是在谷歌和Stack Overflow上，大多数时候你可以交换使用这两个术语。

1. Cordova的功能

Cordova可以为Meteor应用添加的最重要的优势是Web浏览器外壳，这使它看起来和在行为上都像一个应用。这个外壳允许应用在应用商店被购买，并且可以直接运行而不需要知道使用哪个服务器URL。

通过使用插件，Cordova可以访问设备的硬件，和设备上的其他应用交换数据。这些插件提供了一些API，可由此使用摄像头、访问联系人，甚至实现应用内购买。

Cordova所有可用插件的完整列表，可以在http://plugins.cordova.io/找到。一些插件也可以Meteor包的形式使用。Meteor开发小组提供以下的包。

❑ mdg:camera——允许应用访问设备的相机。

❑ mdg:geolocation——提供设备GPS的响应式接口。

❑ mdg:reload-on-resume——延迟热码推动，直到应用关闭和重新打开。

2. Cordova的局限性

虽然它可以很容易地把HTML5应用转变为移动应用，但它仍然像浏览网页一样。别指望DOM渲染和用Java写的图形密集型动作游戏有相同的性能。这样说吧，许多应用在现代设备上肯定会运行得很好。

因为Cordova只是Web应用的外壳，所以它不提供UI框架或实施设计指南。

11.4.2　加入移动平台

Meteor支持两个移动平台：Android和iOS。当它们中的一个被添加到项目中时，build命令将不仅生成一个压缩文件包，也会生成一个有效的Android Studio或Xcode项目。在开发过程中，没必要打开这两个工具，因为Meteor能够在模拟器内运行应用。

1. 先决条件

在一个项目中添加移动平台之前，你必须在开发机器上安装每个平台的SDK。iOS SDK只在Mac OS X上可用，因此你也需要安装苹果的Xcode。在Linux或Windows上构建iOS应用是不可能的。你使用下面这些meteor命令来安装SDK：

```
$ meteor install-sdk ios
$ meteor install-sdk android
```

你必须接受iOS SDK的许可协议。如果得到一个错误信息，请尝试打开Xcode并单击协议。

Android SDK有一个专门的配置界面，它也可以通过`meteor` CLI工具调用。你可以使用这个界面下载更新或管理模拟器使用的设备。在你开始将应用转变为Android应用之前，没有必要进行任何配置，所以我们不会讨论这个工具的细节。如果你需要Android SDK管理器，可以用这个命令启动它：

```
$ meteor configure-android
```

2. 添加平台

要让Meteor应用在移动设备上运行，需要在项目中添加相应的平台。为此，可使用以下的一个或两个命令：

```
$ meteor add-platform ios
$ meteor add-platform android
```

Meteor的构建过程将会自动配置，包括生成其中一个平台上应用所需的步骤。但`meteor run`不会自动运行你的移动应用；你需要在`run`命令中添加平台名称作为参数，如下所示：

```
$ meteor run ios
$ meteor run android
```

这个命令将编译应用，并在一个模拟的苹果或安卓设备中打开它。虽然应用本身不会使用平台的任何用户界面指南，但所有的输入字段（如下拉列表和文本框）将依赖于设备的默认界面（参见图11-8）。

安卓   浏览器   iOS

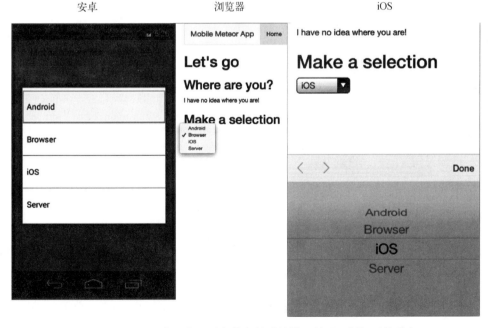

图11-8　Cordova应用使用设备特定的默认输入界面，例如下拉列表

如果要在实际设备中运行Meteor应用，就需要使用Xcode（https://developer.apple.com/library/mac/documentation/ides/conceptual/appdistributionguide/launchingyourappondevices/launchingyourappondevices.html）或根据官方帮助设置一个安卓设备进行测试（http://developer.android.com/tools/ device.html#setting-up）。run命令必须包含设备参数来告诉Meteor使用实际的硬件，而不是模拟器：

```
$ meteor run ios-device
$ meteor run android-device
```

提交到应用商店

Meteor不会创建一个可以直接提交给应用商店的移动应用。对Android和iOS而言，你仍然需要完成发布应用的必要步骤，就像任何其他移动应用一样。但你不需要在Xcode或Android Studio中写任何代码。你可以使用这些工具来完成发布应用的最后工作。

让你的移动应用在智能手机或平板电脑运行的首个先决条件是加入开发者计划。对这两个平台而言，这包括注册和付费。然后你就可以提交应用到谷歌Play商店或苹果的iTunes商店。

具体情况可能会有所改变，所以你应该按照官方的程序来创建一个应用，这些都是你需要遵循的基本步骤。一旦有了开发人员帐户，你将获得一个用来签署应用代码的证书。此证书用于验证这个应用是你的，而不是其他人以你的名义进行发布的。该证书通常带有一个发布的配置文件，其中列出了公司信息，而最重要的是应用的唯一标识符。

当你需要把项目发布到移动设备上时，键入meteor build命令创建所需的Xcode（为iOS发布时）或Android Studio项目文件。事实上，所有的平台都是由这个命令构建的。因为移动设备不允许用户像浏览器那样输入URL，所以build命令需要一个额外的参数来指定构建过程中的服务器：

```
$ meteor build ../builds --server=http://mobile.meteorinaction.com
```

请确认Meteor应用可以在给定的服务器URL上运行，否则应用可能在模拟器内可以完美运行，但一旦部署到实际的硬件设备就不工作了。此外，在提交应用到商店之前请检查服务器的URL是否正确。

11.4.3   配置移动应用

通过更改默认配置，你可以自定义移动应用。在项目的根目录使用mobile.config.js文件可以管理应用的图标、启动屏幕、应用元信息以及插件的设置。

1. 使用App.info()获得应用元信息

App.info()保存了一个对象，其中包含了应用更多的信息。它使用了以下属性。

❏ id——唯一的反向域名标识符。

❑ version——使用x.y.z格式的完整版本号。

❑ name——显示在设备的主屏幕上，并在应用商店中使用。

❑ description——用在应用商店中。

❑ author——用在应用商店中。

❑ email——用于在应用商店进一步指定作者的信息。

❑ website——用于在应用商店进一步指定作者的信息。

所有键都需要一个字符串值，如下面的代码清单所示。

代码清单11-7　一个移动应用的App.info()示例

```
App.info({
  id:          'com.meteorinaction.mobile.app',
  version:      '1.0.0',
  name:        'Meteor in Action Mobile App',
  description: 'This is a mobile app for Meteor in Action',
  author:      'Stephan Hochhaus',
  email:        'stephan@meteorinaction.com',
  website:      'http://meteorinaction.com'
});
```

2. 图标和启动屏幕

要自定义设备屏幕上显示的logo和应用启动时的屏幕，可以使用API命令App.icons()和App.launchScreens()。它们在没有设置的情况下，会使用Meteor的默认图标和启动屏幕。不同的设备会使用不同的分辨率，这就是为什么这两个命令都需要不同的属性。对于应用商店中的发布而言，所有尺寸的屏幕必须配置一个专用的图标和启动屏幕。请检查本章代码示例中的mobileApp以获得当前支持的所有设备类型列表。下面的代码清单显示了如何在mobile-config.js文件中使用它们。

代码清单11-8　在mobile.config.js中设置图标和启动屏幕

```
App.icons({
  'iphone':                  'icons/iphone.png',
  'android_ldpi':            'icons/android-launcher.png',
  });

App.launchScreens({
  'iphone':                  'icons/splash-iphone.png',
  'android_ldpi_portrait': 'icons/splash-ldpi_portrait.png',
});
```

3. 白名单URL

在Web浏览器中，你的应用可能在你不知道的情况下从不同的URL请求额外的信息。为安全起见，Cordova应用不允许访问任意的URL。只有在mobile-config.js文件的白名单中指定的URL才可以访问。每个允许的URL使用App.accessRule来定义，其语法为：

```
App.accessRule(domainRule, {launchExternal: false})
```

domainRule可以是任何URL，子域名可使用占位符。不需要设置其他选项。唯一可能的选项是launchExternal，这将允许Cordova应用在移动设备上加载外部应用的一个URL。代码清单11-9给出了一个典型的访问规则的例子。

说明 当你的移动应用需要依赖来自外部API的内容时，你必须声明访问规则以允许应用访问远程URL。

代码清单11-9 在mobile.config.js中声明URL访问规则

```
App.accessRule('https://*.googleapis.com/*');          允许访问谷歌的
App.accessRule('https://*.google.com/*');              API，比如地图
App.accessRule('https://*.gstatic.com/*');

App.accessRule('https://pbs.twimg.com/*');        ⟵   允许访问Twitter
                                                        个人信息中的图像
App.accessRule('http://graph.facebook.com/*');         允许访问Facebook
App.accessRule('https://graph.facebook.com/*');        个人信息中的图像
```

4. 配置Cordova插件

除了Isopack和npm模块，Meteor也支持Cordova插件。mobile-config.js文件也可以用来配置这些插件。你可以通过App.setPreference()来设置WebKit容器。从技术上说，它允许你设置Cordova config.xml文件中preference标签的值。

Cordova插件可以使用App.configurePlugin()来配置。它们也使用简单的键值对风格进行配置，所以这个命令需要两个参数：插件的名称和提供键值对的配置对象。

下面的代码清单显示了如何配置全局偏好以及facebookconnect插件。

代码清单11-10 配置应用的行为和Cordova插件

```
App.setPreference('BackgroundColor', '0xff0000ff');
App.setPreference('HideKeyboardFormAccessoryBar', true);

App.configurePlugin('com.phonegap.plugins.facebookconnect', {
  APP_ID: '1234567890',
  API_KEY: 'apikey'
});
```

11.4.4 添加移动功能

虽然将现有的浏览器应用变成移动应用是不难的，但到目前为止，我们还没有向你展示如何添加任何移动特定的功能。类似于isServer()和isClient()方法，你可以使用Meteor.isCordova()函数来指定仅在移动平台上运行的代码：

```
if (Meteor.isCordova) {
  console.log('Printed only in mobile cordova apps');
}
```

　　使用这个条件是添加移动功能最简单的方法，但它不允许访问设备的功能。要做到这一点，你必须改进现有的应用。

　　Cordova类似于Meteor，它使用很小的核心功能集并利用插件来进行扩展。如果某个功能可以通过添加一个Isopack包（比如`mdg:geolocation`）来实现，它的用法就和大多数其他包一样。

　　任何依赖于Cordova/PhoneGap插件的功能应该包在`Meteor.startup()`代码块中。就`mdg:geolocation`而言，你需要这样的代码：

```
Meteor.startup(function () {
  Geolocation.currentLocation();
});
```

　　我们不会讨论使用某个包的细节，现在来看看另一种扩展应用功能的方式，即将Cordova插件整合到一个应用中。有两种类型的插件：同核心捆绑在一起的插件（可以通过它们名字的前缀org.apache.cordova来识别）和第三方插件，它们可以在官方插件注册的地方http://plugins.cordova.io/和GitHub上找到。

说明　不要把移动代码包在`isServer()`块中或把它放在服务器文件夹中，因为最终它将在移动客户端设备上运行。

　　让我们看一个例子，说明如何在Meteor中使用普通的Cordova插件。我们将使用dialogs插件，它为应用提供了原生用户界面中的对话框元素。首先，通过`meteor add`添加它。因为它是一个Cordova插件，所以使用了`cordova:`前缀。Meteor不会像对Isopacks包那样进行一致性和兼容性检查，所以你必须指定一个特定的版本，而不是依靠版本求解器来确定正确的版本：

```
$ meteor add cordova:org.apache.cordova.dialogs@0.3.0
```

　　这样，使用`meteor list`时，dialogs插件将和所有其他包一起列出。代码清单11-11显示了如何基于Meteor的默认项目创建原生的对话框。在事件映射中，你为一个选择框的change事件添加了一个额外的对话框，并将其包在一个`isCordova()`块中，以防止它在浏览器中执行。Meteor可以直接使用插件，没必要将它包在API调用中。用于普通Cordova应用的`navigator.notification.alert`也同样可以用在这里。它需要四个参数：字符串形式的对话框消息、警告被解除时的一个回调函数（这里是null）、对话框标题（默认Alert）和按钮名称（默认OK）。

代码清单11-11　在change事件中加入Cordova的对话框（dialogs）插件

```
Template.select.events({
  'change #platform': function (evt) {        仅在移动设备上
    var selectedPlatform = evt.currentTarget.value;   执行此代码块
    if (Meteor.isCordova) {
      navigator.notification.alert(        创建一个
                                           对话框
```

11

消息文本

```
    'You picked ' + selectedPlatform,
    null,
    'Your choice',
    'I know'
  );
  navigator.notification.alert(
    'You selected',
    selectedPlatform
  );
} else {
  console.log('selected ' + selectedPlatform)
}
}
});
```

警告被确认时
的回调函数

对话框标题

按钮文本

11.5　总结

在本章中，你已经了解到以下内容。

❑ 尽管JavaScript不是一种编译语言，但Meteor应用在运行之前需要进行构建（编译）。

❑ 当你使用--production参数运行run命令时，所有的文件将被缩小。

❑ 文件的加载顺序基于目录的层次结构和文件名。

❑ 构建过程可以通过使用包来扩展，如coffeescript或less包。

❑ 默认情况下，所有的项目都在服务器浏览器的场景中被构建。

❑ 添加移动平台会扩展构建过程，它将使用Cordova为iOS或Android创建混合应用。

❑ Cordova插件可以在Meteor中直接使用，它们没必要封装在Isopack中。

第 12 章

开始生产 *12*

本章内容
- ❑ 如何组织代码以方便部署
- ❑ 使用Velocity集成测试框架
- ❑ 负载估算和测试
- ❑ 了解部署选项，从简单到高度可用
- ❑ 使用Meteor UP部署应用
- ❑ 使用环境变量配置服务器
- ❑ 构建高可用架构

当所有的功能都已实现、错误都已修复，Meteor应用就到了进入生产环境的时候了。本章涵盖了部署Meteor应用的所有基本要素。我们不会讨论服务器管理的具体细节，但会探索典型的架构以及小规模和可扩展部署的可能选项，这样当你的应用获得成功时你就知道应该怎么做。

在理想的情况下，甚至在开始写一行代码之前，你就已经想到了让应用"上线"。如果你还没有，那么现在是时候重新审视项目的期望和要求了。你会注意到部署选项受需求的影响很大。但因为大多数大规模的应用开始时都很小，所以我们将从最简单的部署方案开始讨论，然后在下一步引入更大的规模和复杂性。

12.1 准备生产

在最基本的层面上，把项目部署到生产环境意味着将它复制到一个远程服务器，并允许用户访问。从这一刻起，你将会发现错误、计划额外的功能、部署补丁、接收用户反馈，然后你会在两个环境下工作：生产环境和开发环境。在将代码复制到服务器之前，让我们先看看在生产中运行应用的一些有用的基本技术。

12.1.1 使用版本控制

从第一次发出meteor create命令的那一刻起，你就在准备生产。除非你是在黑客马拉松中而且永远不会再次看你写的代码，不然你就需要把项目放入版本控制中，尤其是它不仅仅只有几行代码或是由多个人开发的时候。Git、Subversion或IBM ClearCase等系统将为你构建一个代码的安全网，而且它们也有助于开发和部署。

对部署而言，当你第一次把文件复制到服务器上的时候，源码控制的好处可能不是那么明显。但是在你决定休假2个星期之前，你怎么知道用户使用的是哪个版本，付费客户的问题是依然存在还是已经被修复了？

提示 不要在代码库的根目录添加你的Meteor项目，而要添加在app目录中。这样，你也可以将非应用资源，如配置文件，添加到同一个代码库中。

一旦准备进入生产环境，你就应该有一个专门的主分支，它代表了生产质量的代码，每次部署到生产环境都要做一个标签。这种方法可以很容易地看到正在运行的应用使用的是什么代码。

我们将使用Git来过一遍所需的步骤。许多人都在主分支做所有的工作，这使合并变化比它应有的复杂度要高得多。应该使用一个分支用于所有的开发或错误修复工作，并且只让可以工作的代码进入主分支。

提示 使用Git时，请确定主分支只包含最新的和稳定的代码。不应该在主分支进行任何开发工作，应该在专用的开发或功能分支进行开发。

在Git版本库中，一个简单的项目可能类似于图12-1。

所有的开发都发生在一个专门的devel分支。一旦开发完成并且通过了所有的测试，将代码合并到主分支并标记版本号（如v1.0）。

使用多个分支的优点是你可以为应用添加还不想部署的功能，还可以修复生产代码中的关键问题，而不必在线上冒险合并未经测试的开发代码。

在我们的场景中，你已经成功将稳定的代码部署到生产并标记为v1.0。在下一个版本2.0的工作中，你发现了一个关键的问题需要修复。要进行这个修复，你创建了一个新的分支，称为hotfix-v1.0。一旦在hotfix分支修复了问题并完成了代码测试，你将它合并到主分支。所有这一切都不会被任何可能在开发环境下发生的事情所影响[1]。

在一个项目上工作的人越多或者应用越复杂，就越可能使用更多的分支。你只要确保在任何时候都能轻松地跟踪生产中使用的代码。

一些供应商，如Heroku，在从源码控制中部署应用时，默认采用上面的规则。在前面的示例中，他们假定主分支包含了稳定的代码。

---

① 你可以在以下网址找到这种分支模型更深入的解释：http://nvie.com/posts/a-successful-git-branching-model/。

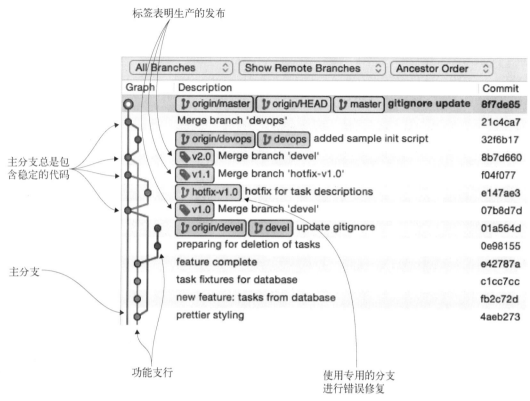

图12-1　在Git中使用多个分支进行开发和错误修复

12.1.2　功能测试：Velocity 框架

合并到主分支的所有代码都应该经过充分的测试。在代码上做标签使跟踪测试的候选集合更容易，特别是当应用的测试人员不是开发人员时。

测试有各种形式的，包括：单元测试——对应用的一小部分进行隔离测试；集成测试——确保所有的组件能够一起工作；以及专注于用户的行为驱动测试（behavior-driven test，BDT，也被称为验收测试，acceptance test）。近年来，JavaScript应用的几个测试工具已经覆盖所有这些领域。除了Tinytest以外[①]，Meteor使用这些你可能从其他项目中已经知道的测试工具：Jasmine、Mocha、结合Selenium使用的Robot框架，以及Cucumber。

表12-1中列出了测试框架的概述和它们的应用领域，也列出了在Meteor中使用它们的包名。这些框架中的每一个都有相当丰富的文档，所以我们不会讨论它们的使用方法，但会向你展示如何将它们整合到Meteor项目中。为了更好地了解这些工具如何工作，你可以访问Velocity页面http://velocity.meteor.com，或看看每个项目的文档。

---

① 下面的表格中也提到了Tinytest，表明Tinytest也可以用于Meteor的测试，此处原文的表述不甚准确。——译者注

表12-1   Meteor功能测试工具概述

框　　架	包的名字	单元测试	集成测试	验收测试
Tinytest	`tinytest`	服务器、客户端（只用于Isopack）	—	—
Jasmine	`sanjo:jasmine`	服务器	客户端	—
Mocha	`mike:mocha`	—	服务器、客户端	—
Robot Framework	`rsbatech:robotframework`	—	—	客户端
Cucumber	`xolvio:cucumber`	—	—	客户端

Meteor的官方测试框架称为Velocity。从技术上说，它是一个测试运行者，包括特定的测试框架。Velocity由Meteor社区的一个团队开发，它可让你使用任何已建立的测试库组合来定义自动化测试[①]。

Velocity框架是通过包添加的，它甚至直接集成在应用的用户界面中。每当你在应用中添加一个表12-1中的测试框架时，也就添加了Velocity。要使用Jasmine，可使用以下的命令：

```
$ meteor add sanjo:jasmine
```

所有的框架都包含一个显示测试结果的HTML报告。除了Jasmine以外，所有的框架中都默认添加了这个报告。要为Jasmine显式添加报告，使用这个命令：

```
$ meteor add velocity:html-reporter
```

现在运行meteor时将在页面右上角显示一个绿色的点。这就是HTML报告，你可以通过单击这个点来访问报告，如图12-2所示。报告展示了所有已安装Velocity测试框架的测试结果。如果还没有定义测试，Jasmine包允许你创建一组样本测试。一旦一个测试可用，这个视图将显示每个测试的结果（成功或失败）。如果测试结果变化，它将进行响应式更新。每次保存代码时，集成测试和单元测试通常会重新运行，这样可获得代码是否通过测试的实时反馈。

图12-2   Velocity有个HTML报告，其中覆盖了实际应用的一个完整测试报告

[①] 如果你计划定期对生产环境进行更新，就值得建立一个连续集成(continuous integration，CI)或连续交付(continuous delivery，CD ）的环境，在其中可一键执行所有的测试并可以选择是否部署到目标系统。如果你想开始利用CI环境带来的好处，可以看看Travis或Jenkins。

所有的测试都放在Meteor应用根目录中一个叫作测试（tests）的文件夹中。在运行build或使用--production参数运行服务器的时候，它们不会被添加到应用。这意味着在部署应用之前你不必删除测试。

虽然你应该有单元测试，但它们不确保用户能够正确无误地执行应用中的所有操作。在测试应用时不要忘记包括负面测试，用于测试用户意想不到的动作，比如在一个只接受数字的字段中输入了字母。使用70/20/10规则[①]进行测试：70%的单元测试，20%的集成测试，10%的验收测试或点到点的测试。

提示　除非你有特殊的理由使用Mocha或Robot框架，使用Jasmine和Cucumber可以覆盖测试的所有领域。

在一天结束时，测试代码和问题跟踪都和透明度相关。你需要知道应用是否已经可以发布。如果还有没有修复的问题，你需要决定它们是否会阻止你的应用进入生产或它们是否可以接受。只有经过充分测试和没有任何错误会阻碍它进入生产的代码，才应该被标记为可部署的。

12.1.3　估算和测试负载

如果你还没有考虑过应用用户的预期数量，那现在是时候来考虑了。当然，从功能上说，你对应用的用户有很好的理解，但现在你必须专注于规模。考虑下面三个问题。

❑ 你有多少（并发）用户？

❑ 单个用户生成多少数据（和负载）？

❑ 你的用户在哪里？

1. 最坏的、最好的和实际的情况

虽然可能很难估计用户的确切数量，但你至少可以为第一个月的用户数量给出一些合理的数字。估计网站访问者的一个常用方法是假设三种情况：最好的情况、最坏的情况和实际的情况。在最好的情况下，你的营销活动非常成功，用户数达到了你期望的最大值。你不应该考虑slashdotting[②]，除非它是你的明确目标。最坏的情况下只有最少的人访问你的网站。而实际的情况是介于这二者之间。如果你已经有一个类似的Web存在，就可以使用现有的服务器日志作为评估的起点。

为了说明如何估计用户数量，让我们考虑一个在线游戏，即几个用户互相玩的拼字游戏。我们最坏的情况预计每天100个用户（3000/月），实际的情况为每天1000个用户（30 000/月），最好的情况可能每天10 000个用户（300 000/月）。

这些数字告诉你什么呢？起初，你会用它们来计算可能的存储需求。如果每个用户都可以上

[①] 看看谷歌测试博客的这篇文章：http://googletesting.blogspot.de/2015/04/just-say-no-to-more-end-to-end-tests.html。

[②] Slashdot效应，也称为slashdotting，其发生情况为在一个受欢迎的网站中添加一个小网站的链接，导致小网站流量的大幅增加。可参考http://en.wikipedia.org/wiki/Slashdot_effect。

传一个头像，你希望保存他们玩的每个游戏的详细统计数据，以及他们在游戏中使用的每个单词，那么你可以1MB作为每个用户的基准。这就是说，你的应用需要3到300GB的存储（见下表）。

表12-2 一个部署的用户估计

	最坏的情况	实际的情况	最好的情况
用户/月	3000	30 000	300 000
用户/天	100	1000	10 000
存储/用户	1MB	1MB	1MB
整体的存储要求	3GB	30GB	300GB

除非计算并发用户的数量，否则当涉及负载或内存时，你将无法找到任何合理的服务器需求。做一个假设，然后使用简单的数学计算，你可以确定一个并发用户数，而它是设计服务器设置的一个重要数字。

2. 估算并发用户

要确定所需的资源，你需要更多地了解用户行为。数字本身并没有告诉你，所有的用户是均匀分布的还是他们只活跃在每个星期六的晚上。但这些信息是重要的，如果可以事先知道它们，你也必须在部署中做出相关设计以处理任何尖峰负载。

你的拼字游戏是一个休闲游戏，所以你期望用户主要在非工作时间上线。这意味着在上午12点和下午1点之间有更多的流量（在午休时间玩一个简单的游戏），另一个时间是下午6点到晚上11点。这样大部分游戏在这六个小时的时间窗口中进行。因为你仍然在估计，所以可以安全地忽略这个窗口外的所有时间，假设所有的用户都处于这段时间中。

对于并发用户的数量，你必须再做一个假设：用户游戏花费的平均时间。

在最坏的情况下，你有100个用户，他们分布在六小时内。从beta测试中你知道，玩家通常花10分钟玩游戏，平均每个游戏有四名玩家参与。六小时即360分钟。你将使用这个数字来计算最大并发性，方法是用时间窗口内的用户数除以时间窗口内游戏的持续时间：

并发用户=期望用户数/（时间窗口/平均游戏长度）

现在你知道你的服务器应该能够处理3个、28个或278个并发用户，这将取决于场景（表12-3）。

表12-3 计算并发用户

	最坏的情况	现实的情况	最好的情况
用户	100	1000	10 000
时间窗（分钟）	360	360	360
平均每个游戏的参与人数	4	4	4
平均游戏长度（分钟）	10	10	10
并发游戏（四舍五入）	1	7	70
并发用户（四舍五入）	3	28	278

下一步是进行负载测试，以计算服务于这么多并发用户所需的服务器资源。

3. 负载测试

负载测试是一个复杂的任务，尤其是像Meteor这样把一些处理外包给客户端的时候。生成HTTP负载的工具传统，如Apache Bench（ab）或Siege不能用来可靠地测试JavaScript应用。

解决的办法是使用负载模拟来生成客户端发送的DDP消息或直接模拟客户端，比如使用PhantomJS。Meteor的第一个负载测试工具是`meteor-load-test`（https://github.com/alanning/meteor-load-test），它通过发送DDP消息来对应用进行压力测试。它灵活地将Java的负载测试工具Grinder用于测试API。`meteor-down`（https://github.com/meteorhacks/meteor-down）是另一个可用的工具，它允许你写出可以直接订阅Meteor发布和执行Meteor方法的Node.js应用。

联合使用PhantomJS和CasperJS的例子是`meteor-parties-stresstest`（https://github.com/yauh/meteor-parties-stresstest）。负载测试最重要的部分是监控的结果以及知道如何解释它们。

作为负载测试的结果，你可以了解一些应用的重要信息。它会清晰地说明可能存在的瓶颈，以及你的服务器是否需要更大的CPU或更多的内存。这个主题很快就会变得可以压倒一切，而进行负载测试的一个简单方式是找到对应用进行缩放的方法。

试着确定你的应用是否可以以线性方式进行缩放。让五个用户同时运行你的应用，看看有多少服务器CPU和内存被消耗。然后增加五个用户，并再次检查。做这个测试至少两次以上，你拥有的数据越多，你的预测将越准确。增加用户的数量，直到达到被测试机器的最大内存或CPU。

最终，你应该有10个、20个、50个或更多并发用户的数据。然后，你可以绘制一个简单的图表显示服务器在负载下的行为。这将告诉你服务器的哪个方面需要加强，以及成本预期是多少。

4. 位置

最后，你应该考虑用户所在的位置。如果你的应用用户群来自一小块地理区域，那么你应该注意不要把主机部署在千里之外。减少网络传输时间仍然是提高用户体验的一个重要因素，所以请确保你的服务器接近你的用户。

如果你的用户来自世界各地，你应该看看那些支持在不同地理位置放置多台服务器的托管方式。另外，内容分发网络可以帮助减少网络流量。

提示 网络延迟是影响用户体验的一个巨大因素。请确保不仅要使用足够强大的服务器，也要将它们放在尽可能靠近用户的地方。

12.1.4 服务器管理

大多数软件开发人员对运行和管理服务器不感兴趣，虽然他们不应该这样。值得庆幸的是，你不必是一个服务器专家，有许多平台即服务（Platform-as-a-Service，PaaS）的产品，你可以租一个Meteor或Mongo的实例，而不需要管理自己的服务器。然后你需要充分了解整体的架构，以估计运行应用时所需的工作量和相关成本。

如果你没有选择一个全方位服务的PaaS供应商，那么你必须决定谁来管理应用服务器、监控负荷和可能出现的故障、进行安全更新以及更新SSL证书。云提供商往往会处理这些事情，但你必须为这些服务付费。

备份

当你的服务器崩溃、所有的数据都丢失了，会发生什么事情？应用的源码在版本控制系统中是安全的，但是，除非你有一些备份策略，不然所有用户贡献的数据就丢失了。在Meteor项目中，通常有两种类型的数据需要备份。

❑ MongoDB数据库

❑ 上传的文件

MongoDB的备份是相当简单的。你可以创建一个副本集，异地运行另一个MongoDB实例来实现完美的即时备份。或者，你可执行传统的备份。在一个典型的MongoDB备份中，你可以使用mongodump和mongorestore备份和恢复数据库。

备份文件与其他的Web项目没什么不同。只是要确保备份中包括了所有相关的配置文件，如果它们不在版本控制中（它们应该在！）。如果你的主机不带备份解决方案，最好是创建自己的滚动备份，例如使用rsnapshot（http://www.rsnapshot.org/）。你要意识到，即使云服务商声称云是安全的，他们也可能会失去数据，有自己的备份总是更安全，尤其是当你不能承受丢失重要客户数据的时候。运行RAID-1驱动器不能代替定期（每天或至少每周一次）的备份。

12.1.5　清单

你可以使用下面这个简单的清单以确保你准备好进入生产状态。你应该能够用"是"回答下面所有的问题。

(1) 你是否使用了版本控制系统管理代码？

(2) 你的软件没有什么问题会阻止应用上线吗？

(3) 你知道预期有多少用户（含并发）吗？

(4) 你是否进行过负载测试以确定单个用户需要多少的CPU/内存？

(5) 你计算了所需磁盘空间的大小吗？

(6) 你知道你的用户在哪里吗？

(7) 用户只通过数据库交换数据吗？如果不是，你有计划确保服务器实例之间流量的安全吗？

(8) 你有专门的、训练有素的工作人员来管理服务器吗？

(9) 你有计划一个备份策略吗？

(10) 你测试过你的备份策略并成功执行过一次恢复吗？

12.2　安装和部署

现在是时候把你的应用放在一个在线的服务器上了。根据应用的关键程度和期望的用户数，你可以在三个主要的部署选项中进行选择。为了帮助你作出这个决定，表12-4列出了每个选项的优点和缺点。

表12-4 Meteor服务器选项的优点和缺点

部署目标	优　点	缺　点
meteor.com	部署最简单，没有托管成本	没有可用性保证，没有自定义的网址
云服务提供商（如Modulus、Heroku或Nodejitsu）	低管理开销，快速和容易的可扩展性，为每个实际使用付费	有限的配置选项控制
手动设置（如亚马逊EC2、Rackspace或自己的硬件）	充分的灵活性，在不同应用中重用现有资源的能力	需要管理知识，缩放需要更多的时间

对构建快速原型而言，使用meteor.com基础设施是最简单的方法，但它不是用于生产的好选择，因为它没有向你保证可用性，缩放也很复杂。你的应用可能在某些时间不在线或没有响应。另一方面，它是一个免费的选择，所以你可能会在某些情况下使用它。

如果你不想花大量的时间在系统管理上，选择一个现有的云提供商可能是个很好的做法。除了不需要进行系统配置，他们经常还提供了一键式缩放，允许你几乎在瞬间添加更多的实例。请记住，你将无法控制底层基础设施的所有设置，因为它通常是在多个应用中共享的。对于一些非常规的可能实现的要求，你可能需要付出非常高昂的价格。

如果你熟悉管理服务器，并有专门的人可以在短时间内修复问题，手动设置将是最灵活的。如果你正在主持多个项目，它可以成为最好的选择，即使不需要外来的配置。此时，你将不得不更多地考虑所需的资源，因为你为整个方案付费，而不仅仅为你的使用付费。添加更多的实例相比于一键设置也需要更多的时间。

12.2.1　最简单的部署：meteor.com

要部署到meteor.com，需要Meteor的CLI工具。当你的应用准备好以后，下面的命令将会把它发送到meteor.com的基础设施：

```
$ meteor deploy <subdomain>
```

将<subdomain>改为用于访问你应用的子域名。meteor.com使用开发者账号确保一旦你的应用部署到一个免费的子域名，没有人能够覆盖它。子域名和你的meteor.com开发者账户联系在一起。如果你还没有开发者账户——这通常是第一次部署的情况，你将在部署过程中被要求自动设置一个。你需要做的是提供你的电子邮件地址，然后设置一个meteor.com网站的用户名和密码（参见图12-3）。

如果有多个开发人员都需要能够部署到一个meteor.com子域，可以将他们添加到一个组织。该组织的每个成员将在项目中具有相同的权限。

说明　如果你需要调试一个已部署的应用，可以使用meteor deploy <subdomain> --debug，这将允许你使用基于浏览器的调试器，你的断点将会被保持。

12

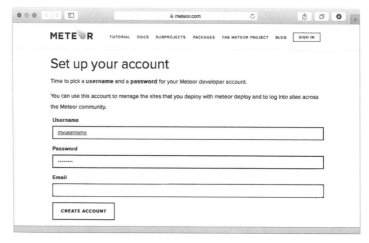

图12-3   设置你的Meteor开发者账户

当你尝试部署到现有子域，`meteor deploy`将提示你输入用户名和密码以进行身份验证。一旦你成功地通过身份验证，Meteor会在本地系统中记住你的账户。这样，你不需要为后续的部署登录，即使它们是与你当前登录账户相关联的其他网站。你可以使用下面的命令来查看你被授权的所有子域列表：

```
$ meteor list-sites
```

要管理meteor.com基础设施上的一个应用，你可以使用命令行工具来访问服务器的日志文件（参见图12-4）甚至是数据库外壳。

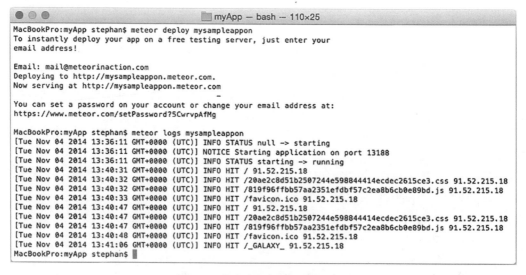

图12-4   从命令行部署和访问日志

这可用下面的命令来实现：

```
$ meteor logs <subdomain>
```

和

```
$ meteor mongo <subdomain>
```

说明　虽然使用meteor.com基础设施很方便，但它还不适合生产级部署。

获得meteor.com中的MongoDB连接字符串

假设你部署了一个应用到meteor.com，与其他用户一起进行测试，并且获得了巨大的成功。现在你想将数据迁移到一个专用的数据库，但你不知道如何访问远程的数据库。

当你为meteor mongo指定--url参数时，其返回值是一个MongoDB的连接字符串，例如：

```
$ meteor mongo --url mysubdomainname.meteor.com
mongodb://client-b4898462:4f69301a-8be4-7196-a2db-23816e785e9e@
➜ production-db-a2.meteor.io:27017/mysampleappon_meteor_com
```

这个URL可以用在任何MongoDB客户端中，比如Robomongo，也可以传递给mongodump命令用于访问和提取数据。然而，这个网址在一分钟后就过期了，所以你需要迅速使用它，否则用户名和密码将被拒绝。因此，通过电子邮件与他人共享这个连接字符串是没有用的。

12.2.2　无所不包的主机：云供应商

虽然Meteor专用的托管主机还没有被广泛使用，但是已经有很多运行Node.js应用的平台。因为Meteor应用可以迅速转换为可运行在普通Node.js服务器上的应用，所以你可以使用任何能够托管Node.js应用的供应商。

如果你正在使用一个云提供商的基础设施（表12-5中有一个简短的列表），就没有必要自己设置任何组件和流程。通常，供应商也将在他们的服务组合中提供MongoDB，这将允许你托管一个公司的所有组件。

表12-5　Node.js服务（Node.js-as-a-Service）提供商

供应商	URL
Modulus	https://modulus.io/
Heroku	http://www.heroku.com/
Nodejitsu	http://www.nodejitsu.com/

要使Meteor应用在Node.js提供商的系统上运行，你的应用需要为部署过程做些准备。这个准备取决于你选择的供应商，有的可以直接托管一个Meteor的应用，但他们中的大多数需要你首先

把项目转换为一个普通的Node.js应用。

1. 使用`demeteorizer`制作高度可移植的Node.js包

`demeteorizer`项目是由Modulus云供应商背后的工程师发起的。`demeteorizer`通过创建一个标准的Node.js应用，封装和扩展了`build`命令。

要用`demeteorizer`创建高度可移植的Node.js包，你首先需要在开发系统中安装它。因为它是以node模块的形式存在的，所以可以通过npm来安装：

```
$ npm install -g demeteorizer
```

一旦`demeteorizer`安装完成，它的工作原理类似于第11章介绍的`build`命令。进入项目的根文件夹，从命令行调用它：

```
$ cd myMeteorProject
$ demeteorizer -t myApp.tar.gz
```

和`build`命令不同的是，`demeteorizer`默认创建一个目录，这就是需要`-t`选项来创建一个压缩文件的原因。默认情况下，它会创建一个新的目录名.demeteorized，在这个目录中，它创建的结构如图12-5所示。

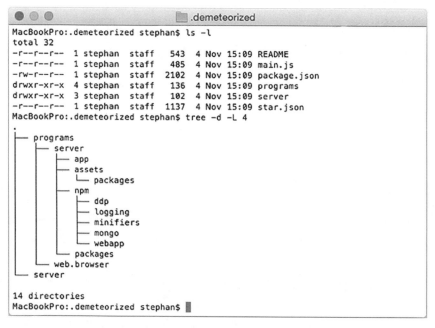

图12-5　demeteorizer生成的目录结构

Meteor `build`和`demeteorizer`之间的差异

　　这两个命令都会创建一个Node.js应用，但是其中有一个细微但重要的差异。meteor

build创建一个应用，其中包括npm模块。demeteorizer不会捆绑任何npm模块，但是它包含一个元数据文件（packages.json），其中指定了运行应用需要的npm模块。

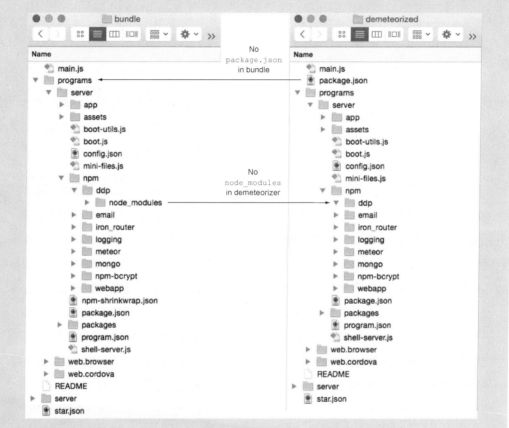

　　大多数提供Node.js应用托管的供应商需要package.json文件，它们使用npm install来安装npm模块，而不是在应用中包含这些模块。因此，部署应用到普通的Node.js服务商需要使用demeteorizer。

　　得到的归档文件可以上传和解压到服务器上。一些供应商，如Modulus.io允许你直接通过Web接口上传文件。由于在项目的根目录有package.json文件的存在，如果你的提供商支持，所有node模块将会自动安装，不然你需要进入到部署服务器上项目的根文件夹，发出以下的安装命令：

```
$ cd /var/www/myDemeteorizedApp
$ npm install
```

　　现在你的应用开始运行了，你可以设置数据库。因为确切的步骤因不同的供应商而有所不同，所以我们不会在这里详细介绍它。你可以在应用中使用任何喜欢的MongoDB实例，它甚至不需要托管在同一个供应商。

2. MongoDB服务

有时需要分别托管Meteor和MongoDB。Node.js提供商可能不提供某些你想要使用的MongoDB功能（比如最新操作日志，即oplog tailing），或者和竞争对手比起来他们太昂贵。在这种情况下，有很多MongoDB服务（MongoDB-as-a-Service）提供商（参见表12-6）可能适合你。其中一些可以从一个完全免费的计划开始，这使他们成为小项目的理想起点，你可以在后期很容易地通过一键缩放你的项目。

表12-6   MongoDB服务（MongoDB-as-a-Service）提供者

供 应 商	URL
MongoLab	https://mongolab.com/
Compose.io	http://www.compose.io
MongoSoup	http://www.mongosoup.de/en/
ObjectRocket	http://www.objectrocket.com/
Elastx	http://elastx.com/

3. 优点

你不需要知道很多关于MongoDB及其内部结构的知识，所以使用供应商服务会让你快速地启动。管理的开销最小。你获得了高可用性和负载均衡的所有功能，所以你可以专注于你的应用。此外，切换到下一个更大的数据库也是很容易的。

通常情况下，专门的数据库供应商那里一些不常用的功能会比较便宜，有些对于低流量的网站甚至有免费的服务可用。

4. 缺点

你的应用服务器和MongoDB实例之间的网络延迟将远远高于在应用服务器边上托管自己的数据库。但由于许多供应商使用亚马逊、Rackspace公司的基础设施，如果你在自己的服务器上也使用相同的基础设施，可能没有明显的效果。

不用管理基础设施是舒适的，但你需要付费，特别是当你的需求超越了价格清单上可用的大小时。为获得最佳性能，你需要在Meteor应用中包括最新操作日志，但一些供应商会为此收取高额的费用，因为它需要一个专门的副本集，他们不能为你的数据使用一个共享的分片。

12.2.3   最灵活的方式：手动设置

在服务器上手动设置Meteor是很简单的。如果你的服务器上正在运行Ubuntu、Debian或OpenSolaris，meteor-up使这一点变得更加容易，meteor-up也被称为mup。如果你不能使用mup或需要更大的灵活性，要在自己的服务器上运行项目，你就需要一个普通的Node.js服务器以及上一节中讨论过的一些需要的功能。

meteor-up

meteor-up是一个社区项目。该工具可以让你设置服务器、部署Meteor。首先，你初始化一个新的项目、配置环境、启动服务安装并最终部署你的项目。更多的信息可以参考GitHub：

https://github.com/arunoda/meteor-up。

通过npm安装meteor-up：

```
$ npm install -g mup
```

使用终端进入到你的Meteor应用目录，并用此命令初始化一个新项目：

```
$ mup init
```

现在，在当前目录中有两个JSON文件。

❑ mup.json——此文件用于定义作为部署目标的服务器并指定要安装哪些组件。

❑ settings.json——此文件用来定义meteor.settings中部署相关的配置选项。比如可用于API
密钥或服务器凭据。

虽然你可以不使用settings.json，但必须调整mup.json的内容以反映自己的服务器设置。在这
个示例中，你将使用两个主机（代码清单12-1），但不想在其中的任何一个上建立MongoDB。

代码清单12-1 mup.json配置

```
{
  // 服务器认证信息
  "servers": [                                        你可以定义一个或多
    {                                                 个用于部署的服务器
      "host": "host1.meteorinaction.com",
      "username": "stephan",
      //"password": "password"
      // pem文件优先（基于ssh认证）               可用于认证的SSH
      "pem": "~/.ssh/id_rsa"                         密钥或密码
    },
    {
      "host": "host2.meteorinaction.com",
      "username": "stephan",
      "pem": "~/.ssh/id_rsa"
    }
  ],
  // 在服务器上安装MongoDB,在以后设置中不破坏本地MongoDB
  "setupMongo": true,                                mup也可以设置一个没
                                                     有分片复制的MongoDB
  // 警告：需要安装Node.js
  // 只有服务器上已安装Node.js时才可跳过此步
  "setupNode": true,

  // 警告：如果nodeVersion被忽略了，就会默认设置为0.10.36
  // 不用v，只用版本号
  "nodeVersion": "0.10.36",
                                                     PhantomJS不是必需
                                                     的，但它和其他一些包
  // 在服务器上安装 PhantomJS                         一起使用
  "setupPhantom": true,
  // 应用名称（无空格）                               如果你将多个Meteor实例部
  "appName": "meteorinaction",                       署到同一台机器上，可以使
                                                     用不同的名称来区分它们
```

12

```
// 应用的位置（本地目录）
"app": "/Users/stephan/Code/meteorinaction",
```
→ 本地机器上而不是服务器
上的应用源码路径

用外部
MongoDB
时，在环境
变量中定义
连接字符串；
若使用了操
作日志，也
必须声明

```
// 配置环境
"env": {
  "ROOT_URL": "http://www.meteorinaction.com"
  "PORT": "3000"
  "MONGO_URL": "mongodb://user:password@192.168.2.210/meteor"
  "MONGO_OPLOG_URL": "mongodb://oploguser:password@192.168.2.210/
                    local?authSource=admin"
},
```
→ 用于此应用的
环境变量

→ 指定 Meteor
使用的端口，
这是可选的

```
// Meter UP在mup进行查看之前检查应用是否在部署之后成功上线，它将等待的秒数配置如下
"deployCheckWaitTime": 15
}
```
→ 查看部署是否成功
需要等待的秒数

正如你在代码清单12-1中看到的设置，`mup`将部署到服务器host1.meteorinaction.com和host2.meteorinaction.com，使用用户`"stephan"`的SSH密钥。出于安全原因，你应该避免使用密码，而应该依靠更安全的SSH密钥[①]。

说明　虽然使用密码来测试部署是很诱人的，但应该考虑使用SSH密钥而不是密码进行生产部署。

在这个例子中，你将设置MongoDB 2.6和Node.js 0.10.36。你也会安装PhantomJS，它用于`spiderable`这样的包以提高搜索引擎的可见性。应用名称用于识别服务器上的node进程。你可以使用mup在同一台机器上部署多个node进程，每个进程使用不同的mup.json配置，而应用名称可用于区分这些进程。应用的位置和要从本地工作站或笔记本电脑部署的项目相关。使用环境变量，可以微调Meteor运行时环境。

如果有一个多核服务器，你可能想在同一台机器上部署多个Meteor实例，使所有的核心都派上用场。在这种情况下，你需要为每个实例使用不同的应用名称和端口，而这又需要多个mup.json文件。为了避免冲突，请为每个核心使用一个专用的目录。对于一个双核系统，其结构可能看起来像这样：

```
.
├── client
├── core1
│   └── mup.json
├── core2
│   └── mup.json
├── public
├── server
└── settings.json
```

[①] SSH密钥可用于Linux、Mac OS X和Windows。要了解更多关于使用密钥的内容，可参考https://help.ubuntu.com/community/SSH/OpenSSH/Keys。

两个mup.json文件的内容应该一模一样，只有应用的名称和PORT环境变量是不同的。

如果没有本地的MongoDB实例，你需要用环境变量来指定数据库的URL。如果使用操作日志（oplog），你也可以在其中定义数据库URL。

一旦配置完成，你可以使用以下命令来设置环境：

```
$ mup setup
```

这将为你处理所有的服务器配置和安装。meteor up还确保所有的服务器进程在机器开启后就启动。此外，如果node崩溃，它将使用forever重启node。它现在还没有将你的应用复制到服务器上。

打包和部署应用是最后一步（参见图12-6）。

```
$ mup deploy
```

图12-6　使用Meteor Up设置服务器

除了init和deploy以外，还有其他启动和停止应用的命令（start/stop/restart）和访问Node.js日志（logs）的命令。当为logs指定-f选项后，可以连续监视日志文件，类似于使用tail -f命令。

12.3　将各部分连接起来

运行一个应用服务器时，你可以配置很多东西。你可能需要更改服务器监听的端口、定义根URL，或者在其中包含到数据库服务器或邮件服务器的详细连接信息。在服务器启动时所需的所有设置都是以环境变量的形式传递给Meteor的。

12.3.1　环境变量

根据应用所使用的包，你可以设置环境变量来影响Meteor应用的行为方式。最常见的环境变量列在表12-7中。

表12-7　常见的环境变量

变　量　名	描　　　述
PORT	绑定的网络端口（默认：3000）
BIND_IP	绑定的IP地址（默认：所有）
ROOT_URL	应用的根URL
MONGO_URL	MongoDB连接字符串
MONGO_OPLOG_URL	MongoDB操作日志连接字符串
MAIL_URL	邮件服务器发送邮件（SMTP）的连接字符串（默认：STDOUT）
NODE_ENV	一些云供应商使用这个，通常设置为production

大多数云提供商都有Web界面用于定义环境变量的名称和值（参见图12-7）。

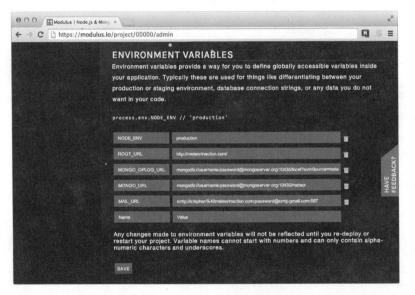

图12-7　在Modulus中定义环境变量

12.3.2　Meteor 和 MongoDB 的连接

一旦Node.js服务器和MongoDB服务器实例开始运行，你就可以配置Meteor让它知道如何访问数据库。你可以使用变量MONGO_URL和MONGO_OPLOG_URL分别指定对普通数据库和操作日志的访问。两者都使用相同的标准MongoDB连接字符串语法：

```
mongodb://<username>:<password>@<host>/<database>?<options>
```

❏ mongodb://是所需的前缀，表示这是标准格式的连接字符串。

❏ username:password@是可选的。如果存在，它们将用于登录特定的数据库。

❏ host是唯一必需的部分。如果没有指定端口，将默认使用27017。你可以定义多个主机，用逗号分隔。

❏ /database 需要和username:password一起使用，用于指定在成功连接到服务器后要登录的数据库。如果没有指定，默认使用admin数据库。

❏ options是连接选项，其格式为name=value对，使用&分隔。

让我们假设有表12-8中所描述的环境。

表12-8　MongoDB连接信息示例

关　键　字	值
MongoDB服务器地址	mongo.local.lan
数据库名称	meteordb
数据库用户	meteoruser
数据库密码	drowssap
操作日志用户	ploguser
操作日志密码	drowssap

基于这些值，连接字符串看起来将像这样：

```
$ export MONGO_URL=mongodb://meteoruser:drowssap@mongo.local.lan/meteordb
$ export MONGO_OPLOG_URL=mongodb://oploguser:drowssap@mongo.local.lan/
local?authSource=admin
```

注意，你在MONGO_URL中指定Meteor要使用的数据库，即meteordb。与之相反的是，应用数据库的名称与MONGO_OPLOG_URL无关，它总是使用local。这是因为操作日志存放在local数据库中。因为用户无法通过local数据库验证，所以你需要在连接字符串中传递另一个选项authSource，这将使用admin数据库作为身份验证源。

12.4　扩展策略

系统体系结构和编写软件一样复杂。本节将向你介绍可扩展性的主要概念，但不会讨论过多的细节。可扩展性有两个不同的方面。

❏ 可靠性（reliability）：单个组件的故障不会导致系统崩溃。

❏ 可用性（availability）：每一个请求都可以被处理。

乍一看，两者似乎是一样的，但它们服务于完全不同的目的。这两个方面都可以译成高可用性（high availability，HA），但可靠性侧重于冗余的组件，而可用性往往通过负载平衡达到。

12

12.4.1   使用冗余的主动–被动高可用性

当应用在生产环境中运行时，你期望它每周7天每天24小时可用。按应用的性质不同，当应用不可用时你将开始失去用户甚至金钱。这就是大多数生产部署架构要求是高度可用的原因。它归根到底就是要求你的设置没有任何单点的失败。每个组件都可能会在某个时间点上不可用，但这不应该对用户有任何显著的影响。即使没有管理员立刻进行修复，操作也应该能够继续。这种方法不仅有助于部分组件失败的情况，而且还可以在整个系统不下线的情况下定期进行系统更新。图12-8说明了实现高可用应用所需的步骤。

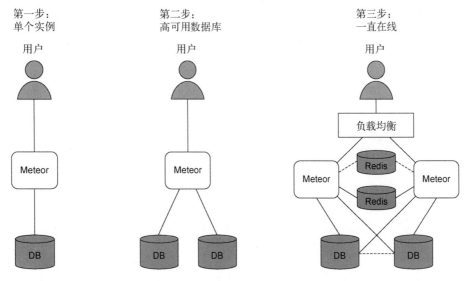

图12-8   从单一实例到高可用性

在HA环境中你经常能找到主动–被动的组合：一个服务器做实际的工作，另一个处在空闲的状态，它随时准备在第一台服务器宕机之后接管它的工作。如果你发现自己用尽了服务器的最大资源，这意味着单一服务器不能处理所有的请求，你需要垂直缩放（也称为放大，scaling up），即你需要添加更多的服务器资源，如CPU或内存。如果在Amazon EC2上运行，你就需要升级服务器，从一个中等的实例升级到一个大的实例。但你不能永远垂直扩展，如果你的应用非常成功，你会达到一个点，即没有一个单一的服务器能够独立处理所有的负载。

使用负载平衡的主动–主动高可用性

如果在同一时间只有一个实例可以工作，它不会给你什么真实的选择来处理更多的负载。用一个更大的服务器来替换小的服务器通常需要时间，这就是你也应该考虑水平缩放（扩大，scaling out）的原因。

在负载均衡的环境中，服务器以主动–主动方式成对运行，这意味着两个服务器都积极地获取和处理请求。不幸的是，如果一个主动服务器的处理会影响另一台服务器上当前正在使用的数据或过程，管理依赖关系将变得更为复杂。在本章前面介绍的拼字游戏应用中，你需要考虑两个不同服务器上的玩家怎样才能够玩同一个游戏。

12.4.2 单组件部署

当你在本地运行Meteor时，有一个Meteor应用和一个MongoDB实例。这提供了一个相当简单的设置，其优势是不会在多个机器之间共享任何会话数据或用户。它也为开发环境做了一个理想的设置，你知道在哪里可以查看日志文件、定位潜在的错误，也没有必要先分析错误可能发生在哪台服务器上或者是否有什么负载均衡组件导致了它们自己的错误。

单实例的缺点是，这种结构不安全、不能缩放。如果你的MongoDB宕了，整个应用将无法正常工作。对于Meteor服务器也是这样。此外，随着用户数（并发数）的增加，你只有一个真正的缩放解决方案：购买一个更大的服务器。

12.4.3 冗余和负载均衡

对于更好的可扩展性和高可用性，其第一步是确保数据库总是可用的。如果你使用PaaS提供商的数据库，他们会确保你总是可以访问你的数据。如果你需要建立自己的高可用数据库，或者如果你想知道更多关于MongoDB集群的运行原理，可参考附录B。

实现高可用性的第二个步骤是确保应用本身始终是可以访问的。这就需要扩展Meteor服务器。因为Meteor的应用服务器是Node.js服务器，所以所有用于托管Node.js的原则也适用于Meteor。根据用户的预期数量，你应该设置两个或多个服务器实例。因为你不能要求用户访问服务器1或服务器2，所以你可以添加一个自动调度和负载均衡，将到单个URL的所有请求分配到所有的应用服务器上。

1. 负载均衡

在负载均衡之后运行Web应用是一种常见的最佳实践。有很多现存的工具可用，比如HAProxy或nginx这样的开源软件，以及F5或思科产的专用硬件盒子。其原理和MongoDB的查询路由相同[1]：一定数量的实际工作进程（或应用）作为一个逻辑组运行，所有客户端的请求都被发送到这些工作进程中的某一个。

Meteor不同于传统的网页服务方式。在传统的方法中，连接是无状态的。在一系列请求中，哪个应用服务器响应哪个请求没有任何区别。然而，在Meteor中，每个连接都会维护一个状态，因此如果来自同一客户端的不同请求在服务器之间进行切换将会导致操作的失败，因为关于上下文的所有信息都丢失了。无论你选择实现哪个负载均衡方法，都必须确保客户端不在服务器之间切换，除非你有一种在所有节点[2]之间交换状态信息的方法。

让用户留在同一台服务器最简单的形式是在负载均衡中记住他，比如说将应用服务器和IP地址联系起来。从IP 192.168.2.201来的所有请求都会去服务器A，无论其当前负荷是多少。另外，

---

① 关于MongoDB查询路由器的更多信息可查看附录B。
② 即服务器。——译者注

负载均衡可以设定一个cookie来记住某个客户端应该去哪个服务器。

2. 常用的负载均衡算法

了解分配请求的重要算法将有助于你为应用作出最佳选择。许多人都很熟悉轮转（round robin），这意味着所有的请求都被均匀地分配到服务器：请求1到服务器A，请求2到服务器B，请求3再到服务器A，请求4到B，如此等等。如果你的服务器都有相同的规格，这是个很好的选择，但如果其中一个更强大，加权轮转（weighted round robin）可能是更好的选择。你可能会在配置中让服务器A获取原有两倍的请求，因为它具有双倍的内存和处理器。

不幸的是，这些算法没有考虑一个服务器当前可能的负载，比如它们不知道用户已经结束了他们的会话。一个典型的负载均衡不知道一个请求重定向目标节点的状态。有些算法可以确定服务器需要多久才能响应，并避免将更多的用户发送到已经没有响应的服务器上。负载均衡可以配置为基于实际的连接数来分发用户。这就是最少连接（least connection）算法，负载均衡主动检查一个服务器上当前有多少用户连接，并基于此均匀地分发用户。

所有的算法都有自己的具体用途。如果有疑问，最好的办法是从轮转开始，启用会话粘性。附录C中有一些配置的实例可供参考。

3. 单线程

为帮助你避免处理多线程体系结构的复杂性，Node.js设计为在单线程中运行。这意味着无论有多少核心存在，它只会运行在一个核心的一个线程中。这是放大应用的一个主要障碍，如果你的应用变慢，你不能简单地用一个有更多CPU的大机器来解决问题，你必须进行水平放大。虽然已经有一个Node.js集群包，但它还不能用于生产[1]。如果有一个多核服务器，你可以在同一个服务器上运行多个Meteor进程以利用所有的核心。使用不同的端口，负载均衡能够将请求分布在同一机器中的多个实例上，就像不同的物理服务器一样。通常操作系统会在不同的核心上运行不同的进程，但如果你想直接控制Meteor实例运行在哪个核心上，可以在Linux上使用 `taskset`包。

提示　在同一台服务器上运行多个Meteor实例将允许你使用多个CPU，但它不会提供真正的高可用性，除非你使用两个或多个独立的服务器。

---

4. 安全的连接：SSL

虽然Node.js支持SSL连接，但Meteor本身并不支持。要提供安全的连接，SSL仍然可以在面向客户的负载均衡中使用。负载均衡和应用服务器之间的所有通信将是未加密的，这被称为SSL卸载（SSL offloading）。用户和数据中心之间的所有信息将仍然是完全安全的，但是在数据中心内部，你需要信任基础设施的提供商。

在跨数据中心的负载均衡中需要小心。如果负载均衡位于美国，但它将请求重定向到日本Meteor服务器，它一定不能在美国终止SSL，而应该将这个SSL请求重定向到日本，并使用本地

---

[1] 在写这一章的时候，Node.js集群包的稳定性被标记为：1-实验阶段。

的负载均衡卸载SSL。否则，用户可能会看到一个HTTPS连接，但事实上它像其他未加密的请求一样跨越了半个世界。

在许多环境中nginx用于SSL卸载，因此它保护了Meteor应用，使Meteor不需要关心相关的基础设施问题，而只需关注一个目的：运行应用。

5. 会话状态

回到我们的拼字游戏，我们假设四个玩家登录两个经过负载均衡的服务器。现在两个玩家在服务器A上，另外两个在服务器B上，但他们都应该加入同一个游戏。在所有实例之间共享信息最简单的方法是使用数据库作为信息交换的中心。虽然从应用的角度来看，它可能看起来像一个理想的方法，但它给数据库服务器增加了大量的负载，需要许多磁盘读写操作，这可能最终在用户那里导致明显的滞后。毕竟，持久化短暂的数据是不合理的，比如对手鼠标指针的位置，或者他们是否正在打字等。

在应用服务器之间进行数据交换，较好的解决方案是使用Redis——一个内存中的数据库。本质上，Redis是一个简单的键值存储。它类似于MongoDB，它支持分片，并且提供了一种手段，可在主进程不可用时转移到另一个服务器。关键的区别是，所有的数据都保存在内存中，这使它避免了所有的磁盘I/O操作，因而Redis是存储所有会话相关数据的快速和有效的方式。

6. 代理服务器

虽然从技术上说，这不是高可用性的一部分，但引入代理服务器是提高性能并最终使你的应用以较少资源运行的一个好方法。

对提供动态内容服务而言，Node.js是伟大的，但它对于静态文件却没有同样的效果。所有对全部用户都相同的资源应该由代理服务器提供服务。它们包括图像文件、字体、理想的情况下也包括CSS和JavaScript文件。如果要求不是太高，负载均衡和静态内容服务可以通过单个进程实现，比如nginx。

12.4.4　绝对可用性

相比之下，设计一个99%可用的系统是相对容易的。这意味着一年中有3.65天或一个月超过7个小时，你的应用可以离线。从两个9到五个9（这意味着从99%到99.999%）将把应用的不可用性降低到一年不到5.5分钟。实现最后的1%，其费用是以指数增长的并且很少值得努力，除非你的应用对健康或业务至关重要。

在系统体系结构中，概率是所有决策的一个驱动因素。高度可用的组件越多，整个系统宕机的可能性就越小。当然，网络路由器也可能会失败。限电可能会发生，甚至整个数据中心都曾经被淹没。如果你绝对不能容忍任何系统中断，那么你应该确保你的服务器在不同的数据中心，并且所有电缆都有冗余的连接。然而，对大多数用例而言，关注服务器进程并将基础设施留给你的提供商就足够了。

12.5　总结

在这一章中，你已经了解到以下内容。

❑ 使用版本控制并用一个专门的分支管理生产状态的代码。

❑ 使用Velocity框架重用已有的JavaScript测试框架。

❑ 作出假设以估计预期的负载，并确定所需的架构。

❑ 决定是使用PaaS提供商还是建立自己的基础设施。

❑ 使用环境变量来确定应用服务器需要连接的组件。

❑ 认识到99%的可用性是比较容易的，但要超越这个数字需要作出很多努力。

安装Meteor

本附录内容
- □ 安装Meteor的先决条件
- □ 如何在开发机器上安装Meteor

在本附录中,我们将强调安装Meteor的先决条件并和你一起一步步地安装它。除非是在Windows上,否则你可以用单个命令来启动Meteor。我们将涵盖所有主要的平台。

A.1 先决条件

和许多其他的Web开发工具不同,Meteor是一个独立的安装,不需要什么特定软件的存在。安装程序将把Node.js和MongoDB放在你的home目录,因此它们不会与brew或apt-get等包管理器安装的其他实例冲突。为了确保一个能完全工作的环境,Meteor将始终使用它安装的二进制文件。

目前支持的平台包括以下几个。
- □ Max OS X 10.7及以后的版本
- □ Windows 7、Windows 8.1、Windows服务器2008和Windows服务器2012
- □ Linux(x86和x86_64系统)

BSD和其他操作系统不支持。利用虚拟化技术,比如通过运行Vagrant盒子(我们将在稍后讨论Vagrant),也可以在不支持的系统上安装Meteor并进行开发。

如果你不能安装Meteor或更喜欢在云上运行它,可以使用Nitrous(http://nitrous.io/)。它提供了云上的IDE,不需要在本地进行安装。

A.2 在 Linux 和 Mac OS X 上安装 Meteor

Meteor支持Mac OS X 10.7及以后的版本,还支持Linux x86和x86_64系统。在支持的系统上安装Meteor,只需要在终端中键入一行命令:

```
$ curl https://install.meteor.com/ | sh
```

此代码将下载并在系统上安装整个Meteor平台，并且使得CLI工具全局可用（如图A-1所示）。

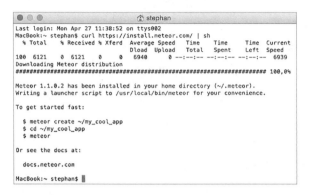

图A-1　在Mac OS X上安装Meteor

安装中，你不需要拥有管理员权限，但你可能需要提供密码，使Meteor能够创建一个到/usr/local/bin/meteor的符号链接，这样你机器上的所有用户都可以使用meteor命令。

提示　如果需要卸载Meteor，可以删除/usr/local/bin/meteor文件和home目录下的.meteor/目录。

A.3　在 Windows 上安装 Meteor

下载官方的Meteor安装文件：https://install.meteor.com/windows。简单地双击InstallMeteor.exe文件将开始安装过程（图A-2）。在这个过程中，你会被要求提供Meteor开发账号的密码或创建一个新的账户。如果你想，可以跳过这一步。

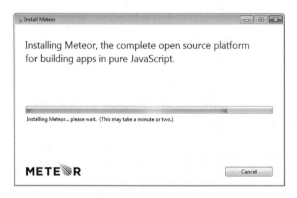

图A-2　在Windows上安装Meteor

一旦安装完成，你就可以像在Linux或Mac OS X系统上那样使用Meteor的CLI工具。

A.4 使用 Vagrant 运行 Meteor

如果你想在不支持的平台上运行Meteor，或想使用和生产服务器相同的操作系统进行测试，可以使用虚拟机来增强你的开发环境。一个可能的方法是使用Vagrant，它可以把虚拟机紧密集成到主机系统中，让你以虚拟机的形式使用可移植的开发环境。这样，你就可以轻松地交换文件，运行meteor这样的命令。

你可以从这里下载Vagrant的安装程序：https://www.vagrantup.com。你还需要安装Oracle的VirtualBox，它可以在这里找到：https://www.virtualbox.org。此外，你还应该安装一个SSH客户端。它可以是PuTTY或Cygwin提供的ssh命令。

一旦完成安装，可以使用下面的命令添加一个Ubuntu Linux到你的系统：

```
C:\Users\stephan\> vagrant init hashicorp/trusty32
```

这将在当前目录下创建一个Vagrantfile配置文件。此文件是一个Ruby程序（其中大多数行是被注释掉的），其中包含你机器的配置设置。除了一些基本的配置设置以外，它还包括用于虚拟机的镜像设置，在这种情况下，它是一个32位的Ubuntu 14.04系统（代号：Trusty Tahr），这是由Vagrant的作者HashiCorp提供的。

提示　即使你正在运行一个64位的操作系统，你仍然可以使用Vagrant创建一个32位的客户操作系统（Guest OS），但反之则不行。在某些情况下，使用32位系统会更有效，尤其是只分配少量内存到客户系统的时候。

客户系统内存的默认值是512MB，它使用一个CPU核心，对于小的开发环境来说这通常足够了。但如果你需要增加内存或核心数，可以调整Vagrantfile，在最后的end之前添加以下内容（这导致最后两行中都有end）：

```
config.vm.provider "virtualbox" do |v|        ← RAM大小（单位是MB）
  v.memory = 1024
  v.cpus = 2        ← 分配给客户系统
end                     的CPU核心数
```

要在Windows浏览器中打开Meteor应用，你需要设置端口转发。取消以config.vm.network开始的那一行的注释（删除#符号），调整设置如下：

```
config.vm.network "forwarded_port", guest: 3000, host: 3000
```

你也可以为虚拟机分配一个IP地址，方法是在配置文件中添加下面这一行：

```
config.vm.network :private_network, ip: "192.168.33.31"
```

这样，你就可以访问Vagrant机器，就像通过SSH访问其他远程服务器一样。

当Vagrant虚拟机运行时，会将到本地计算机（主机）上3000端口的所有请求转发到虚拟机（客户系统）的3000端口。一旦虚拟机中开启Meteor，你就可以在浏览器中键入http://localhost:3000访问该应用。

要启动你的虚拟机，发出下面的命令（最常见命令的概述参见表A-1）：

```
C:\Users\stephan\> vagrant up
```

表A-1　常见的Vagrant命令

命　　　令	描　　　述
init	初始化当前目录为Vagrant目录，如果Vagrantfile不存在，创建一个初始的Vagrantfile。将虚拟机的名字作为参数传递
up	根据你的Vagrantfile创建和配置客户系统
ssh	使用SSH访问运行的Vagrant机器，让你可以访问一个shell
suspend	精确地保存机器的当前状态，以便当你恢复运行时，它立即从该点开始运行，而不是进行一次完整的启动
resume	继续运行暂停的Vagrant虚拟机
halt	关闭Vagrant管理的正在运行的机器
destroy	停止运行的机器，并销毁在机器创建过程中创建的所有资源。运行此命令后，你的计算机将处于一个干净的状态，就好像你从来没有创建过一台客户机器

Vagrant将从互联网获取Vagrantfile中定义在的镜像，把它存储为一个可重用的镜像（这将加快未来所有vagrant up命令的执行）。你只需要在第一次下载镜像时连接到互联网。Vagrant将设置你的虚拟机，允许你通过SSH（大多数系统的默认密码是vagrant）访问它：

```
C:\Users\stephan\> vagrant ssh
```

从这里开始，你基本上是在一个真正的虚拟化Linux系统中。使用Vagrant的美妙之处是文件的即时共享，所以你可以使用你选择的Windows编辑器并使用本地浏览器。默认情况下，用户的home目录和虚拟机是共享的，所有存放在C:\Users\\中的文件可以在客户系统的/Vagrant下访问。

你现在就可以用前面描述的方式安装Meteor了。

Vagrant可以把Meteor环境同系统的其他部分清楚地分开。

MongoDB剖析

Meteor的设计目的是为和MongoDB一起工作。如果你考虑自己来管理数据库服务器，首先应该知道MongoDB的基本组成部分、如何缩放它以及如何将其与Meteor整合在一起。

本附录将向你介绍更高级的主题。这里假设你对系统架构和管理有一些基本的了解。学完本附录，你将会熟悉有关建立和运行自己的MongoDB实例的最重要的几个方面。

B.1 MongoDB 组件

MongoDB数据库是相当简单的。你在一个终端中访问它，通过用户名和密码进行验证，其查询看起来像是JSON对象。部署MongoDB最简单的方法是使用单个实例（参见图B-1）。

图B-1　在Meteor中使用MongoDB最简单的方法

在生产环境中，你希望确保数据库总是可用的，因此需要了解其原理以确定高可用性的要求。虽然数据库本身通常被作为单进程引用，但实际上有多个进程在运行。在MongoDB中，我们会区分以下组件。

- `mongod`
- `mongos`
- `mongoc`

B.1.1　`mongod`：数据库和分片

`mongod`进程是数据库进程并且负责数据复制。在最简单的设置中，它是运行MongoDB唯一需要的进程。一旦数据库对一个实例而言变得太大，它就需要放大。MongoDB通过将数据分散在多个服务器上来实现这一点，这就是所谓的分片。一个分片通常只包含整个数据库的一部分，是所有可用文档的一个子集。

设想你将要在数据库中存储全球的通讯簿。由于有很多的记录，你将数据分区并存储在三个服务器上。名字以A-J开头的记录将被放置在分片1，以K-S开头的放在分片2、以T-Z开头的放在分片3。每个分片大约包含等量的数据以均匀地平衡负载。

B.1.2　`mongos`：查询路由

由于现在有多个数据库进程，这就需要路由组件将请求引导到适当的`mongod`实例。Meteor应用只有一个数据库连接，它不知道任何内部数据库。在一个分片的集群中，应用访问数据库的方式是通过一个称为MongoDB的分片进程，或者简单地叫`mongos`。从应用的角度来看，它的行为就像`mongod`进程，它负责将数据分布到正确的分片上。应用并不知道它是否被重定向到任何其他的`mongod`实例。

如果你决定加入一个新的电话簿记录，你的应用需要通过`mongos`访问数据库并写入一个新的记录。但`mongos`如何知道这个请求要重定向到哪里并存储数据呢？

B.1.3　`mongoc`：配置服务器

分片集群需要一个这样的实例，它知道哪些数据驻留在哪个分片中。这就出现了`mongoc`。这个进程被称为配置服务器，从技术上说它是一种特殊的`mongod`实例。配置服务器要求在任何时候都可用，这是至关重要的，尽管它们不需要处理大量的负载，因为路由实例缓存了所有相关的数据以提高性能。当路由服务器启动时，它们与配置服务器联系以获得集群元数据。有时MongoDB数据库会使用平衡技术拆分或迁移数据到另一个分片，这时就会有数据被写入到配置服务器。在生产环境中，MongoDB的开发者推荐使用三个`mongoc`实例。如果你不想使用分片，就不需要使用任何配置服务器。

在电话簿的例子中，`mongoc`进程确保所有以R开头的文档都存储在分片2上，所以`mongos`实例知道要将应用的写入请求重定向到哪个机器上。

B.1.4　副本集

设计高可用性时，你不能承受丢失某个分片的风险。为了防止数据在某个进程死亡时不可用，你可以使用副本集（replica set）。副本集有三种类型的成员。

- ❑ 首要成员（Primary）。仅在首要成员上执行所有的写操作。首要成员会维护操作日志（oplog），这是所有复制行为的基础，也被Meteor用作一个比查询比较方法更好的选择。

❑ 备用成员（Secondary）。备用成员维护和首要成员相同的数据集。如果首要成员不可用，它们会取代首要成员而成为一个新的首要成员。故障转移时需要剩余的成员投票给新的首要成员。

❑ 仲裁者（Arbiter）。虽然技术上说它不是一个真正的副本集成员，但仲裁者在选举新的首要成员时可以投票。它不维护一个副本，也不能成为一个新的首要成员。仲裁者是一种特殊的mongod进程。

每个副本集都需要一个专用的mongod进程。多个进程可以在同一个物理或虚拟机上运行，但它们必须使用不同的端口。

在电话簿的例子中，你有三个mongod实例在每个分片上运行。首要副本集是可写的，根据具体的群集配置，所有的其他副本集都将被用于自动故障转移的备份，或者用于只读实例以达到最佳的负载平衡。

当一个首要副本集不可用时，它可以自动被备用成员所取代。其余的节点将投票表决以确定哪个备份成员将成为新的首要成员。因为一个成员不能为自己投票，所以在一个副本集中需要有奇数个成员。当你有三个副本集，其中一个不可用时，剩下的两个将选出新的首要成员。如果不管什么原因你需要使用偶数个副本集，比如两个就足够了，你不需要另一个实例的额外网络和磁盘I/O开销，此时你就需要一个仲裁者的帮助来打破均衡。否则，如果已经有不均衡的副本集，你可能不需要一个仲裁者。因此，一个副本集永远不会有一个以上的仲裁者与之相关。仲裁者参与投票，但它们不会为机器上的复制进程添加额外的负载。在图B-2中不需要一个仲裁者，因为副本集成员（3）已经是不均衡的数量。

1. 操作日志

副本集并不只局限于多个分片的部署。即使在单个分片部署中，如当你运行meteor CLI工具时，副本集也是有用的，因为它们启用了操作日志，这是增强Meteor应用在多台服务器上运行性能的重要途径。

在电话簿的例子中，管理员可能有一批名字和其他数据需要直接导入数据库而不需要通过Web应用输入。此外，应用的两个实例可以并行运行，这样两个实例可以同时改变数据。在这两种情况下，应用要知道任何数据库的变化，只能通过一个专门的请求（如"查找所有条目"）。Meteor的标准行为是每10秒轮询一次数据库。

进行这样的定期操作将给数据库以及Meteor服务器增加不必要的负载，并带来了明显的滞后性，这就是为什么Meteor能够使用一个更聪明的方法：通过钩子直接进入复制流订阅操作日志。操作日志是一个特殊的集合，其中保存了修改数据库数据的所有操作的滚动记录。

2. 组件分布

生产级MongoDB包含多个物理或虚拟服务器。要运行配置服务器，至少需要三个服务器。mongod的多个实例也可以运行在同一台服务器上，虽然通常它们应该运行在专用的机器上。对于查询路由mongos，下面有两个最好的做法，你可以选择其中一个。

❑ 专用的路由服务器，至少有两个并且在不同的服务器上。

❑ 在每个Meteor服务器上部署一个mongos实例。

在专用的路由服务器上运行时，所有实例都必须监听同一个地址，因为每个Meteor服务器都只使用一个专用的连接字符串。因此，应该在mongos前面使用负载均衡，如HAProxy或者nginx。这样做将引入另一个单点的失败[1]，这意味着负载均衡也必须高度可用。

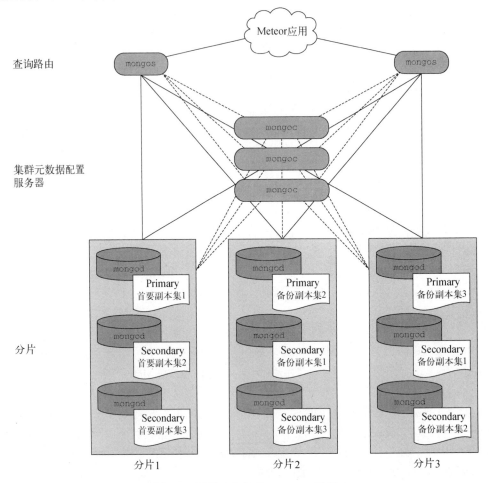

图B-2　可用于生产的MongoDB设置

为了避免过于复杂的场景，你可以简单地决定在将要使用的每个Meteor服务器上安装mongos。使用系统工具，你可以配置mongos进程，如果它崩溃了就重新启动，这使得利用这种方法管理起来更简单。

---

① 这里的单点失败指负载均衡不可用。——译者注

B.2 设置 MongoDB

对部署一个可用于生产环境的包括分片和查询路由的MongoDB集群而言，虽然我们不能覆盖其中所有的细节，但这一部分涵盖了在Meteor中进行部署的细节。我们将把重点放在建立带有副本集的单个实例，这使你可以利用最新的操作日志。关于设置MongoDB的进一步信息，可以参考官方文档或者Kyle Banker的《MongoDB实战》[1]。

1. 建立最新操作日志（oplog tailing）

操作日志存储在系统数据库 local 中。如果没有定义任何副本集，你将不会有一个名为 oplog.rs 的集合（参见图B-3）。要初始化集合，必须定义一个副本集，但你不需要添加多个成员，可以只使用一个首要成员。

每个 mongod 实例都有自己的配置[2]。首先打开mongodb配置文件/etc/mongodb.conf。在文件的末尾添加两行：

```
replSet=rs0
oplogSize=100
```

第一个参数定义了这个 mongod 实例将要使用的副本集的名称（replSet）。oplogSize定义了这个集合可以使用的磁盘空间，此例中为100MB。如果不指定oplogSize，它默认为空闲磁盘空间的5%。

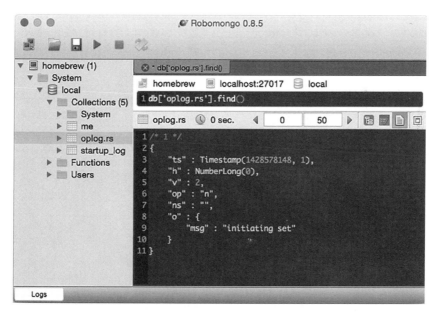

图B-3　使用Robomongo访问操作日志

---

① 此书已由人民邮电出版社出版。——编者注
② 如果在同一台机器上运行多个mongod进程，请确保你正在编辑正确的配置文件。

下一步，重新启动mongod进程，打开mongo shell。你可以使用Robomongo这样的工具或命令行。一旦连接成功，切换到local数据库：

```
> use local
```

下一步是初始化副本集，启用操作日志：

```
> rs.initiate({
  _id: "rs0",
  members: [{
    _id: 0,
    host: "localhost:27017"
  }]
})
```

你可以随时使用rs.status()检查当前副本集的状态，使用rs.config()查看完整的配置和成员列表。在成功初始化之后，这些命令应该显示一个具有单个成员的副本集，类似于图B-4。

正如你在图B-4中看到的，两个额外的集合将被创建：oplog.rs和system.replset。此外，shell提示将改变以反映副本集名称及其成员身份（rs0:PRIMARY）。

现在，MongoDB在oplog.rs集合中自动跟踪所有的写操作。一旦达到指定的大小，它将清除旧的记录。

2. 设置一个操作日志用户

默认情况下，MongoDB不要求用户进行身份验证。在这样的环境中，你无需凭据就能访问操作日志，所以可以跳过这一步。但在生产环境中，你应该添加用户以提供一种访问控制方法。

为了访问最新的操作日志，你需要一个专门的用户以访问local数据库，而这就是oplog.rs集合保存的地方。

说明　即使操作日志用户可以访问local数据库，但从技术上说，它创建于admin数据库内部。这是因为local数据库里面不允许创建任何用户。

用下面的命令可创建一个操作日志用户：

```
db.createUser({
    user:'oplog',          ← 设置想要的用户名
    pwd:'password',        ← 设置密码
    roles:[
        { role: "read", db: "local" }   ← local数据库的读权限
    ]
})
```

```
●●●                              ⌂ stephan

MacBook:~ stephan$ mongo
MongoDB shell version: 3.0.1
connecting to: test
> rs.status()
{
        "info" : "run rs.initiate(...) if not yet done for the set",
        "ok" : 0,
        "errmsg" : "no replset config has been received",
        "code" : 94
}
> rs.initiate({
...    _id: "rs0",
...    members: [{
...      _id: 0,
...      host: "localhost:27017"
...    }]
... })
{ "ok" : 1 }
rs0:SECONDARY> rs.status()
{
        "set" : "rs0",
        "date" : ISODate("2015-04-09T11:15:53.997Z"),
        "myState" : 1,
        "members" : [
                {
                        "_id" : 0,
                        "name" : "localhost:27017",
                        "health" : 1,
                        "state" : 1,
                        "stateStr" : "PRIMARY",
                        "uptime" : 141,
                        "optime" : Timestamp(1428578148, 1),
                        "optimeDate" : ISODate("2015-04-09T11:15:48Z"),
                        "electionTime" : Timestamp(1428578148, 2),
                        "electionDate" : ISODate("2015-04-09T11:15:48Z"),
                        "configVersion" : 1,
                        "self" : true
                }
        ],
        "ok" : 1
}
rs0:PRIMARY> █
```

rs.status()
显示没有活
动的副本集

rs.initiate()
使用localhost配
置副本集

rs.status()
显示了一个健
康的副本集

命令行提示中
包含这个服务
器副本集的当
前名字和状态

图B-4　在mongo shell中初始化一个副本集

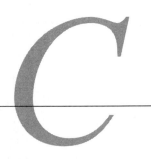

附录 C 设置nginx

本附录内容
- ❏ 设置nginx用于负载均衡
- ❏ 使用nginx提供静态内容
- ❏ 为Meteor应用启用SSL

虽然用于支撑Meteor服务的Node.js技术非常适合处理事件，但它没有对图像这样的静态内容处理进行优化。虽然在Node.js应用中使用SSL是可能的，但在Meteor中还是不可能的。Node.js是单线程应用，不能利用多核处理器的所有计算能力，这个事实可能足以让你认为Meteor的缩放将很复杂。

值得庆幸的是，为Meteor应用构建一个能够克服上面所有缺点的生产环境并不需要太多的工作。在本附录中，你将学习如何使用轻量级Web服务器nginx完成运行一个坚如磐石的Meteor项目所需要的所有工作。

C.1 使用 nginx 实现负载均衡

用软件运行负载均衡最流行的选择是nginx和HAProxy。这二者都是免费的开源软件，但由于HAProxy是一个负载均衡器，而nginx是一个具有负载均衡功能的Web服务器，HAProxy将在你需要它们的时候提供更高级的功能[①]。

我们的例子使用nginx是因为它更灵活，它可以做所有需要的事情以确保Meteor应用始终可用。你可以通过添加单个应用来减少设置的复杂性，以解决生产环境中面临的挑战。

C.1.1 在 Ubuntu 中安装 nginx

在所有主要的Linux发行版中，nginx都可以使用包管理器安装。在Ubuntu和Debian中，其命令如下：

```
$ sudo apt-get install nginx
```

---

① 值得注意的是，商业版本的nginx提供了更多高级的功能，但它不是开源的。关于免费和付费版本nginx之间的差异，可以参考http://nginx.com/products/feature-matrix/。

Meteor使用WebSockets，而nginx在版本1.3才开始支持WebSockets，所以请确保你使用的是最新版本（参见图C-1）。

```
● ● ●              ⬆ stephan — stephen@bonham: ~
stephen@bonham:~$ sudo apt-get install nginx
Reading package lists... Done
Building dependency tree
Reading state information... Done
nginx is already the newest version.
0 upgraded, 0 newly installed, 0 to remove and 0 not upgraded.
stephen@bonham:~$ nginx -v
nginx version: nginx/1.4.6 (Ubuntu)
stephen@bonham:~$ ▌
```

图C-1　安装nginx

C.1.2　在 Debian 7（Wheezy）上安装 nginx

在Debian 7（Wheezy）上，默认的nginx版本太旧，不支持WebSockets，所以你应该从dotdeb库中安装它。在/etc/apt/sources.list文件的最后简单地添加以下两行：

```
deb http://packages.dotdeb.org wheezy all
deb-src http://packages.dotdeb.org wheezy all
```

然后使用这两个命令获取并安装dotdeb GPG密钥：

```
$ wget http://www.dotdeb.org/dotdeb.gpg
$ sudo apt-key add dotdeb.gpg
```

一旦运行完apt-get update，你就可以这样安装nginx最新的稳定版本：

```
apt-get install nginx
```

接下来，你将配置nginx以监听meteorinaction.com站点的请求，定义运行Meteor的后端服务器，并把请求转发给它们。另外，nginx不能发送任何请求到不可用的后端服务器。

说明　Debian 8（Jessie）中带有nginx 1.6。所以没有必要添加额外的库，你可以使用apt-get install nginx安装nginx而不需要前面的准备步骤。

C.2　把 nginx 配置成一个负载均衡器

类似于Apache，nginx使用通用的服务器配置文件，理想情况下每个虚拟主机应在一个单独的文件中配置。你不必修改通用的主配置文件，只需为你的Meteor应用创建一个额外的配置文件。

C.2.1　创建一个站点配置文件

首先，在/etc/nginx/sites-available目录创建命名为meteorinaction.com的新文件。要监听所有的

请求，你需要定义服务器的名称和nginx应该监听的端口。

此外，你要把所有请求重定向到有www前缀的请求[1]。相应的文件显示在以下代码清单中。

代码清单C-1   nginx网站配置

```
server {
    listen      80;
    server_name meteorinaction.com;
    return 301  http://www.meteorinaction.com$request_uri;
}

server {
  listen 80;
  server_name www.meteorinaction.com;
}
```

监听端口 80

仅在请求meteorinaction.com时应用此配置

重定向请求到www的子域，保留URI字符串，并使用301 HTTP状态

对 www.meteorinaction.com 和所有其他请求使用此配置

C.2.2   定义 Meteor 服务器

要让nginx知道把请求转发到哪个服务器，需要使用upstream模块。因为任何服务器配置都可以使用任何upstream组，所以它不能在server {}块中。在配置文件的开头，添加下面的块：

```
upstream meteor_servers {
    server 192.168.2.221:3000;
    server 192.168.2.222:3000;
    ip_hash;
}
```

为你的upstream组选择一个唯一的名称

每行对应一个Meteor服务器实例

指定如何分发请求

你可以认为upstream是一组服务器。每个以server开始的行定义了一个新的实例。第一个参数是服务器的实际地址。运行nginx的机器必须能够访问它，但不要求可以从互联网访问upstream服务器。因此，你也可以使用本地的Meteor实例127.0.0.1作为upstream。在这个例子中，这两个实例都只能从192.168.2.0/24范围内的私有网络进行访问。

现在，所有传入的请求都将被平等地分配到两个后端服务器。你可以进一步指定参数，如权重，以微调环境设置。在所有的请求中，你需要记住的是，它们是有状态的，在服务器之间移动请求可能会破坏用户的会话。为确保一个用户的多个请求不会在服务器之间来回移动，最简单的方法是使用ip_hash指令。将它添加到你的配置块，告诉nginx总是把来自同一IP的请求重定向到相同的上游（upstream）服务器。

---

[1] 虽然对用户而言，在一个地址中丢掉www是很方便的，但任何运行在"裸"顶级域名上的网站会带来可扩展性问题。如果不使用子域名，DNS系统将会锁定你的域名，只为它分配一个IP地址，这就是我们要把所有流量重定向到子域名的原因。用户没有它仍然可以访问你的网站，但它们会自动被重定向。更多内容可参考http://www.yes-www.org/why-use-www/。

说明　如果你期望有许多请求来自同一IP,使用ip_hash指令可能会导致服务器上的用户分布不均匀。在这种情况下,你应该在nginx配置中包含sticky模块并使用least_conn指令来替代ip_hash。更多相关内容可以参考https://bitbucket.org/nginx-goodies/nginx-sticky-module-ng/overview。另外,HAProxy可能是更好的解决方案。

C.2.3　将请求转发到后端服务器

一旦nginx监听请求并知道了上游服务器,你就可以定义转发请求的方式。在www.meteorinaction.com的配置块中,你为根(/)添加了一个新的位置(见下面的代码清单)。

代码清单C-2　在nginx中,请求转发的位置

```
server {
...
location / {
    proxy_pass http://meteor_server;
    proxy_redirect off;
    proxy_http_version 1.1;
    proxy_set_header X-Forwarded-For $proxy_add_x_forwarded_for;
    proxy_set_header Host $http_host;
    proxy_set_header Upgrade $http_upgrade;
    proxy_set_header Connection "upgrade";
  }
}
```

让我们逐行来看这个配置。

❑ proxy_pass用来告诉nginx应把请求转发到这个位置。它使用了上游组(upstream group)的名称(meteor_server),它并不是一个真正的URL。

❑ proxy_redirect可以用来在更复杂的情况下重写URL请求。在你的设置中不需要它,所以把它关掉。

❑ proxy_http_version设置HTTP的版本为1.1(默认是1.0),这是WebSockets功能必需的。

❑ proxy_set_header允许你添加或修改发送到Meteor服务器的一些请求头。X-Forwarded-For包含了发出请求用户的IP地址。尤其是当nginx是和Meteor服务器在同一主机时,你需要这个设置。Host把实际请求的主机名传递给Meteor服务器。Upgrade和Connection都用于允许转发WebSocket连接。

C.2.4　激活 nginx 网站

配置负载均衡的最后一步是激活网站。首先要创建配置的符号链接,该配置放在/etc/nginx/sites-enabled/meteorinaction.com目录:

```
$ sudo ln -s /etc/nginx/sites-available/meteorinaction.com
 /etc/nginx/sites-enabled/meteorinaction.com
```

接下来通过-t参数调用nginx，测试该配置是否正常工作：

```
$ sudo nginx -t
```

如果没有错误，你可以重新加载配置，无需重新启动nginx：

```
$ sudo nginx -s reload
```

C.3   用 nginx 提供静态内容

即使你只期望少量的用户，使用内容分发网络或反向代理服务来提供静态文件也可以大大减少用户的等待时间。如果你的应用已经使用nginx做负载均衡，只需要几行配置就可以使它成为一个反向代理。

Meteor不应该提供任何静态文件服务，所以你将会配置nginx，让它处理所有媒体文件、图像、CSS以及JavaScript文件的请求。另外你会启用gzip压缩。

C.3.1   提供 CSS 和 JavaScript 服务

`meteor build`命令自动缩小并编译所有的CSS和JavaScript文件，然后把它们放入文件夹bundle/programs/web.browser。如果要用nginx提供这些文件，它们必须可以从nginx服务器访问。如果Meteor被部署到不同的服务器，你可以将文件复制到nginx机器或使用网络文件系统（ Network File System，NFS）配置一个共享文件夹。请记住，如果要复制文件，就需要在每次部署应用时重复这个动作。因为每个`build`命令都将会创建新的随机文件名，所以你不需要删除旧的文件。这将使部署之间可以平滑过渡。

要配置静态的应用文件和样式文件服务，你必须在nginx配置文件定义一个新的位置块：

```
server {
...
  location ~* "^/[a-z0-9]{40}\.(css|js)$" {
    root /home/meteor/app/bundle/programs/web.browser/app;
    access_log off;
    expires 30d;
    add_header Pragma public;
    add_header Cache-Control "public";
  }
}
```

这将抓取所有文件名为40个字符长并以js或css结尾的文件请求

这些文件可以在这个目录中找到

不要在日志中包含这些文件以减少磁盘I/O

客户端可以缓存这些文件30天

添加一个头，将Cache-Control设置为public

添加一个头，设置Pragma为public

在打包的过程中，所有的CSS和JavaScript文件都会有一个新生成的由40个字符（字母和数字）组成的唯一名字，只有它们将被代理[①]提供给用户。调整`root`目录的值，使nginx可以找到这些文件。这些静态文件将不会进入日志记录，并且客户端可以缓存这些文件30天（`expires`以及添

---

① 也就是前面配置的nginx服务器。——译者注

加的Pragma和Cache-Control头负责控制这个）。接下来的打包过程将生成新的文件名，所以即使你在30天的缓存过期之前部署应用的新版本，也不会遇到客户有过时的缓存文件问题。

说明　nginx必须能够直接访问Meteor创建的文件，以便能以代理形式提供它们。如果nginx不能在本地访问这些文件，你需要忽略这个配置块。

C.3.2　提供媒体文件和图像服务

public文件夹的内容也应该由nginx提供。因为public文件夹可在应用的根目录下访问，所以你将使用文件扩展名确定一个请求是被静态服务还是需要由Meteor来服务。该配置类似于你前面看到的块：

```
location ~ \.(jpg|jpeg|png|gif|mp3|ico|pdf) {
    root /home/meteor/app/bundle/programs/web.browser/app;
    access_log off;
    expires 30d;
    add_header Pragma public;
    add_header Cache-Control "public";
}
```

你可以在位置（location）行的正则表达式中添加所有文件扩展名。打包的过程中，public文件夹的所有内容进入bundle/programs/web.browser/app目录，所以你必须用这个作为位置的根路径。

再次，如果nginx不能在本地访问这些文件，你应该手动复制它们或使用NFS导出这样的共享存储，否则请忽略这个配置。

C.3.3　启用 gzip 压缩

从nginx反向代理上提供静态文件的最后优化是启用gzip压缩。文本文件即使缩小了，也可以有效地压缩；特别地，低带宽的用户（如移动用户）将大大受益于压缩的使用。该配置不是在任何位置块内，而是在服务器块中完成的：

```
server{
  ...
  gzip on;
  gzip_disable "msie6";
  gzip_vary on;
  gzip_proxied any;
  gzip_comp_level 6;
  gzip_types text/plain text/css application/json application/x-JavaScript text/xml
    application/xml application/xml+rss text/JavaScript;
}
```

第一行激活gzip压缩，第二行在IE6中禁用它。启用vary和proxied可确保即使是可能使用代理服务器的请求，也可以被正确地处理。在这个示例中，你将压缩级别设置为6（范围为从1

到9）。最后，你确定要压缩的MIME类型。

C.4　使用 nginx 设置 SSL

因为Meteor不支持SSL，所以你需要配置nginx的SSL卸载，这意味着SSL连接将在负载均衡代理服务器终止。不管你使用自签名证书，或由Thawte、StartSSL签发的证书，还是由任何其他的证书颁发机构（CA）签发的证书都没有关系。你必须复制证书文件（扩展名为.crt）和密钥文件（扩展名为.key）到nginx服务器。

你的Meteor应用和服务器将像以前一样运行，不需要任何改变。需要做的仅仅是修改nginx的网站配置文件。

在服务器配置块你把端口切换为443，打开SSL，并配置将要使用的证书文件（见下面的代码清单）。

代码清单C-3　nginx的SSL设置

```
server {
  listen 443;                                    ◁── 监听默认的 SSL端口443
  server_name www.meteorinaction.com;
  ssl on;                                        ◁── 启用SSL
  ssl_certificate /path/to/my.crt;               ◁── 证书文件的路径
  ssl_certificate_key /path/to/my.key;           ◁── 密钥文件的路径
  ssl_verify_depth 3;                            ◁── 当使用级联证书时，必须调整深度

  ...
}
```

就像在非SSL配置中那样，你必须定义端口和服务器名称。当ssl设置为on时，你还必须提供一个证书和一个密钥文件。有时，CA发布的指令要求你将多个文件合并成一个。为了让nginx接受和验证这种合并的文件，你应该调整ssl_verify_depth参数。此参数定义了中间证书发行人的最大数量，即在验证客户端证书时，可以查到多少个证书的深度。当你将自己的证书与一个初级和中级证书相结合时，深度应该是3，自签名证书的深度为0。

此外，你应该添加一个服务器，监听端口80，将所有非SSL流量转发到SSL端口：

```
server {
    listen      80;
    server_name meteorinaction.com www.meteorinaction.com;    ◁── 添加包含和不包含 www的地址
    return      301 https://www.meteorinaction.com$request_uri;  ◁── 所有的请求被转发到包含www的
}
```

现在，你的配置文件应该有两个服务器模块：一个监听端口443，另一个监听端口80并转发所有的请求到SSL服务器。测试并重新加载配置，现在所有的配置就都已经完成了。

说明 这个SSL配置是非常有限的，存在一些使连接更安全的方式。请查看本书的随书代码，其中有一个完整的例子，其提供了最大的安全性，而且同时与大多数浏览器兼容。

版 权 声 明

站在巨人的肩上
Standing on Shoulders of Giants

TURING
图灵教育

iTuring.cn

站在巨人的肩上
Standing on Shoulders of Giants

iTuring.cn

站在巨人的肩上
Standing on Shoulders of Giants

iTuring.cn

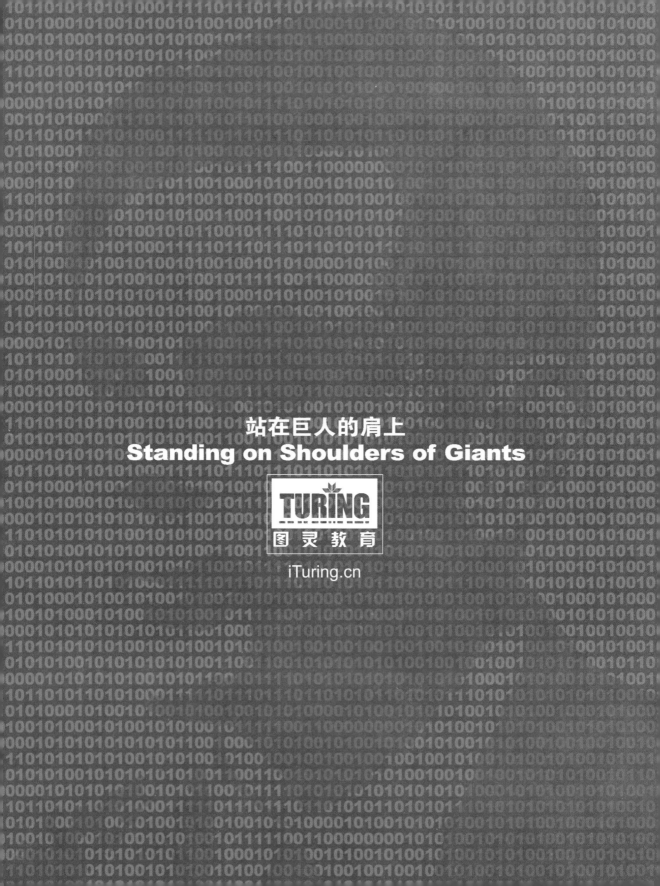

站在巨人的肩上
Standing on Shoulders of Giants

iTuring.cn